Christoph Hueck

L'évolution et le double courant du temps

Un élargissement de l'approche évolutionniste des sciences par une autocritique de la connaissance

Traduit de l'allemand par René Wisser

Christoph Hueck

L'évolution et le double courant du temps

Un élargissement de l'approche évolutionniste des sciences par une autocritique de la connaissance

Traduit de l'allemand par René Wisser

AKANTHOS AKADEMIE EDITION
AKADÉMIE AKANTHOS POUR LA RECHERCHE ET LE
DÉVELOPPEMENT ANTHROPOSOPHIQUE · STUTTGART

Information bibliographique de la bibliothèque nationale allemande: Cette publication est répertoriée dans la bibliographie nationale allemande par la bibliothèque nationale allemande; des données bibliographiques détaillées sont consultables sur internet par dnb.dnb.de.

1. Edition française 2019

Texte et mise en page: Akanthos Akademie e.V.

Zur Uhlandshöhe 10, D-70188 Stuttgart

www.akanthos-akademie.de

© 2019 Akanthos Akademie e.V., Stuttgart

Producteur et éditeur: BoD - Books on Demand, Norderstedt

ISBN 9783750415690

SOMMAIRE

En pénétrant dans l'ordonnancement de la nature, on la ressent alors comme une force que nous activons aussi dans notre intériorité ; on se ressent soi-même comme un élément productif participant au devenir et à l'essence des choses. On est toi, et toi avec toute la force de ce devenir. [1]

(Rudolf Steiner)

S'il était possible, et je le tiens pour tel, d'unir par la puissance d'une loi l'ensemble de l'évolution naturelle et spirituelle, on aboutirait alors, liée à cette idée, à une science totale que l'on aurait probablement raison d'appeler anthropologie; puisque l'homme en serait l'alpha et l'oméga. [2]

(Karl Snell)

---

[1] Steiner 1897, p. 84.
[2] Snell 1877, p. 104.

Ce livre est le résultat de plusieurs décennies d'étude du vivant, du développement biologique et de l'évolution de l'homme. Est-il possible d'appréhender la vie et l'évolution sans pour autant les considérer comme un produit insensé, ni comme l'effet incompréhensible d'un au-delà divin? Existerait-il entre le darwinisme et la pure croyance, une troisième voie qui permettrait de comprendre l'évolution, empiriquement et scientifiquement, comme un évènement global?

A l'arrière-plan de ces questions se profilait tout ce temps consacré à l'étude gœthéenne de la métamorphose, de même que de celle de la conception de l'évolution qu'avait développé Rudolf Steiner, le fondateur de l'anthroposophie, au début du 20e siècle, et que l'on retrouve aussi chez d'autres penseurs tels que Karl Snell, Wilhelm Heinrich Preuss ou Edgar Dacqué, qui consiste à affirmer que c'est l'être humain qui, dès le départ, représente l'image originelle spirituelle et donc aussi l'objectif physique de cette évolution. Serait-il possible de concilier cette conception avec l'approche scientifique et les faits concrets qu'elle met au jour? C'est en me consacrant tout particulièrement à l'épistémologie de Rudolf Steiner qu'il me devint évident que c'est à partir d'une expérience intime des processus évolutifs temporels que l'on peut découvrir et observer le lien unissant la science de la nature et la science anthroposophique de l'esprit, entre la structure, la vie et l'évolution humaine, et celles des animaux. L'importance pour la science de la nature, de cette introspection, fut aussi mise en évidence par d'autres chercheurs, notamment par Viktor von Weizsäcker, Werner Heisenberg et -tout récemment- par Thomas Nagel[3], mais jamais avec la même profondeur et la même conséquence que chez Rudolf Steiner. Thomas Nagel revendiqua pour la pensée évolutionniste un appui «en soi», car au cas où elle serait le résultat d'une évolution aléatoire, elle ne pourrait garantir aucune certitude, de sorte que le darwinisme pourrait tout aussi bien être juste que faux. Cette certitude -c'est bien ce qu'avait démontré Rudolf Steiner- pouvait être acquise par l'observation intérieure d'une

---

[3] Nagel 2013, p. 30.

pensée et d'une connaissance se soutenant elles-mêmes. L'ouvrage montrera que cette pensée, se nourrit de l'expérience intuitive de la vie de son propre organisme vivant, lorsqu'elle est dirigée vers les phénomènes de la vie. Cette relation, elle aussi, entre expérience corporelle et connaissance biologique, a été décrite par différents penseurs (Viktor von Weizsäcker, Thomas Fuchs).

Finalement, durant des années, j'ai essayé de savoir si -et comment- les connaissance sur l'ADN, cette substance de l'hérédité, de même que les autres processus et composants cellulaires, pouvaient s'accorder avec une approche globale de la vie et de l'évolution.

Toutes ces questions trouvèrent leur point focal dans une thèse sur l'essence même du temps, qui nous ramène à Rudolf Steiner: le temps peut être compris lorsqu'on ne l'appréhende pas seulement comme un courant qui avance, mais aussi à un deuxième courant qui recule. Rudolf Steiner compléta ce schéma novateur, d'un double courant temporel, par deux composantes, supra- et subtemporels, développant ainsi une structure quadripartite, qui devint l'idée centrale de ce livre. Conséquemment, le développement biologique pourra être conçu comme le résultat d'une action concomitante entre 1.) une origine commune, 2.) une capacité structurante différenciée, 3.) une idée supérieure, 4.) un phénomène physique actuel. Cela compte pour tous les plans du vivant, moléculaire, cellulaire, organique, organismique et évolutif. Cette structure quadripartite correspond aux quatre causes bien connues d'Aristote qu'il convient, de nos jours, d'intégrer à la biologie comme une recherche élargie de la science des causes.

Durant de longues années je me suis consacré à la biologie gœthéenne, et tout particulièrement aux travaux de Wolfgang Schad qui entreprit d'importants examens concernant l'évolution de l'homme. Après la parution de mon livre, il réfuta cependant avec véhémence mes thèses: l'évolution ne se serait pas rangée sur une ligne visant l'homme, mais elle resterait ouverte, sinon toute idée de liberté serait impensable; cependant la manière dont la conception de Wolfgang Schad était susceptible de se concilier avec celle de Rudolf Steiner, resta obscure.

Actuellement, presque sept années après la première parution de mon ouvrage, je reste convaincu que l'évolution de l'homme et des animaux peut être regardée comme un évènement organique global, pour ainsi dire comme un super-organisme déployé dans le temps et l'espace, et dont le principe, et l'image originelle seraient la structure et l'évolution de l'homme lui-même. Entretemps, il me fut aussi possible d'élaborer une étude détaillée de la manière dont Rudolf Steiner entendait l'évolution de l'homme et des animaux qui éclaire l'arrière-plan anthroposophique du présent livre. Je me réjouis donc de voir que ce livre pourra paraître en français grâce à l'excellent travail de traduction de René Wisser, ce dont je le remercie chaleureusement.

Christoph Hueck
Tübingen, automne 2019

PARTIE I

L'ENIGME DE LA VIE ET DU TEMPS FONDEMENT D'UNE CONNAISSANCE SCIENTIFIQUE

Introduction

«Pour étudier le vivant, il faut participer à la vie».[4]

(Viktor von Weizsäcker, 1942)

Mes enfants ont planté un avocat; après avoir déposé le noyau dans de l'eau durant des semaines jusqu'au moment où une racine en émergea. Il fut ensuite placé dans un pot empli de terre. Quelque temps plus tard cette solide structure se rompit, et dans l'ouverture apparut une fine pousse brun-violet. Il fallut attendre encore quelques jours pour reconnaître les premières ébauches foliaires vert-tendre qui, durant les semaines suivantes se déployèrent de plus en plus, tandis que la tige croissait vigoureusement.

En observant de plus près le développement d'un organisme vivant on ressent véritablement la force qui, progressivement, déploie la forme comme issue d'un néant. Aucune machine conçue de la manière la plus intelligente ne pourra réaliser cela. En dépit de ça, la majorité des biologistes s'imaginent que les êtres vivants sont des machines fonctionnant selon des lois physiques et chimiques. Mais pourquoi ces «machines» épousent-elles une forme? Pourquoi des cellules vivantes se développent-elles pour devenir une plante, un animal, un être humain? Et pourquoi justement sous ces aspects? Depuis Darwin la réponse résonne purement et simplement: «par hasard» (utile): des organismes se seraient modifiés de manière fortuite au cours de l'évolution et se seraient avérés posséder de meilleures chances de survie dans la lutte pour l'existence.

Face à ce tableau, désespérant en soi, se tient une conception religieuse qui, dans la nature cherche, dans un au-delà, à reconnaître le règne d'un dieu créateur: une volonté créatrice pensée remplacerait le hasard darwinien.[5] Cela procure à l'idée d'évolution un semblant de sens, sans qu'on puisse réellement comprendre la manière dont le créateur fit apparaître les organismes. A-t-il généré la première cellule vivante dans

---

[4] Weizsäcker, V.v., 1942.

[5] Schönborn, 2007; Kutschera, 2007.

une espèce de laboratoire céleste pour la transplanter ensuite dans des conditions terrestres…? Le darwinisme ne sait pas pourquoi les organismes sont nés, le créationnisme ne sais pas comment.

Comment reconnaître le vivant si, dès l'abord, on ne le définit que comme un processus matériel? Ce n'est qu'à la mort d'un organisme que celui-ci est exclusivement soumis aux lois physico-chimiques, mais alors se manifeste aussi le dépérissement. Quelles sont les forces qui l'animent jusqu'à cette échéance? Pourra-t-on les reconnaître par une analyse chimique ou génétique? Ou bien la sentence de Gœthe serait-elle vraie qui affirme que *«celui qui veut reconnaître et décrire le vivant commence par y extirper l'esprit, il n'aura alors entre les mains que les parties, ce qui hélas lui fera défaut, c'est le lien spirituel»*.

En considérant la chose de manière plus précise, les explications physico-chimiques de la vie partent du principe que celle-ci existe, car il n'y a que chez les êtres vivants que l'on découvre des gènes, des protéines et du métabolisme. C'est la raison pour laquelle la microbiologie ne décrit rien d'autre que les conditions matérielles dans lesquelles la vie apparaît. Chaque biochimiste doit avoir comme objet d'étude une cellule pour pouvoir parler de métabolisme, chaque généticien présuppose un organisme lorsqu'il pense «gène». «*La totalité homogène de l'être vivant n'est nullement le résultat de la somme de ses parties et de leurs agencements, mais leur préalable.*»[6] Ce ne sont pas les gènes qui expliquent un organisme, mais c'est l'organisme qui explique les gènes. C'est une vérité simple mais qui n'est vue que rarement de manière claire.[7] La puissance suggestive des explications génétiques est si forte que, souvent, on oublie simplement le primat de tout organisme.[8]

---

[6] Dürken, 1936, p. 17.

[7] Voir Wirz, 2009; Holdrege, 1999. Cela apparaît clairement aussi chez Robert Spaemann et Reinhardt Löw: *«Sur la base de quelles propriétés sait-on si un système fait partie ou non de la classe des systèmes vivants?... Une réponse empirique, pragmatique dira: «les systèmes vivants possèdent un programme génétique», ce qui montre que cette définition est issue d'une étude préalable de la classe des objets vivants au cours de laquelle, manifestement, cette caractérisation n'aura pas été nécessaire. Il est possible qu'elle représente une condition nécessaire pour le phénomène «vie», mais les conditions nécessaires ne doivent pas être confondues avec le phénomène lui-même.»* (Spaemann, Löw, 1981, p. 256).

[8] Il est vrai que l'épigénétique a fait une brèche dans la conception d'une

La vie est la manifestation de transformations continuelles et son flux devra être appréhendé autrement que les parties qui l'accompagnent. La totalité de la vie devra être saisie dès le départ, et alors il sera possible de considérer aussi la nature et de voir comment agissent ses composants. Il faut écouter la voix de Gœthe: «*Il ne faut pas étudier la nature en la fragmentant, mais la présenter active et vivante depuis la totalité jusque dans ses parties.*»[9]

Les biologistes et les philosophes de la nature n'ont cessé d'évoquer une «force vitale» qui permet de différencier les objets inertes des objets vivants. Aristote leur conféra le terme d' «entéléchie» (de en-telos-echem: avoir sa fin en soi), Emmanuel Kant celui de «finalité de la nature», et Henri Bergson d' «élan vital». Hans Driesch vit en elle «un facteur naturel immatériel présent dans les cellules d'un organisme», Adolf Portmann la circonscrivit comme «une soi-présentatrice», Rupert Sheldrake la désigna comme «champs morphogénétique» etc…[10] Mais aussi longtemps que cette force sera comprise comme une force naturelle physique, elle se révélera être un «tissu incompréhensible par la science». C'est seulement Ernst Mayr, l'un des biologistes les plus influents du 20ème siècle, qui écrira: «*La logique des vitalistes est irréprochable. Mais tous leurs efforts pour trouver une explication scientifique aux soi-disant phénomènes vitalistes étaient des coups ratés.*»[11] Cela est vrai dans le sens où la vie échappe à l'observation aussi longtemps qu'on ne verra en elle qu'un contenu objectal face auquel l'observateur ne pourrait se comporter qu'en spectateur. Ce ne sera que lorsqu'on remarquera que celui qui étudie les organismes participe d'une certaine manière à leur vie, qu'une liaison intime s'établira, qu'un pont apparaîtra qui conduira à la réalité du vivant. Il sera question, ici de ce pont. On verra qu'il est en relation avec le vécu du temps et même qu'il est carrément constitué de temporalité. Il s'agira alors des qualités de cette temporalité, qui ne pourront être observées que de l'intérieur. Nous voulons montrer qu'un temps vécu et expérimenté constitue un médium qui relie vie et connaissance.

---

prédominance des gènes. Elle montre que si les gènes dirigent un organisme, ce dernier dirige aussi les gènes. Voir par exemple Bauer, 2008; Kegel, 2009.

[9] Gœthe, 1817.

[10] Une vue d'ensemble est donnée par Mayr, 1997.

[11] Mayr, 2002.

Avec une partie de notre être nous confluons sans le remarquer avec les organismes. Pour nous immerger consciemment dans ce courant nous pouvons, à l'aide de notre propre activité, reproduire les métamorphoses des êtres vivants. Une telle contemplation de la nature, active et participative, nous ouvre un champ d'observation neuf et objectif dans lequel les forces transformatrices du monde organique peuvent être observées et étudiées.

Une méthode dans laquelle le contenu de l'étude n'apparaît que grâce à l'activité du chercheur semble contredire la conception courante des sciences de la nature pour lesquelles, dans la confrontation avec l'objet d'étude il faut, justement, tendre à éliminer toutes les influences subjectives. Cette objection ne peut cependant interdire de reproduire les observations dont il sera question ici. Chacun pourra reconnaître que même une méthode qui saisit activement les processus et qui interpénètre systématiquement les observations ainsi réalisées, peut être considérée comme une science expérimentale. Il va de soi que cette méthode est soumise au danger d'erreurs comme tout autre science et devra se comporter avec autant de sérieux pour s'en tenir aux phénomènes et éviter autant qu'il se peut, les contradictions.

Un chemin vers cette nouvelle science du vivant fut développé par Rudolf Steiner en liaison avec les considérations de Gœthe sur la nature.[12] Cet ouvrage essayera, s'appuyant sur Gœthe, d'apporter une réponse aux trois questions:

- Qu'est-ce que la vie?

- Comment appréhender une structure organique?

- Quelle est la position de l'être humain dans l'évolution?

Ces questions devront être traitées par *une introspection de celui qui pense la nature*. Le but est de tendre vers une morphologie interne de la pensée évolutionniste.

Comment la biologie est-elle étudiée? Qu'est-ce que l'on peut conclure? Les hypothèses sont-elles vérifiées par les résultats? La conscience cognitive, oui, l'être humain même comme support de cette conscience,

---

[12] Les biologistes ne cessent d'exiger de ne plus considérer les organismes comme des machines, mais comme des acteurs de leur auto-structuration, notamment Weber, 2003, 2007; Portmann, 1965; Maturana, 1984.

ne devraient-ils pas être partie prenante afin que puisse être pensée déjà la plus primitive des cellules? – Habituellement le biologiste se comporte comme si son acte cognitif n'avait rien à voir avec la nature. Il s'intéresse en première ligne aux résultats de ses recherches et non pas à l'art et à la manière qui le mène aux pensées qui lui ont permis de les appréhender. Dans la connaissance de la nature, il s'oublie lui-même. C'est bien ça, la singularité de son acte cognitif: «*Le penseur oublie la pensée pendant qu'il l'exerce. Ce n'est pas la pensée qui l'occupe, mais l'objet de celle-ci*».[13] Ce pourrait-il que cette stérile confrontation entre darwinisme et créationnisme puisse être résolue en prenant la pensée évolutionniste elle-même comme objet d'étude? Quelle est la perspective qui se montrerait par rapport aux trois questions posées ci-dessus lorsqu'on remarquera que l'être humain n'est pas un spectateur indifférent, détaché du monde, mais qu'il fait partie de ses phénomènes? La possibilité apparaîtrait-elle de rechercher «de secret de la vie», non pas à l'extérieur des phénomènes (dans la matière ou dans l'au-delà), mais en leur sein même?

Dans un passé récent plusieurs publications parurent dont la quête vont dans le même sens, bien que dans des domaines différents: «Die Beobachtung des Denkens» de Jürgen Strube[14], «Lebenskräfte, Bildekräfte» de Dorian Schmidt[15], «Imaginative Geschichtserkenntnis» d'André Bartoniczek[16]. Alors que Jürgen Strube développe de manière très claire la méthode «d'introspection scientifique», Dorian Schmidt montre comment, en utilisant cette méthode, les forces formatives vitales peuvent dépasser la ligne des hypothèses pour être perçues de manière vivante dans la nature. Dans le contexte d'une étude historique, André Bartoniczek décrit la manière dont les forces qui meuvent l'histoire universelle sont susceptibles d'être dévoilées par la conscience participative qui, ce faisant, devient consciente d'elle-même. Il convient d'évoquer aussi le volume novateur «Erdentwicklung aktuell erfahren» publié par Cornelis Bockemühl[17], dans lequel il est montré comment le

---

[13] Steiner, 1894, p.42.

[14] Strube, 2010.

[15] Schmidt, 2010.

[16] Bartoniczek, 2009; Vandercruysse (2010) écrit dans le même sens.

[17] Bockemühl, 1999.

passé géologique peut être appréhendé par une reconstruction idéelle actuelle.

Ce n'est pas seulement la nature vivante qui se développe, mais l'homme lui-même en tant que personnalité. Lorsqu'on comprend comment, et à partir de quelles sources, on continue d'évoluer, comment on se transforme tout en restant le même, on saisit alors comment procède le développement dans le domaine organique. On pourra alors de nouveau renouer la vie et le vécu intérieur au monde, dont la relation à la nature a été perdue avec la technique.

$$* * *$$

Ce livre se base sur maintes découvertes issues d'une recherche goethéenne de biologistes ayant décrit des aspects essentiels de métamorphoses vivantes.[18] C'est en particulier à Wolfgang Schad, Jochen Bockemühl, Friedrich Kipp, Jos Verhulst, Andreas Suchantke, Hermann Poppelbaum et Eugen Kolisko que je suis redevable de points de vue pertinents. Les résultats présentés ici sont issus d'une longue étude du travail de ces auteurs, de la science de l'esprit de Rudolf Steiner, de mes propres travaux de biologie moléculaire, de même que d'intenses observations de processus de développements organiques.

Je voudrais encore évoquer certaines personnes qui m'ont particulièrement soutenu et stimulé. Grâce à mon maître anthroposophe Peter Bütow (†) j'ai pu bénéficier d'une première vue d'ensemble de la clarté et de la profondeur de l'anthroposophie; mon maître de thèse Wolfgang Hillen (†) m'a transmis la joie du travail scientifique, de Wolfgang Schad je reçus les plus essentielles stimulations pour la biologie goethéenne, pour l'idée d'évolution et en particulier pour le problème du temps. L'élaboration de cet ouvrage fut accompagnée par un critique et fructueux échange d'idées avec Armin Husemann. Je remercie Dankmar Bosse, Renatus Derbidge, Lorenzo Ravagli, Johannes Schneider, Ulrich Wunderlin (†) pour leurs remarques critiques constructives en ce qui

---

[18] Kolisko, 1921, 1930; Poppelbaum, 1928; Kipp, 1948, 1980); Jenny, 1954; Schad, 1966, 1971, 1985, 1992, 2007, 2009; Kranich, 1989; Verhulst, 1999; Suchantke, 2002; Bosse, 2002; Rosslenbroich, 2007.

concerne le manuscrit. La plus profonde gratitude je la ressens pour la personne et l'œuvre de Rudolf Steiner; c'est de lui que sont issus les aspects fondamentaux de ce travail.

1. «Toutes les structures sont semblables et aucune ne ressemble a l'autre» - le passage de la biologie idealiste a la biologie materialiste au 19eme siecle

> *«Il est probablement pertinent de dire que je ressemble à un homme ayant perdu la vue».*[19]
>
> (Charles Darwin)

1.1. *La structure, un jeu d'ensemble entre la forme et la fonction*[20]

Chaque être vivant apparaît dans une structure. Une pâquerette, un chien de berger, un ver de terre, peuvent être caractérisés au premier regard par leur forme. Contrairement à la matière inerte, l'être vivant génère de lui-même sa forme grâce à une conversion de sa structure. Chaque être vivant présente une structure et possède une force structurante.

Ce premier caractère distinctif nous incite aussitôt à diriger le regard vers le questionnement de base de la biologie: quelles sont les forces qui initient les structures? Et comment agissent-elles sur -ou dans- la matière organique? Une structure vivante est toujours une globalité organisée de manière sensée et complexe, mais en tant que telle, elle ne peut être modelée que par des forces qui sont d'un rang supérieur à ses parties. La structure est-elle modelée de l'extérieur, comme par les mains d'un sculpteur, ou bien les forces structurantes agissent-elles de l'intérieur depuis les parties? Dans ce dernier cas les informations et le potentiel de forces pour l'élaboration de la totalité devront être contenus dans ses parties.

Le biologiste considère actuellement les cellules comme étant les éléments de base qui, par la multiplication et la différenciation, construisent les êtres vivants. C'est en leur sein que se trouverait l'information (dans les gènes) comme aussi le potentiel (dans le

---

[19] Darwin, 1887, p. 100.

[20] N. du T.: Traduire la notion de «Gestalt» n'est pas toujours évident: forme? formation? conformation? configuration? etc… Un ami médecin, habitué ã faire des conférences aussi bien en France qu'en Allemagne, me propose les termes de «structure», «structuration», dans le sens de contexture, de constitution.

métabolisme catalysé par les protéines) pour la construction et le maintien des organismes. Au sens de la biologie moléculaire, l'information et l'énergie sont les deux aspects dont l'action commune devra expliquer l'organisme vivant. Cependant c'est de l'extérieur que la sélection naturelle aurait agi à travers les circonstances de la vie, de sorte que c'est à l'aveugle et quasi «de soi» que seraient apparues les totalités complexes, et ordonnées de manière sensée.[21]

Au niveau de la totalité d'un organisme on n'a pas affaire à de l'information ou à de l'énergie, mais à ses formes et fonctions. Un dauphin, l'aile d'un oiseau, la coquille d'un escargot, peuvent être examinés sous un pur point de vue formatif[22], tandis qu'ils remplissent simultanément des fonctions adéquates. Les formes se différencient selon les fonctions tout en montrant plus ou moins d'importants points de ressemblance. Charles Darwin note: «*Existe-t-il rien de plus singulier que de constater que la main préhensible de l'homme, la patte fouisseuse de la taupe, le membre coureur du cheval, la nageoire palmée d'une tortue de mer et l'aile d'une chauve-souris sont construits sur le même modèle, possèdent les mêmes os dans la même position opposée?*»[23] Darwin attire ainsi l'attention sur le type commun appartenant aux membres des vertébrés: «*Il est généralement reconnu que tous les êtres vivants sont construits selon deux grandes lois: l'unicité du type et les conditions existentielles.*»[24] Il est vrai que la dissemblance entre les formes analogues est manifestement liée à la diversité des conditions de vie, le membre coureur à la steppe, la nageoire palmée à l'eau, l'aile à l'espace aérien etc… La question du jeu d'ensemble du type et des conditions existentielles détermine la pensée biologique pour ce qui est de la

---

[21] Afin de permettre à la sélection naturelle d'opérer, il faut qu'il y aie-t-eu au départ un être vivant capable de se reproduire, et cela de manière aléatoire. Darwin était tout à fait conscient de ce point, il partait de l'existence préalable de la vie: «*Je veux dire ici à l'avance que je considère la vie comme un préalable, que je n'ai rien à faire avec l'origine de la vie. Nous ne nous occuperons que des différenciations entre les animaux d'une seule et même classe.*» (Darwin, 1859, p. 287).

[22] Par exemple dans leurs proportions, sous l'aspect du nombre d'or. Doczi, 1981.

[23] Darwin, 1859, p. 516.

[24] Darwin, 1859, p. 237.

structure.[25] La forme est-elle programmée par la fonction (selon l'avis de Darwin), ou bien la forme est-elle primaire, d'essence organique, et ses fonctions purement la conséquence d'un objectif d'utilité? La question sera donc de savoir comment ces deux points de vue apparaîtront à la lumière de l'introspection, cette possibilité d'observer sa propre pensée.

1.2.   *Richard Owen: l'archétype, une pensée émanant de Dieu*

Un représentant important de l'approche typologique fut l'Anglais Richard Owen (1804-1892), qui entre autre, fit des études approfondies sur le plan de construction de l'organisme des vertébrés. Il reçut du monde entier des échantillons d'espèces nouvellement découvertes, et Darwin lui-même lui confia l'étude de squelettes de mammifères fossilisés qu'il avait ramassés au cours de ses voyages d'étude en Amérique du Sud. Partout Owen découvrit le même principe formatif: un os dans le bras, deux os dans l'avant-bras, plusieurs petits os dans le poignet, cinq os dans le métacarpe, cinq doigts. Pour ceux des animaux qui possédaient un nombre de doigts inférieur à cinq (ou d'orteils), la vache, le cheval, l'oiseau, la salamandre, il réussit à démontrer, lui et d'autres, qu'il ne s'agissait que de déviations du modèle de base au cours desquelles certains éléments se perdirent.

Comment comprendre ce «plan général d'organisation» (une expression que j'emprunte à Cuvier, N. du T.) unitaire? Richard Owen imagina une idée fondamentale, un archétype global, qu'il se représentait comme une création issue de l'esprit divin et qui précèderait les différentes formations pour, chaque fois, s'y réaliser de façon particulière.[26] A la fin de son traité «On the nature of limbs» il écrivit: *«L'idée archétypale s'incorpora déjà, sur cette planète, dans les différentes modifications longtemps avant qu'apparurent les espèces animales au sein desquelles elle se manifesta. Concernant les lois naturelles et les forces qui sont les causes de la poursuite ordonnée et de la progression des phénomènes organiques, nous sommes encore ignorants; mais lorsque, sans renier la force divine, nous nous représentons l'existence de telles lois et de telles causes, et que nous les personnifions avec le concept de «nature», l'histoire de notre planète nous apprend que cette «nature», depuis la première apparition de l'idée des*

---

[25] Voir Gould, 2002.

[26] Il est connu qu'Owen forgea pour cette parenté le terme d' «homologie».

vertébrés dans leur ancienne incorporation pisciforme, a continué sa lente et régulière progression, entourée d'astres morts, guidée par la lumière archétypale, jusqu'à l'apparition de cette idée dans l'habit splendide de la force humaine».[27] (Ne résume-t-il pas comme un sentiment de vénération pour l'intervention du spirituel dans la nature et dans la structure humaine? Dix années plus tard, la théorie évolutionniste de Darwin aura balayé tout ça.)

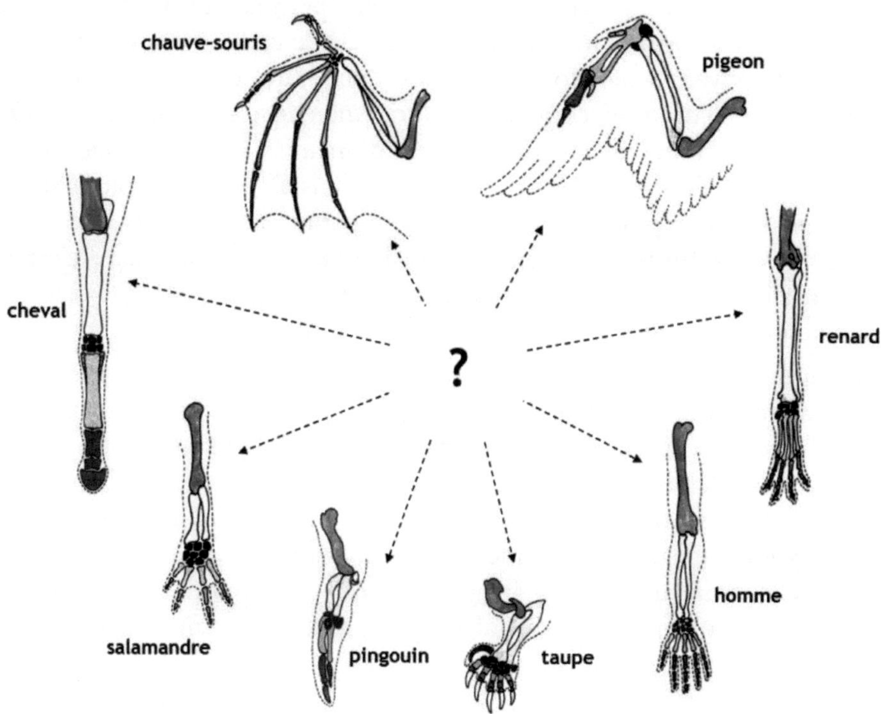

Figure 1: Comment reconnaitre la parenté des formes? Des membres de différents vertébrés. Les os homologues sont représenté en gris (d'après Suchantke[28], modifié).

---

[27] Owen, 1849, p. 86, traduit par C.H.

[28] Suchantke, 2002.

Que se passa-t-il *dans la conscience cognitive* lorsque nous saisissons la similitude de formes différentes? C'est facile à déterminer: un schéma abstrait aisé à dessiner; mais comment le saisir? De quelle manière? Quelle est donc cette figure singulière qui, invisible, tout en étant parfaitement concrète, flotte entre les structures visibles? (Fig. 1)

L'observation directe d'une idée formative archétypale est difficile. Elle ne se laisse pas contempler. Nous savons très bien qu'il y a là, dans notre conscience cognitive quelque chose qui permet de reconnaître la similitude des formes, mais c'est quoi? Il faut le caractériser comme une chose en vivante transformation, tout en étant déterminée dans sa teneur; c'est plutôt une contemplation qu'une chose que l'on perçoit. On peut se confronter à un plan général d'organisation, alors que la vie propre de l'idée, elle s'échappe toujours à l'instant où on croit la saisir. Elle ne se tient pas tel un schéma comparatif au côté de l'attention dirigée sur la forme, elle agit en elle. D'une certaine manière, c'est la conscience elle-même qui devient archétype à l'instant où elle saisit la similitude des formes et devient aussi mouvante que lui.[29]

Il faut donc rechercher l'idée archétypale là où elle vit et agit: au sein de la recherche, de la connaissance cognitive; il ne faut pas la transposer vers l'extérieur, sinon on aboutit à quelque chose d'irréel. La formulation d'Owen souligne ce dilemme de la biologie idéaliste. Son discours évoquant «d'esprit divin qui planifie l'archétype» agit de façon schématique et tenue, comme une projection de sa propre activité spirituelle dans un au-delà imaginé. Cette conception idéaliste de la nature s'avéra trop faible pour affronter le naturalisme matérialiste, pour ne pas dire l'imprégner.

Charles Darwin essaya de trouver une explication naturelle pour comprendre la similitude des structures, et en découvrit la clé dans l'idée de la descendance. Pour lui les organismes n'existaient pas seulement les uns à côtés des autres de sorte que l'observateur ne pouvait découvrir leur lien qu'en son propre esprit, ou en celui de l'esprit de Dieu. «*Selon ma*

---

[29] C'est la raison pour laquelle Rudolf Steiner nota: «*On ne doit pas se représenter ce type comme quelque chose de fixe. Il n'a rien du tout à voir avec ce qu'Agassiz, l'adversaire important de Darwin, appela «une idée créatrice divine incorporée». Le type est quelque chose de tout à fait fluctuant qui génère toutes les espèces et les genres particuliers, que l'on peut considérer comme des sous-types ou types spécialisés.*» (Steiner, 1886, p. 103).

théorie -voilà ce qu'il écrivit- l'unicité du type s'explique par l'unicité de l'origine».[30] Tous les vertébrés quadrupèdes se ressemblent parce qu'ils descendent du même ancêtre qui, lui aussi, aurait été organisé selon le même plan général. Cette théorie trouva tout naturellement sa brillante confirmation dans la découverte de fossiles primitifs.

En principe Richard Owen et Charles Darwin disposaient du même matériel empirique: des animaux récents et des squelettes fossiles. Les deux reconnaissaient en eux l'unicité dans la diversité, l'un l'interprétant de manière idéaliste, l'autre de manière matérialiste. Darwin en quelque sorte «aspira» la conception d'Owen vers le bas et l'enferma dans la matérialité. Son interprétation correspondait à la manière de penser de son époque. (Cependant la pensée typologique reste active même lorsqu'on défend le point de vue de Darwin, puisque l'analogie entre les descendants et les ascendants doit être saisie de manière typologique, sauf que la conception matérialiste invite encore moins à se pencher par introspection sur cette pensée qui détermine cette analogie.[31])

1.3.   Le «argument from design» de William Paley

Qu'en est-il de la fonction? La parfaite concordance entre la forme et la fonction, la structuration adéquate des êtres vivants, ont toujours fasciné les naturalistes. L'homme d'Eglise anglican William Paley (1745-1805), dans son influant ouvrage «Natural theology: Or Evidences of the Existence and Attributes of the Deity, Collected from the Appearances of Nature» (1802), plaça la fonctionnalité au centre de son argumentation. La perfection des organismes ne prouve pas seulement l'existence en général d'un créateur divin, mais permet aussi de déduire ce qui le caractérise, et sa bienveillance en particulier: «*Les charnières au niveau des ailes des insectes, les articulations au niveau de leurs antennes, ont été construites de manière si efficace que l'on pourrait supposer que le créateur n'avait eu rien d'autre à faire. Nous ne constatons aucun signe de relâchement dans l'attention, qui aurait pu être causé par la multiplicité des objets ou par une distraction de la pensée du fait de leur diversité. Nous n'avons donc aucune raison de craindre d'être,*

---

[30] Darwin, 1859, p. 237.

[31] Rudolf Steiner (1886, p. 103): «*La théorie de Darwin présuppose le type*».

nous-mêmes, oubliés ou perdus de vue.»[32] Au centre de cette argumentation se place l'analogie célèbre de l'horloger, qui fit de Paley le père de l'idée de l'intelligent design: «*Lorsque nous examinons une montre, nous remarquerons que ses différents éléments sont formés et assemblés d'une certaine façon et non d'une autre, afin de remplir un certain but. Tous les signes caractéristiques d'un art, tous les indices d'un plan, tels que nous les trouvons à la montre, se retrouvent aussi dans les ouvrages de la nature, avec la différence que ces derniers sont incommensurablement plus grands et plus nombreux.*»[33] Avec amour et connaissance des détails, Paley décrit la construction de l'œil, de l'oreille, de la circulation sanguine, des organes internes, du système vasculaire et osseux, mais aussi l'organisation des insectes, des plantes et bien d'autres choses encore, pour en arriver à la conclusion: «*Les signes d'un plan divin [«design»] sont trop puissants pour en saisir toute la portée. Le «design» doit avoir un designer, celui-ci, c'est Dieu.*»[34] Cela ne suggère-t-il pas qu'à la vue d'un objet fonctionnel on pense à un dessein, qu'à la vue d'un dessein on présume un plan, et qu'à la vue d'un plan on se représente un créateur planificateur? Et pourtant l'homme ne reconnaît une planification fonctionnelle que de lui-même. William Paley, lui aussi, projette une caractéristique de sa conscience cognitive sur une probable divinité extérieure. Charles Darwin, lui, recherche les causes d'une telle organisation fonctionnelle, sur terre, dans les principes naturels aveugles, agissant de manière toute mécanique.

Ici aussi la question est posée: comment saisit-on une organisation adéquate? L'introspection montre qu'alors on exécute une opération spirituelle autre que lorsqu'on appréhende la forme d'un archétype. Alors que nous recherchons le type on a affaire à un processus imaginatif-comparatif, pour ainsi dire plastique; la pensée s'adressant à des fonctions, elle, reste relationnelle et dépourvue d'images. L'idée de conformité au but recherché se penche sur la *signification fonctionnelle* de la forme: quelque chose est bon pour..., cela sert à la survie de l'espèce, car... etc...

---

[32] Paley, 1802, traduit par C.H.

[33] Paley, 1802, p. 22, traduit par C.H.

[34] idem, p. 229.

On a souvent insisté sur le fait que l'importance spécifique de la théorie darwinienne repose sur l'idée du changement des êtres dans le temps. (L'idée d'évolution elle-même apparaît déjà 60 ans avant Darwin [entre autre chez le médecin et naturaliste de Tübingen, Carl Friedrich Kielmeyer[35]], mais ce n'est que l'interprétation matérialiste-mécaniste de Darwin qui lui permit de percer.) D'une certaine manière une approche temporelle vivait déjà chez William Paley et Richard Owen, puisque l'idée d'une fonctionnalité adéquate présuppose que l'on porte un regard vers l'avenir. Dans l'idée du but à atteindre on anticipe un processus, comme si on l'attirait dans le présent. Les fonctions montrent une relation à l'avenir, elles ont une signification pour la survie des espèces; et de même que l'idée de fonctionnalité utilise l'expectative, l'appréhension typologique des formes utilise, elle, la mémoire: on regarde une forme, puis la suivante, et on compare l'actuelle, celle perçue, avec la précédente qui reste encore présente dans notre mémoire. La pensée d'une fonctionnalité adéquate est anticipatrice, elle actualise le futur, la pensée archétypale-formative est «anamnésique».

D'une certaine manière le darwinisme apparaît comme une géniale relation entre deux principes structurels, la forme et la fonction. Son système explicite les relations temporelles au passé et au futur qui y sont structurellement impliquées, puisque Darwin interprète l'archétype en tant qu'origine commune, donc véritablement inhérente au passé, et la fonctionnalité, elle comme véritable futur sous forme de continuation de la vie, de survie de l'espèce: «*survival of the fittest*».

1.4. *Charles Darwin et l'économie nationale britannique: La «main invisible» remplace la sélection naturelle*

Il est intéressant de savoir que l'argumentation de Paley eut une influence prégnante sur Charles Darwin.[36] Il utilisait souvent les mêmes exemples

---

[35] Teichmann, 1985.

[36] Voici ce que Charles Darwin écrivit dans son autobiographie: «*Pour réussir l'examen de bachelier (en théologie), je fus obligé d'étudier aussi les ‹preuves du christianisme› de Paley, et sa ‹philosophie morale› (...). La logique de ce livre y compris, je dois le dire, celle de sa ‹théologie naturelle›, me procurèrent autant de joie que celle d'Euclide. L'examen attentif de ces ouvrages (...) fut la seule partie de mon cursus académique, c'est ainsi que je la ressentis à ce moment-là et je continue à penser qu'elle a eu une grande*

et structurait aussi ses propres arguments de la même manière, mais en sens inverse.[37] Il remplaça un créateur sage, libre et bienveillant, par un mécanisme naturel aveugle, nécessaire et cruel. L'ordonnancement de la nature ne serait pas issu d'un plan divin, mais la conséquence de l'attitude de l'organisme particulier qui suivrait son instinct de survie et de multiplication, pour ensuite adopter les formes les plus appropriées: *«C'est ainsi qu'à partir de la lutte naturelle, sur la base de la faim et de la mort, surgit la solution la plus élevée que nous puissions appréhender, à savoir la procréation d'animaux toujours plus nobles et parfaits.»*[38]

Darwin s'appuyait sur une habitude cognitive qui prit naissance en Angleterre vers la fin du 17ème et le début du 18ème siècle, dans la conception des relations économiques. Il est de notoriété publique que sa lecture de l'étude de Thomas Robert Malthus, parue en 1798, («An essay on the principles of population») l'amena à l'idée de la sélection naturelle. Pourtant le darwinisme reflète encore plus fortement les conceptions de l'économiste anglais Adam Smith.[39] La métaphore forgée par Smith pour expliquer le principe qui devrait régir le système économique, c'est «la main invisible» du marché. Chaque acteur du marché aspire par égoïsme, au plus grand bénéfice possible; à cause de la demande restreinte, l'entreprise qui se maintiendra sera celle qui, dans la lutte contre la concurrence, arrivera à s'adapter le mieux aux conditions du marché. Voilà ce qui génèrerait un ordre économique, complexe et bien équilibré, qui se déploierait le plus parfaitement possible moins il serait planifié par l'état et plus il pourrait se déployer selon les forces du marché. Ce qui, pour Smith, représentait l'activité créative entrepreneuriale et la lutte dans la concurrence du libre marché, devint pour Darwin, apparition fortuite d'innovations, instinct de survie et «la main invisible». De même que Smith voulut changer l'intervention extérieure de l'état sur le marché, ainsi Darwin voulut remplacer le créateur de Paley et l'ample envergure

---

importance pour la formation de mon esprit. Je ne remis alors nullement en question ces hypothèses, et comme je les acceptai de bonne foi, je fus enthousiasmé et convaincu du long enchainement de son argumentation.» (Darwin, 1887, p. 67).

[37] Gould, 2002.

[38] Darwin, 1859, p. 578.

[39] C'est Stephen J. Gould, dans sa brillante analyse de la pensée darwinienne, qui a souligné cette relation.

de son ordre universel, par la lutte individuelle et le hasard aveugle.

Essayons de nous transposer sur la scène de l'évolution en testant les différents aspects tels que «organisme - créateur - environnement - lutte pour la survie» etc… non pas sous forme d'idées générales, mais dans l'optique de représentations réelles - dramatiques. Quelle serait alors la force réelle qui impulserait ce phénomène de l'évolution et comment s'apprêterait l'ordonnancement plein de sagesse et d'adéquation des organismes? Pour Paley, les deux sont issus de Dieu, chez lequel se rencontrent les deux éléments, aussi bien la force créatrice que la sagesse qui lui est liée. Pour Darwin, sa conception de la force réside dans l'instinct de survie et de procréation; sans cette stimulation, le processus évolutionnel serait impensable. L'appréhension participative de ce phénomène nous permet d'en faire l'expérience comme d'une pression intérieure et inconsciente des organismes à continuer à vivre et à se multiplier, et dont les velléités d'une croissance sauvage seront maintenues passivement dans des limites, et prendront une forme appropriée grâce aux conditions de vie extérieures (Fig. 2).[40] (Le terme de pression intérieure ne signifie donc pas, ici, un acte pulsionnel conscient, mais une aspiration générale ou, si l'on veut, une capacité intrinsèque de se maintenir en vie et de se multiplier. Ce ne sont pas les dénominations ou les définitions qui importent ici, mais les mouvements cognitifs prélinguistiques que l'on exécute quand on essaie de comprendre).

Comment, précisément, fait-on l'expérience de cet instinct de survie et de procréation? L'introspection montre que l'on s'identifie à lui et qu'on le ressent comme une dynamique volitive innée. En pensant «conditions vitales limitatives», on ressent une organisation externe, s'opposant à la dynamique volitive, limitant l'expansion propre qui l'ordonne, la différencie et la structure de manière appropriée.[41]

---

[40] Darwin note: «*Une lutte pour la survie survient inévitablement comme conséquence du puissant rapport dans lequel les organismes aspirent à se multiplier*». (Darwin, 1859, p. 85). Il est vrai qu'il ne pensait pas à un instinct dynamique des organismes mais au constat d'un fait externe montrant que tous les organismes produisent toujours une descendance plus importante que ne peuvent supporter les circonstances données. Darwin présupposait donc une vie perpétuelle, sans cesse se multipliant.

[41] Il semblerait qu'il soit fondé de se demander pourquoi Darwin a reçu un si

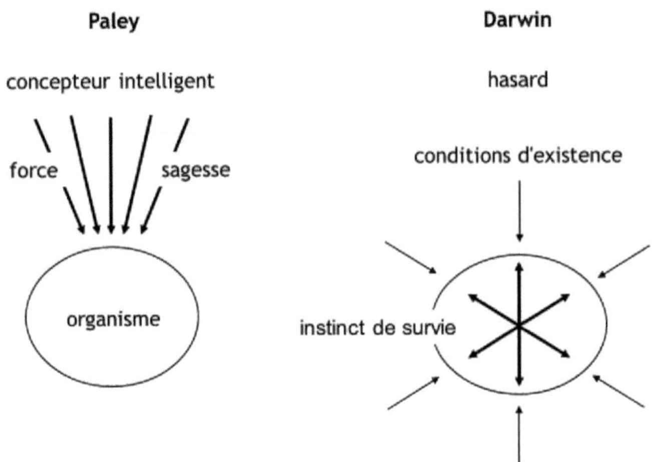

Figure 2: La structure dynamique de Paley et de Darwin. Les composantes considérées comme actives sont indiquées en gras.

C'est probablement la raison pour laquelle «l'instinct de survie» ou «la force structurante» des organismes furent aussi considérés par les philosophes de la nature comme l'expression d'un «soi intime» des organismes œuvrant à l'image d'une moi humain.[42] C'est ainsi que Adolf Portmann, l'un des grands morphologistes et philosophes du 20ème siècle,

---

bon accueil et si ça ne reposerait pas sur notre propre égoïsme et sur les circonstances externes qui s'y opposeraient. Il existe une intime relation entre un ressenti intime, souvent plutôt inconscient et la compréhension d'une pensée, et il arrive fréquemment que lorsque nous tenons quelque chose pour vrai, cela dépend moins de relations neutres et objectives, que du sujet lui-même exprimant ses propres sentiments. Le darwinisme aurait-il eu autant de succès dans une société imprégnée de bout en bout des notions d'aide réciproque, de coopération et d'altruisme? Que la principale impulsion du darwinisme se révèle être l'égoïsme fut démontrée peut-être de la manière la plus conséquente par Richard Dawkins, un biologiste de l'évolution anglais qui écrivit par exemple: *«Une mère est une machine programmée pour qu'elle fasse tout son possible pour concevoir des copies conformes aux gènes qu'elle possède.»* (Dawkins, 1976, p. 145).

[42] Par exemple Brenner, 2007; Weber, 2008.

attribua aux organismes une «intériorité» générale uniquement reconnaissable, non pas en soi, mais à travers leurs manifestations extérieures, dans leurs aspects et leur comportement en tant qu'une «autoreprésentation»: *«l'‹autoreprésentation› est l'expression d'un soi qui nous restera toujours dissimulé».*[43] Dans la poursuite ultérieure de cette introspection de la pensée biologique, nous verrons comment, malgré tout, ce «soi» pourra être découvert empiriquement.

De nos jours on préfère remplacer le terme de «autoreprésentation» par celui de «auto-organisation» des systèmes biologiques, et on les compare à la génération spontanée de motifs sous forme de réactions chimiques compliquées se déroulant cycliquement. On s'imagine avoir là des modèles pour les «systèmes vivants» et de pouvoir en fin de compte quand même les saisir comme des interactions physiques entre leurs parties. Mais les modèles de formations chimiques sont tellement éloignés des activités et des transformations d'organismes vivants pour expliquer la vie, que finalement on ne peut se passer de concepts tels que «autopoiesis»[44] (autocréation) ou «autonomie»[45] (autodétermination) etc... qui, tous justement, non seulement par les dénominations, mais aussi par le geste de l'entendement, implique l'existence d'un «soi», peut importe sa nature.

Pour expliquer les phénomènes de la nature il faut rechercher les forces qui les provoquent (ici, ce sont les structures biologiques), car elles se présentent à l'observateur, à la fois achevées et étrangères, il ne sait pas comment elles ont été générées, en un premier temps il ne peut s'y identifier. Pour les forces, c'est différent. Chaque être humain connait la signification de «bienveillance» et «construction», ou bien «instinct de survie» et «lutte pour la vie», car il en fait l'expérience dans le domaine de sa volition, en tant que sujet actif il peut d'identifier à ces forces (et d'ailleurs c'est ce qu'il fait lorsqu'il les comprend). De ces forces il en a un vécu intérieur, alors que les phénomènes il ne peut que les observer ou s'en faire des représentations, mais de l'extérieur. Voilà pourquoi dans chaque explication de la nature existe une composante volitive qui

---

[43] Portmann, 1965, p. 213.

[44] Maturana et Varela, 1984.

[45] Rosslenbroich, 2007.

permet de saisir le devenir du phénomène que l'on veut expliquer, comme si on l'avait généré soi-même. C'est aussi la raison pour laquelle un dieu créateur extérieur devra toujours être considéré comme étant analogue à un créateur humain. Cette observation nous fournit une clé permettant de surmonter le clivage entre l'examinateur et les organismes, et de faire l'expérience concrète des forces vitales et structurantes de ces organismes.[46]

1.5. *La structuration de l'idée d'évolution*

Le double courant temporel décrit ci-dessus en relation au passé et au futur, ne montre pas encore la structuration complète de la pensée évolutionniste; il nous faudra encore prendre en compte le facteur impulsant le processus évolutionniste, celui, interne, de l'instinct de survie, de même que les conditions externes qui s'opposent à cet instinct et le limitent. Cela nous conduit à quatre aspects de l'idée d'évolution (la descendance, la signification fonctionnelle, l'instinct de survie, les circonstances externes) qui interagissent entre eux. Le cercle de la figure 3 représente l'organisme vivant. L'idée de descendance et la signification fonctionnelle sont illustrées par deux flèches qui se chevauchent et qui proviennent du passé et du futur puisque les deux s'interpénètrent continuellement. Dans ses formes, le passé des organismes est actuel en

---

[46] On pourrait aller jusqu'à dire que seuls ces concepts, possédant une composante volitive, peuvent être des concepts authentiques, donc accessibles à l'intuition humaine, compréhensibles intrinsèquement, et inversement, que les concepts deviennent compréhensibles dans la mesure où on peut les imaginer volitionnellement, c'est-à-dire à partir d'un geste dynamique, les produire soi-même. L'idée par exemple du système cartésien de coordination tridimensionnel me devient compréhensible par le fait que je peux à n'importe quel point de cet espace, imaginer me positionner et, ce faisant, en même temps me déterminer par rapport au point O et d'être capable d'un point quelconque, de me rapporter à lui. Ils constituent une série de mouvements volitionnels que l'on accompli en réfléchissant à un tel concept. Il en est ainsi avec tous les concepts. L'idée de métamorphoser ne me devient compréhensible que si j'accomplis en moi-même une transformation, l'idée de liberté, que si j'agis moi-même librement. «*Au fond l'homme ne peut comprendre que ce dont il connait, la genèse et son devenir. Il ne peut comprendre une chose que lorsque, cognitivement, il peut participer à sa création.*» (Steiner, 1912, p. 216).

tant qu'ascendance et de «produit fini», et le futur, lui, est présent dans la signification fonctionnelle de ses organes. Perpendiculairement à cet axe se trouve l'instinct de survie, car il est toujours présent (dans la descendance et dans l'ascendance). A son encontre se trouvent les conditions d'existence externes, limitantes.

Nous commençons à entrevoir comment cette structuration, que j'aimerais désigner par «croix temporelle» pourra fournir la clé pour la compréhension du phénomène «vie».[47]

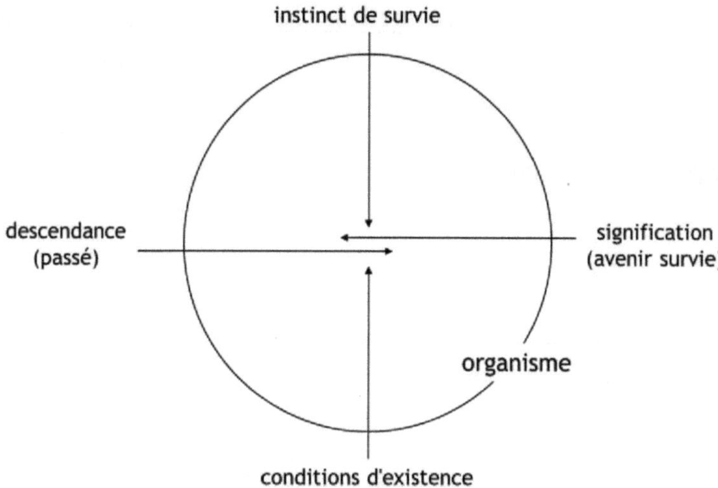

Figure 3: Le concept d'organisme en tant que structuration temporelle.

---

[47] Cette «croix temporelle» peut être ressentie plus ou moins pertinente puisqu'elle ne comporte que deux directions temporelles et non quatre, car les flèches perpendiculaires se tiennent en quelque sorte de façon permanente, respectivement dans une pure actualité au-dessus et au-dessous, en-dehors du temps, justement, mais la suite de l'exposé montrera qui - et comment - les quatre aspects de cette organisation se déterminent entre eux. Je choisis la dénomination de «croix» car elle devra exprimer qu'il s'agit d'un élargissement temporel, d'une interaction classique entre «esprit et matière», «forme et substance», «concept et perception» etc… qui n'est appréhendée que par les notions «en haut - en bas». Seule la prise en compte du temps permettra une approche cognitive du dualisme classique de développement.

Dans un certain sens, ce schéma garde nécessairement, pour l'instant, un caractère abstrait, car pourquoi les organismes sont-ils structurés de la manière, ma foi, qu'ils s'affichent et non pas autrement? On pourrait imaginer d'autres formes d'organisation qui correspondraient tout aussi bien à ce schéma. Dans le système de Paley, c'est Dieu qui est déclaré responsable du fait que les organismes se montrent tels quels; pour Darwin, c'est le hasard. L'introspection montre un dieu analogue à un sujet humain, qui, alors, serait vécu comme un créateur libre à partir duquel les organismes seraient finalement générés à partir de «décrets insondables». Ce n'est pas très éloigné du «hasard» de Darwin. A la lumière du regard intérieur, les deux conceptions pourraient également être traduites par «je ne sais pas». C'est en fait cette question qui est posée: existe-t-il un fondement intrinsèque tangible pour la structure animale et humaine? La suite nous montrera dans quelle direction la réponse pourra être recherchée.

1.6. *Les conséquences du darwinisme*

Charles Darwin appréhenda de manière géniale le fondement de l'organisation temporelle du vivant. Cependant le darwinisme entraîna dans son sillage un monde dénué de sens. L'existence de la vie fut dépouillée de toutes les caractéristiques judicieuses plus élevées, partant de ce principe de la seule existence d'une protocellule, alors qu'en même temps la plénitude des structures est sensée trouver son explication dans le principe d'un égoïsme absurde et le résultat d'une sélection aveugle des conditions vitales. Selon la conception de Darwin nous ne sommes, et la nature avec nous, qu'un produit aléatoire de circonstances tout aussi aléatoires. Owens et Paley recherchèrent un sens à l'extérieur du monde, dans la volonté d'un supposé dieu-créateur dans l'au-delà, introuvable dans la recherche pratique d'une science de la nature.

Le darwinisme orienta entièrement le regard vers les phénomènes objectaux et matériels, le détournant ainsi de toute orientation idéelle. Le lien intime, spirituel entre l'homme et la nature se perdit pour se réduire à une pure constatation d'objets. Du fait que le darwinisme se tire d'affaire sans utiliser de causes supranaturelles, cela lui a permis, il est vrai, d'entamer sa marche triomphale dans la pensée occidentale. Sans ce «renoncement», il est probable que l'idée d'évolution n'aurait pu déployer jusqu'à maintenant cet extraordinaire impact dans l'approche de la nature, dans la culture et dans l'image que l'homme se forge de lui-même.

Darwin constata déjà dans sa propre personne les effets négatifs que le darwinisme exerce sur cette image que l'homme se fait de lui-même et sur sa relation à la nature. Pour ce qui concerne la question de savoir s'il existe un dieu, le grand naturaliste fit cette remarque dans son autobiographie: «*Dans mon carnet de voyage je notai qu'il était impossible de décrire, même approximativement, les sentiments élevés d'étonnement, d'admiration et de recueillement qui emplirent et sublimèrent mon âme pendant que je me trouvai face à la munificence de la forêt-vierge brésilienne. Je me souviens exactement de ma certitude d'alors que l'être humain est plus qu'un simple corps respirant. Mais à présent plus aucun spectacle, aussi grandiose serait-il, ne pourrait plus élever mes sens jusqu'à de telles certitudes et de tels sentiments. Il serait probablement pertinent d'affirmer que je suis devenu un être daltonien.*»[48] On voit nettement, ici, comment une conception matérialiste sclérose d'une certaine manière la relation de l'homme à la nature, avec une réaction en retour sur la propre image que l'être humain se fait de lui-même. Tant que dans la nature on pressent un élément divin, tant cette prémonition élève corrélativement l'humain vers la certitude d'un principe supérieur qui règne en son sein. Si, par contre, on n'aperçoit dans la nature externe que de l'inerte, du mécanisme et du matérialisme, alors s'éteint aussi la flamme d'une soi-conscience individuelle.

---

[48] Darwin, 1887, p. 92.

2. «CONTEMPLE LA EN DEVENIR» - L'ENIGME DU DEVELOPPEMENT DE LA STRUCTURE

«Pour nos yeux ouverts l'univers
ne constitue pas un état, mais un processus.»
(Teilhard de Chardin)

2.1. *Le problème de la «protoprocréation» et la peur de la pensée vivante*

Le problème le plus fondamental en biologie reste, de toute façon, celui de la vie. Chacun sait que la vie ne peut provenir que de la vie. «*Omne vivum ex ovo*» (Francesco Redi, 1626 - 1697); «*omne vivum ex vivo*» (Louis Pasteur, 1822 - 1895); «*omnis cellula ex cellula*» (Rudolf Virchow, 1821 - 1902); et même: «*every gene from a pre-existing gene*» (Hermann Joseph Muller, 1890 - 1967[49]). A l'ère de la biotechnologie, ces phrases restent immuablement exactes.[50] Mais d'où provient alors la vie? Les conceptions actuelles courantes évoquent en premier lieu une planète matérielle inhospitalière sur laquelle, bien après la solidification des premières roches, fut générée la vie. Malgré l'impossibilité, à l'heure actuelle, d'émettre l'idée de la génération spontanée, les premiers

---

[49] Il reçut en 1946 le prix Nobel pour sa découverte montrant que le rayonnement radioactif pouvait provoquer des mutations.

[50] L'expérience publiée pendant que ce travail était en cours d'élaboration, par le technicien en génétique américain Craig Venter montrant que lui et ses collaborateurs avaient transplanté un génome artificiel dans des bactéries vivantes (Gibson et al., 2010) ne montre pas le moins du monde (en dépit de fausses annonces de presse) que de la vie artificielle venait d'être créée en laboratoire. La réalité est que des chercheurs infiltrèrent une molécule d'ADN géante élaborée synthétiquement dans des cellules bactériennes vivantes, et sélectionnèrent par la suite des cellules où le génome originel avait été remplacé par ce nouveau génome. Ce nouveau génome était évidemment presque identique à l'originel. A aucun moment de l'expérience il est question de cellules mortes (ou bien désaccouplées comme pourrait le faire penser l'analogie avec la notion de «rebooting» en rapport avec les ordinateurs et utilisé par Venter). La formulation, elle aussi utilisée par Venter, prétendant que ces organismes modifiés seraient «*les premiers êtres vivants sur la planète possédant un ordinateur en guise de parents*» indique une confusion à vous faire dresser les cheveux sur la tête.

organismes se seraient assemblés spontanément à partir d'éléments inertes, inorganiques; et comme cela s'avère malgré tout difficile à imaginer, on se représente alors d'énormes laps de temps dans l'obscurité desquels, à un moment donné, ce phénomène se serait produit.

Cette «génération spontanée» nous confronte à un «problème prométhéen»: même si tous les éléments constitutifs avaient été assemblés dans des rapports réciproques justes, il aurait fallu, comme par une secousse électrique, que soit transmis au tout un mouvement vivant générant une continuelle transformation et «néogénération» de ses parties. Cette œuvre aurait dû acquérir la faculté de se «s'automaintenir» et de «s'autogénérer» bien que ses éléments soient soumis à un changement permanent.

Considérons l'idée de la génération spontanée à la lumière de l'introspection! Imaginons le passage d'un conglomérat d'éléments inertes à la totalité vivante d'un organisme, et observons notre vécu intime. Il faudrait donc partir d'éléments immobiles susceptibles de se transformer en une unité vivante. Il y aurait donc d'abord une interaction actuelle et extérieure, ensuite les éléments devraient ensemble, devenir une totalité agissant de l'intérieur, capable d'intégrer le temps. On remarquera que l'indispensable «choc prométhéen» est une secousse qu'il faudrait communiquer à sa propre activité pensante afin de pouvoir sauter d'un plan qualificatif inférieur à un plan qualificatif supérieur. L'intuition et la cohérence de la pensée se perdent pour un moment. Le cheminement inverse, conduisant du vivant à l'inerte est facile à se représenter, d'autant plus qu'il se présente constamment à nos yeux, contrairement à la génération spontanée, et ceci chaque fois que meurt un être vivant et que ses éléments matériels quittent le courant de la vie. Le vivant ne peut naître de l'inerte, mais l'inerte du vivant, oui. Ce n'est que cette relation qu'une science libre de tout préjugé a le droit de constater.[51]

---

[51] Il faut se rendre compte que lorsqu'on se représente les parties d'un organisme, on a toujours affaire à des unités différenciées, délimitées par la pensée: ici une molécule, là une autre et là-bas encore une autre etc… chaque élément est saisi par un concept, ou plus exactement: c'est toujours un concept précis qui délimite un élément et le détermine quant à sa teneur. L'agglomération de telles unités, si complexe soit-elle, reste un agrégat. Pour la

Lorsque la pensée veut faire découler le vivant à partir de ses parties, elle se heurte à une vraie limite de compréhension; ce faisant, il peut arriver qu'on se cause pas mal de «bosselures et de griffures» spirituelles. Une perspective de solution ne s'ouvre que lorsque la réalité ne sera plus seulement recherchée en dehors de la conscience cognitive, en prenant le point de vue, la position du spectateur, mais que l'on se rende compte que l'on saisit la vie et la transformation temporelle des organismes par les mouvements générés par sa propre activité cognitive. Cependant de puissants obstacles se dresseront contre un tel élargissement du regard investigateur. L'un des obstacles le plus difficile à surmonter est le fait que, face à des objets extérieurs, il est facile de prendre une attitude passive; on ne se sent pas responsable de ce que la nature nous présente. Les mouvements de la vie cognitive, il faut par contre prendre l'initiative de produire ses propres pensées. Reconnaître sa production intrinsèque comme une part de la réalité signifie en assumer la pleine responsabilité.

2.2. *Un élément «déclencheur» issu du futur? L'énigme du temps biologique*

Les organismes «fluent»; dans leur vie fluide, ils se transforment dans le temps. D'un œuf de papillon sort une chenille qui, après plusieurs mues se transforme en chrysalide, de laquelle se dégage un nouveau papillon. Les processus complexes qui initient les structures, tout d'abord au niveau de l'embryon, ensuite dans la chrysalide reposent, d'une part sur les étapes antérieures du développement, mais d'autre part poursuivent aussi un but, celui de devenir un papillon. Chaque stade du développement est inséré dans la globalité du processus du développement. Cela est aussi valable pour chaque organe particulier, une fleur, un œil, une main… Il existe toujours un passé qui agit

---

pensée, un organisme devient lui-même une unité spécifique, un concept, mais d'un rang supérieur à ses parties et, contrairement à ceux-ci, vivant. La sommation des concepts des parties conduit à la possibilité d'additionner encore d'autres parties, mais jamais au concept de totalité organisant ses parties. Cela se montre tout d'abord dans la temporalité des organismes. Contrairement à l'organisme, les parties matérielles ne présentent jamais des propriétés recouvrant le présent, le passé et le futur, c'est-à-dire intégrant la temporalité. C'est à Viktor von Weizsäcker que revient le mérite d'avoir clarifié cela dans sa géniale analyse du temps biologique dont il sera question au chapitre 4.2.

ultérieurement et un futur avec un effet antécédent: «*Les organismes se précèdent*», voici la formulation de Karl Snell (1806 - 1866)[52], un mathématicien et un philosophe sagace.

Le problème du développement des organismes vers un but a de tout temps préoccupé les penseurs. Aristote le paraphrasa en utilisant le concept d'«entéléchie» (ayant son but en soi).[53] La conscience moderne se pose la question: Qu'est-ce qui cause l'entéléchie? Comment se fait-il que la poule «sait» qu'elle est obligée de pondre des œufs pour pouvoir se reproduire? Cette orientation «vers un but» peut-elle découler des éléments constitutifs des êtres vivants? Immanuel Kant, dans sa «Critique de la raison pure», dédia à cette question une discussion détaillée aboutissant au constat que seule une intelligence divine, «archétypique», comme il l'appela, est capable de pénétrer une totalité vivante et planifiée, alors que l'homme, qui ne possède qu'une raison discursive allant des parties à la totalité, devra se contenter d'une simple description d'une «orientation organique vers un but», renonçant à la déterminer comme étant une propriété naturelle des organismes: «*Nous incluons dans les choses, dit-on, des causes finales sans que nous puissions pourtant les en extraire par la perception*».[54]

---

[52] Snell, 1858.

[53] Aristote, Metaphysique IX, 8

[54] Kant (1790), p. 220. Concernant les êtres organiques Kant écrivit de manière pénétrante: «*Un produit organisé de la nature est une chose dans laquelle tout est but et, réciproquement, aussi moyen. Rien en lui n'est inutile, insensé, rien en lui n'est à attribuer à un mécanisme naturel aveugle… Un être organisé n'est donc pas simplement une machine, car celle-ci ne possède qu'une force de mouvement, elle possède intrinsèquement une force plastique et d'ailleurs une plasticité qu'elle communique aux substances, elles, qui ne les possèdent pas (elle les organise): donc une force plastique multiplicatrice que la seule faculté de mouvement (le mécanisme) ne peut expliquer… Au sein d'un tel produit de la nature chaque partie ne devient ce qu'elle est que grâce à toutes les autres parties et n'existe que par la volonté des autres et de la totalité, c'est-à-dire conçue comme un outil (organe): mais cela ne suffit pas…, mais encore comme un organe générant les autres parties (par conséquent chacune les autres, réciproquement)…: et ce n'est qu'ainsi et pourquoi un tel produit en tant qu'être organisé et s'organisant de soi-même, peut être appelé un dessein naturel.*» (Kant, 1790, p. 318 s.s.).

Jacques Monod s'exprima[55] en termes clairs sur le sujet du développement organique dirigé vers un but. Dans son livre «Le hasard et la nécessité», il fournit une analyse remarquable du problème de la vie. On y trouve, concernant la *«propriété de base qui, sans exception, caractérise tous les êtres vivants: d'être des objets pourvus d'un plan qu'ils expriment aussi bien dans leur structure et à travers leurs activités... Nous disons que cette structure se distingue de toutes les autres structures de tous les systèmes présents dans l'univers par cet attribut que nous nommons téléonomie».*[56] Ernst Mayr, un biologiste germano-américain de l'évolution utilise la même formulation: *«Les organismes vivants sont programmés... pour des activités (visant un but) depuis le développement embryologique jusqu'aux activités physiologiques et leur comportement adulte.»*[57] La téléonomie signifie que l'actualité de l'organisme est déterminée, non seulement par son passé, mais aussi par son futur.[58]

Chaque processus qui se réalise au cours du développement embryologique est compréhensible causalement à partir de ses composantes et des conditions de départ. Mais pourquoi se produit-il juste à tel moment? La réponse ne peut être que: parce qu'il prépare le second processus et celui-ci à nouveau le suivant etc... Le classement des processus particuliers dans le développement de l'organisme dans sa totalité ne sera finalement compréhensible que par les pas subséquents, et ceux-ci à nouveau par ceux qui vont suivre, etc...

Prenons comme autre exemple un processus métabolique, par exemple le catabolisme du glucose dans la glycolyse. Le premier pas transformera le sucre en un glucose-phosphate. Pourquoi? Cette réaction est nécessaire pour rendre possibles les transformations suivantes. Lorsqu'on considère ce premier pas de la réaction isolément (réalisable aussi dans une éprouvette), on peut l'expliquer causalement à partir de ses composantes et conditions de départ. La classification de la réaction

---

[55] Il obtint en 1965 le prix Nobel pour sa découverte de la régulation génétique.

[56] Monod, 1982, p. 27.

[57] Mayr, 1997, p. 46.

[58] Là aussi je ne voudrais pas me laisser entraîner dans une dispute de mots (téléonomie, téléologie, conformité, finalité). Ce qui m'importe, ce n'est pas de me démarquer par des définitions différentes, mais d'observer les faits qui en forment la base, et ceux-ci peuvent prendre différentes dénominations. Mots et concepts ne sont que des indications.

dans l'ensemble de l'évènement métabolique et de la vie de l'organisme ne deviendra finalement compréhensible qu'à partir des réactions qui suivront. Chaque étape isolée ne se fera dans l'organisme que parce que, et pour autant qu'il se mette au service de la vivante totalité.

Comme cela fut déjà évoqué, les généticiens et les chimistes ont, dès le départ, réellement en vue la totalité de l'organisme, la plupart du temps sans en être conscients. C'est l'un des principaux motifs de la conception matérialiste du vivant. La totalité intégrée temporellement du contexte biologique, y compris l'avenir de chaque étape isolée du développement, doit toujours être présupposée implicitement, car elle détermine les étapes.

La cause des faits biologiques se trouve dans le passé, leur signification dans le futur. Le rôle joué par un processus actuel au sein d'une totalité vivante, ne découle pas seulement causalement des conditions passées, mais tout aussi subséquemment de développements ultérieurs. Dans l'actualité organique, le passé et le futur sont tout autant présents, les êtres vivants les intégrant dans l'évènement actuel.[59] (Voir Fig. 4)

---

[59] Concernant l'interactivité des effets causaux et finaux du vivant, Kant écrivit: *«La relation de cause à effet, pour autant qu'elle ne soit pensée que par la raison («Verstand»), constitue un enchainement occasionné par une succession (de causes et d'effets) qui va toujours en descendant; et les choses elles-mêmes qui, en tant qu'effets présupposent d'autres choses comme causes, ne peuvent pas en même temps, réciproquement, être des causes. Cette relation de cause à effet est appelée celle des causes agissantes (nexus effectivus). Par contre une relation causale pourra aussi être pensée par un concept d'entendement («Vernunftbegriff») dans le sens d'un but, laquelle, si on la considère comme une série, entraînerait une dépendance aussi bien vers le bas que vers le haut, dans laquelle la chose pourrait être caractérisée comme un effet, tout en méritant aussi, vers le haut, la désignation d'une cause de la chose de laquelle elle est un effet. En pratique, dans le domaine de la construction, il est facile de trouver de tels enchainements comme par exemple la maison, qui est bien la cause de l'argent encaissé pour la location mais dont, à l'inverse, la représentation de ces possibles revenus était aussi la cause de la construction de la maison. Un tel enchaînement causal est appelé celui des causes finales (nexus finalis)… Mais si la chose… en tant que but naturel et provenant d'êtres sensés extérieurs à elle, devrait être possible, alors… il sera exigé: pour que les parties de celle-ci s'unissent en une unité pour former une totalité, il faudra que réciproquement, elles soient la cause et l'effet de leur forme; car ce n'est que de cette façon qu'inversement (réciproquement) l'idée de la totalité déterminera la forme et la liaison de toutes les parties: non pas comme cause, car cela serait alors une création, mais*

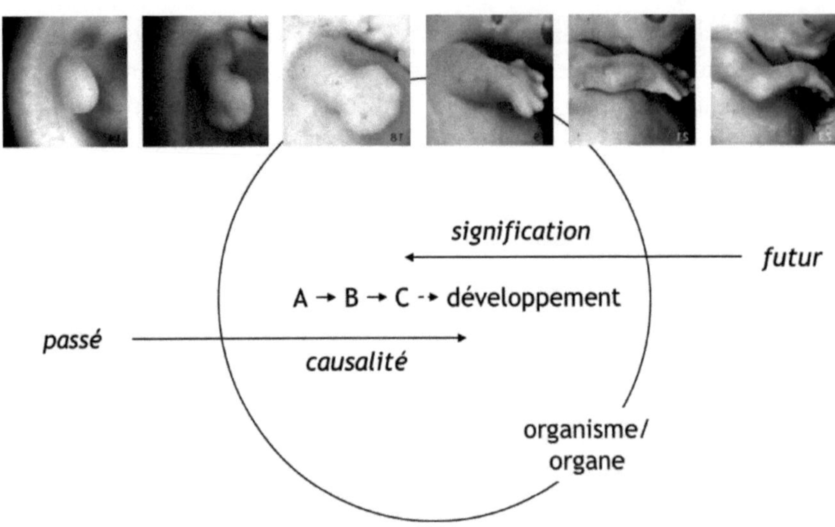

Figure 4: Les idées de causalité et de finalité dans l'organisme, illustrées par développement embryologique de la main humaine. Au niveau de la paume de la main (3ᵉ cadre depuis la gauche) les étapes antérieures du bourgeon du membre continueront d'agir, en même temps qu'agira à l'avance le but du développement, l'extrémité différenciée.

Cette réalité, peut-on la saisir? Peut-on s'imaginer un effet provenant du futur? Oui, ou qu'est-ce qui, envoie les impulsions du développement depuis le futur? On ne connait de comportement planifié que chez l'homme chez lequel existe un élément psychique ou spirituel capable d'anticiper le futur. Pour un développement organique, une telle participation peut être postulée mais non observée et donc non constatée scientifiquement. Ainsi se dresse à nouveau devant la connaissance une frontière apparemment infranchissable.

---

comme base de connaissance de l'unité systématique de la forme et de la liaison de toute la diversité contenue dans la matière donnée pour celui qui l'estime.» (Kant, 1790, p. 320). C'est avant tout Wolfgang Schad qui nous a rendu attentifs, jusque dans les détails, à l'intégration temporelle du vivant (1966, 1992).

2.3. L'être vivant: une totalité autonome

Une autre particularité fondamentale des organismes, c'est leur autonomie de nature subjective, c'est-à-dire le fait qu'ils se structurent et se maintiennent en vie d'eux-mêmes. Jacques Monod nota que tous les objets créés artificiellement (par exemple les outils fabriqués par l'homme, mais aussi la digue construite par les castors ou bien le rayon de cire) résultaient *«de l'utilisation de forces externes sur le matériau de départ et sur l'objet»* alors que *«la structuration d'un être vivant est issue d'un processus tout différent, elle n'est redevable de presque rien qui émanerait de forces externes, mais elle l'est de toutes ses interactions morphogénétiques internes, depuis sa structure générale, jusqu'aux moindres détails. Sa structuration prouve une autodétermination claire et illimitée incluant une liberté quasi totale par rapport aux conditions et forces externes. Il est vrai que ces conditions externes peuvent faire obstacle* (ou inclure une modification, N. de C.H.) *au développement des objets vivants, mais non le diriger; elles ne peuvent lui imposer son organisation»*.[60]

L'autonomie de l'organisme dans son entier se manifeste entre autre dans la guérison des blessures. Pourquoi un os fracturé ne reste-t-il pas tout simplement cassé? Une force est agissante qui le conduit à se rétablir entièrement, et cette force est manifestement supérieure aux influences venant de l'extérieur. Ci-dessus nous avions désigné cette force de «pulsion vitale». Elle est tout aussi énigmatique que l'impulsion de développement provenant du futur.

Dans le chapitre 1.5, nous avions déjà indiqué que la force de structuration seule n'expliquait pas encore l'être achevé des organismes, et pourtant l'espèce signifiant l'appartenance d'un organisme est intimement liée à cette force formative autonome, puisque cette autonomie s'exprime aussi dans la capacité de reproduire son semblable par la procréation. Ce faisant, l'espèce exprime une constante supratemporalité. L'organisme particulier subit des transformations répétées: fécondation, développement, mûrissement, vieillissement et mort, mais par la répétition de la procréation nous ne pouvons pas seulement évoquer l'œuf, le poussin et la poule, mais aussi le Gallinacé. Les organismes se manifestent à nos yeux sous la forme des espèces, ce que nous ne réalisons que grâce à notre pensée: réunir les différents

---

[60] Monod, 1982, p. 28.

aspects d'une chose par leur concept commun, c'est-à-dire établir une relation entre la vie et la cognition, un point que nous aurons l'occasion d'étudier encore plus en détail.

2.4. *L'organisme et son environnement*

Malgré l'autonomie que possèdent les organismes grâce à leur morphogénèse auto-provoquée et leur constante intemporalité, chaque être vivant ne peut exister que dans un certain environnement. Il a besoin de la terre, de l'eau, de l'air et de la lumière, mais aussi des modifications que d'autres êtres génèrent en leur sein. Avec ses organes il «s'y est organisé» une niche. Le monde alentour constitue donc également une grandeur qui participe à la vie et à la formation des organismes (mais il n'en est jamais la cause première).

Gœthe a caractérisé de manière inimitable l'entrelacement intime de la relation entre organisme et environnement: «*L'être humain, en rapportant chaque chose à lui-même, se voit obligé de conférer aux choses une détermination interne vers l'extérieur, et cela lui sera d'autant plus commode puisque chaque chose douée de vie ne peut s'imaginer sans une organisation parfaite. Attendu que cette organisation parfaite est déterminée et conditionnée vers l'intérieur de la manière la plus fine et pure, elle devra aussi rencontrer vers l'extérieur des conditions tout aussi fines et pures puisque, depuis l'extérieur, elle ne pourra exister que sous certaines conditions et dans certains rapports au monde. Ainsi apercevons nous sur la terre, dans l'eau et dans l'air, se mouvoir les formes les plus diverses et, conforme au sens le plus commun, ces créatures ont été pourvues d'organes afin de pouvoir exécuter leurs différents mouvements et mener leurs différentes existences. La force primaire de la nature, la sagesse d'un être pensant, auxquelles nous avons la coutume de nous soumettre, ne nous seront-elles pas plus respectables si nous les connaissions comme opportunes, et si nous apprenions à comprendre qu'elles modèlent tout autant de l'extérieur que vers l'extérieur, de l'intérieur que vers l'intérieur? Dire que le poisson est là pour l'eau me semble beaucoup moins sensé que de dire: le poisson est dans l'eau et par l'eau, car ces derniers mots expriment beaucoup plus clairement ce que les premiers gardent cachés dans l'ombre; c'est-à-dire que l'existence d'un être appelé «poisson» n'est possible que dans le contexte d'un élément qui est l'eau, non seulement pour y exister, mais aussi pour y devenir. C'est cela qui compte, aussi pour toutes les autres créatures. Voilà donc ce qui serait la première considération, et la plus générale, de l'intérieur vers l'extérieur, et de l'extérieur vers l'intérieur. La structuration décisive est en quelque sorte le noyau interne qui se forme de manière variée par l'incitation des conditions externes. C'est de cette manière qu'un animal montre son adaptation à son environnement, puisqu'il a été modelé de l'extérieur aussi bien que de l'intérieur, et ce qui compte encore davantage mais qui est naturel, puisque l'élément extérieur modifie plus facilement la forme extérieure conformément à lui-même, que la structuration interne. Cela se voit le plus facilement chez les espèces de phoques dont l'aspect extérieur se conforme aisément à l'aspect pisciforme, alors que le squelette est celui d'un parfait quadripède».*[61]

L'autonomie des organismes et leur adaptation aux conditions de l'environnement extérieur constituent une autre dimension de l'organique, qui est figurée perpendiculairement à l'axe représentant le temps avec son passé, son présent et son futur. (Fig. 5)

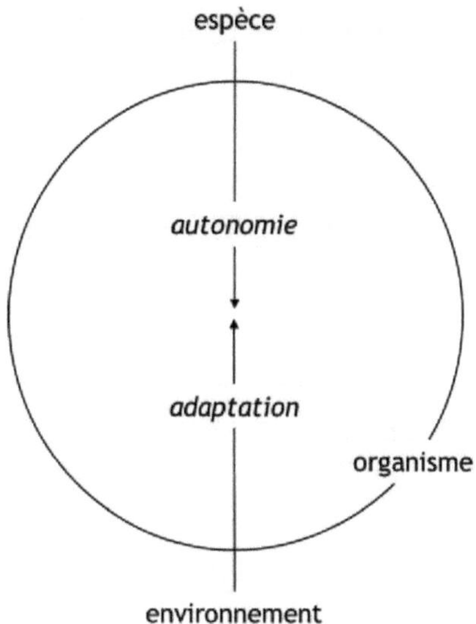

Figure 5: Structure d'un organisme en tant que jeu d'ensemble d'une morphogénèse autonome et typique de l'espèce et d'une adaptation à certaines conditions environnementales.

---

[61] Gœthe, 1790a, p. 228. s.

2.5. Les quatre parties de l'unité du vivant

Ainsi nous pouvons décrire le vivant sous quatre aspects:

I. Son origine provenant d'un autre être vivant (ou bien, pour un organe son germe, son ébauche). Aucun être vivant, aucun organe n'est issu de l'inerte, chaque organisme présente un passé vivant.

II. La téléonomie de tous les processus vitaux. Chaque processus vivant se déploie toujours pour aboutir à un autre processus vivant, et le processus ultérieur est déjà préparé dans le processus précédent. Le développement tend vers une finalité qui, il est vrai, n'est pas déterminée de manière rigoureuse mais pourra être modifiée selon les influences présentes du milieu (le but représente plutôt un objectif global qu'un objectif précis).

III. L'autonomie: elle s'exprime entre autre par la constante de l'intemporalité de l'espèce (ici on ne tient pas encore compte de la transformation évolutive des espèces - voir plus loin).

IV. Finalement, la parfaite adaptabilité écologique des organismes, de leurs organes et de leurs fonctions vitales.

Ces quatre aspects correspondent à ceux que nous avions caractérisés dans le premier chapitre en tant que composantes du concept de vie de Darwin[62]: les aspects chaque fois polaires forment des situations

---

[62] Il ne faut pas se laisser dérouté par la dénomination changeante de la partie haute du schéma, tantôt désignée par «instinct de survie», tantôt par «activite autonome de l'espèce», parce que nous entendons par là, la même chose. C'est ce que Gœthe appelle le «noyau intérieur», la «structuration incontestablement choisie pour sa formation». C'est le «centre» de l'organisme, qui ne paient sans lequel aussi, aucune compréhension n'est possible, et que nous ne pouvons appréhender que si, en tant que moi autonome, nous avons la volonté de nous identifier. La question posée plus haut (page 32) sur le but intime de la structuration de l'homme et des animaux, reflète le flou de la désignation á la partie supérieure de la croix temporelle et ne sera clarifier, ainsi que nous l'avons déjà mentionné, que progressivement au cours de la totalité de ce travail.

d'équilibre parmi lesquelles celles qui sont sur la ligne horizontale désignent le développement des organismes dans le temps, et celles qui sont sur la verticale expriment leur relative émancipation des influences environnementales. La relative importance des aspects particuliers est différente pour chaque niveau d'organisation: les bactéries se développent très vite et manifestent une grande dépendance à leur environnement, les mammifères se développent lentement et présentent un haut degré d'émancipation par rapport à l'environnement. De même existe-t-il une hiérarchisation aux différents moments du développement: un enfant se développe rapidement mais s'émancipe peu; chez l'adulte c'est l'inverse.

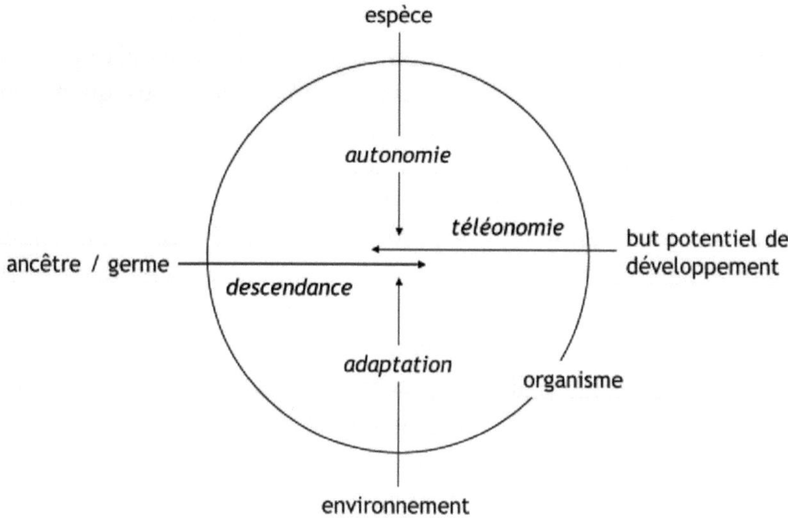

Figure 6: Quatre facteurs qui, dans leur jeu d'ensemble, déterminent la structuration des êtres vivants.

Concernant un être vivant, les concepts de descendance, de téléologie, d'adaptation et d'autonomie, constituent eux-mêmes une unité. Une théorie globale du développement vivant devra prendre en compte les quatre aspects et les éclairer réciproquement. Cela permettra à nouveau de saisir que les organismes ne pourront être compris en utilisant les seuls concepts physiques et chimiques. L'intégration de la notion du temps oblige à transcender les lois liées à l'inerte, et il n'existe aucun phénomène physico-chimique qui, à l'instar du vivant, représenterait une relation vivante entre les quatre aspects.[63]

2.6. *Perspective pour un élargissement de la connaissance*

Comment à présent saisir autonomie et courant temporel provenant du futur? Il est clair qu'ils ne pourront être appréhendés par cette conscience objectale avec laquelle on recherche dans le vivant un quelconque facteur substantiel isolable. Il n'existe aucune corrélation matérielle entre le développement futur et l'instinct de vie autonome. On ne peut que nier ces aspects et passer à côté de l'essence du vivant, ou bien parvenir à un élargissement et à un approfondissement de la connaissance. Reposons-nous donc la question de la manière dont nous «pensons» les quatre aspects du vivant. Observons-nous quand «nous pensons développement» afin de rechercher les sources desquelles apparaît la connaissance du vivant. Elles reposent sur un vécu intime sur lequel il faut porter notre attention. C'est lui qui nourrit les concepts et les idées qui nous permettent d'appréhender les phénomènes organiques. Ce que je ne suis pas à même de vivre intérieurement dans quelque domaine que ce soit, je ne peux pas non plus le comprendre. Il demandera pourtant à être compris.

Ce qui est ainsi esquissé est tout à fait légitime au regard d'une théorie de la science, car dans chaque concept global d'une science, l'observateur doit être pris en considération. C'est justement ainsi que sera rendu possible un élargissement de la connaissance scientifique lorsque, dans le processus d'une approche de la nature on n'observe pas seulement celle-ci en tant que telle, mais aussi soi-même en tant qu'observateur. On ne prête pas attention aux seuls phénomènes extérieurs, mais aussi aux gestes cognitifs que l'on accomplit intrinsèquement, conformément à l'objet de l'étude. Pour être exact, le geste et l'objet sont liés, car l'objet en tant que contenu de la connaissance ne prend contour que par le geste cognitif. Cela trace déjà la démarche ultérieure de notre étude.[64]

---

[63] Pour d'autres aspects de l'organique, cf. Annexe, p. 215.

[64] Les questionnements fondamentaux des sciences de la nature concernant le

2.7. L'énigme de l'évolution

Les exposés faits jusqu'ici concernent l'organisme particulier, respectivement l'espèce, mais pas encore leur évolution. La transformation et le développement vers un niveau supérieur des organismes dépassent les aspects concernés jusqu'ici. L'évolution est la quintessence de la vie, son énigme spécifique. Pourquoi et de quelle manière les éléments nouveaux apparaissent-ils dans le courant de l'évolution? Ceux-ci prouvent-il l'existence d'une direction? Pourquoi l'évolution n'est-elle pas restée au niveau des bactéries ou des poissons? L'homme est-il le produit du hasard? Pour répondre à ces questions il faut au préalable impliquer la connaissance dans le champ d'une approche sur l'évolution. Alors seulement s'ouvrira la perspective d'une solution à l'énigme des structures et de leur évolution.

---

caractère de la matière, de la vie, de l'âme et de l'esprit - parce qu'en définitive ils ne peuvent recevoir de réponse de la part d'un observateur qui ne reste simplement que spectateur, ils ne seront en général même pas posés. Le philosophe et physicien Carl Friedrich von Weizsäcker vit dans cette occultation systématique de ces questions de base, une cause de ce rapide succès des sciences de la nature. *«L'attitude qui consiste à ne pas répondre à certaines questions fondamentales fait partie des règles de base de la méthode scientifique. Ce qui est caractéristique de la physique dans la manière dont elle est actuellement menée, c'est qu'elle ne se pose pas vraiment la question de la nature de la matière; la biologie ne se pose pas la question de ce qu'est la vie, et pour la psychologie, qu'elle ne se pose pas réellement la question de la nature de l'âme, mais que ces termes ne délimitent que vaguement un domaine que l'on a l'intention d'explorer. S'en tenir à cette méthode, c'est ce qui est à la base du succès de la science actuelle. Si nous voulions, simultanément à nos recherches scientifiques, poser ces questions des plus difficiles, nous perdrions du temps pour résoudre les points que l'on pourrait résoudre. Il s'en suit que la science, qui a laissé de côté ces questions essentielles, a avancé si rapidement, si on la compare au processus de la pensée philosophique qui est lent, au plus haut point semé de doutes face aux questions qu'elle se pose réellement.»* Dans la phrase qui suit il relativise une fois de plus ses dires dans une formulation remarquable: *«D'un autre côté il ne faut pas se laisser duper par le fait que ce procédé méthodique de la science, ... lorsqu'elle ne se rend plus compte de son caractère douteux, possède en soi quelque chose de meurtrier... Selon Heidegger, penser signifie... une fois de plus se remettre soi-même en question, et c'est justement cela que la science, dans son évolution normale ne fait jamais. Pourtant il faudra que ce questionnement existe afin de permettre à la science de se mettre un jour en relation avec l'homme vivant, qui est un partenaire dans l'existence et non seulement un objet.»* (Weizsäcker, 1971, p. 287 s.).

3. «Au sein de la nature...» - Gœthe, Rudolf Steiner et la
science du vivant

3.1. Jugement intuitif et activité cognitive dans l'approche de métamorphoses

Richard Owen, William Paley et Charles Darwin apportèrent des réponses très différenciées à leurs questions sur l'énigme de la vie et sa structuration; mais leur particularité c'est qu'ils recherchèrent les causes des phénomènes vitaux dans une réalité objective externe au sujet: Paley et Owen dans l'existence, quelque part, d'un dieu créateur, Darwin, dans les phénomènes de la nature. Par rapport à cette «réalité» extérieure, ils se comportèrent, comme des spectateurs.

Gœthe avait une approche différente de la vie. Au lieu de seulement observer la croissance d'une plante, ou bien la structure d'un animal, puis de réfléchir ensuite sur les objets de son étude, il s'identifiait aux manifestations de la vie, se glissant en quelque sorte, par une activité intérieure, dans les organismes et leurs transformations. Gœthe inaugura ainsi une méthode pour concevoir le vivant laquelle - bien qu'il ne pût l'échafauder qu'en ses premières bases - mériterait peut-être d'être désigné à bon droit comme révolutionnaire.

C'est en étudiant la botanique que Gœthe développa l'idée de la transformation de la structure dans son *«Essai pour expliquer la métamorphose des plantes»*. Il écrivit: *«Quiconque observe tant soit peu la croissance des plantes remarquera facilement que certains de leurs éléments externes se transforment parfois pour passer, totalement ou partiellement, dans la structure des éléments qui suivent». C'est cette métamorphose «avançant des premiers cotylédons jusqu'à l'aboutissement à un fruit qui, par la transformation d'une structure en une autre, se hausse comme sur une échelle spirituelle, jusqu'au sommet de la nature, c'est-*

---

[65] La citation dans son entier: «La vie apparaît là où l'objet et le sujet se rencontrent. Lorsque, dans sa philosophe de l'identité, Hegel s'immisce entre l'objet et le sujet, et qu'il affirme cette place, nous voulons lui ne porter hommage». (Gœthe, 1827).

à-dire jusqu'à la multiplication par l'union entre l'être mâle et l'être femelle».[66] Plus tard il exprimera l'idée de manière poétique:

«Toutes les structures sont semblables, et aucune ne ressemble à l'autre;
Et c'est ainsi que le chœur annonce une loi cachée,
Une énigme sacrée. Oh, si je pouvais, ma tendre amie,
Heureux, te transmettre aussitôt le mot de la solution!
La plante, observe-la qui, pas à pas,
Est conduite d'une étape à l'autre, pour modeler la fleur et le fruit».[67]

Gœthe s'élevait, de la contemplation des particularités, jusqu'à sa participation au spectacle de leurs transformations. Ce faisant, il ne permettait pas seulement à la nature de pénétrer dans la temporalité, mais avant tout c'est à sa propre manière de connaître qu'il adressait cette invitation: *«Chaque transformation sera aussitôt modifiée, et si nous voulons, tant soit peu, nous élever à une contemplation vivante de la nature, nous devons nous comporter de manière tout aussi vivante et plastique, en suivant l'exemple qu'elle-même nous montre».*[68]

Un exemple simple d'un développement organique nous est donné par la croissance d'une feuille végétale, depuis sa première ébauche, jusqu'au stade adulte (Fig. 7). On ne voit que des stades isolés, extraits d'une ligne de développement continue (même dans la nature on ne peut percevoir, en observant une plante en pleine croissance, que des formes isolées, délimitées). La continuité qui les relie se fait grâce à notre propre mouvement cognitif.[69]

---

[66] Gœthe, 1790, p. 64 s.

[67] Gœthe, 1798, p. 107.

[68] Gœthe, 1817a, p. 56.

[69] C'est aussi le cas lorsqu'on «voit» le développement dans un film accéléré. Celui-ci permet de réunir, en pensée, dans un rapport global, non pas les stades isolés, mais les séquences. Notre perception dissocie des séries séquentielles plus longues en éléments plus petits desquels une séquence sera vécue comme actuelle dès lors qu'elle ne dépassera pas environ trois secondes. Alors débutera un nouveau «coup d'œil» (voir Pöppel, 1989). C'est le mouvement cognitif personnel qui noue entre eux les nombreux instants dans la représentation d'un

Figure 7: Stades de développement d'une feuille de Lapsane commune (*Lapsana communis*).

Que se passe-t-il exactement? On remarquera tout d'abord que l'attention saute dans les intervalles. On accomplit intérieurement un mouvement très rapide qui relie les formes ensemble, car d'où saurions-nous, sinon grâce à ce mouvement, que les feuilles font partie d'une suite ininterrompue? Un regard fixe, en tous les cas ne le permettrait pas. Celui qui, dans sa perception, se donne intérieurement la peine de laisser la transformation de cette forme s'accomplir véritablement, lentement et de manière concentrée, remarquera clairement une différence dans le vécu des formes isolées, et le mouvement les reliant. On peut regarder les formes, elles font face à l'observateur; nous sommes dans une relation objectale. Dans le mouvement qui relie les formes, l'«objectivation» se perd par moment. Il m'est impossible d'accomplir activement la transformation d'une forme et me placer au même instant en la contemplant attentivement. Au lieu de cela je me représente les stades intermédiaires, mais ceux-ci aussi, il me faut les contempler, puis à nouveau m'activer, puis à nouveau les contempler etc… *«Faire apparaître et contempler face à face, sont deux attitudes qui s'excluent l'une l'autre»* (Rudolf Steiner). Dans le mouvement actif qui conduit à la forme suivante, la séparation entre sujet et objet est, pour un instant, suspendue. Le sujet ne reste plus à l'extérieur des formes, mais il vit entre et en elles.

---

mouvement continu. Il est vrai qu'un film entraîne la pensée avec lui, alors que dans l'appréhension naturelle des phénomènes, elle sera obligée de s'activer par elle-même. Les films paralysent l'activité intérieure de l'homme, en particulier la T.V. qui endigue cette activité intrinsèque en la bloquant totalement.

On remarquera peut-être qu'au début on ne pourra se maintenir que difficilement au sein de l'activité de ce mouvement formateur. L'activité cherchera très vite appui sur l'objet suivant de la considération, car on éprouvera le besoin de se trouver face à quelque chose de sensible à laquelle se maintenir, ce qui fera que la possibilité d'observer le mouvement formateur sera tout d'abord réduite. Au départ elle ne représentera qu'une négation, et ce qu'elle suscitera ne sera tout d'abord qu'un trou noir entouré de formes objectives.

On atteindra alors une frontière qui décidera s'il sera réellement possible de surmonter le matérialisme et de pénétrer activement dans le vécu d'une approche spirituelle de la nature, ou bien si l'on demeurera dans la passivité, et que tout discours sur l'esprit restera pure abstraction, car on continuera de le considérer comme *«une pure substantialité brumeuse et délayée»* (Rudolf Steiner). C'est en pleine conscience qu'il faudra pénétrer dans l'obscur néant du mouvement volitionnel. La pratique le rend possible.

3.2. Structure, vie, conscience, être: quatre étapes de la connaissance

Nous venons donc de caractériser clairement deux étapes nettement dissemblables dans la connaissance des transformations organiques: la contemplation de structures isolées, et leurs liaisons activement réalisées. Dans la première étape, que l'on peut désigner par «conscience objectale», l'observateur fait face à l'objet. Les objets lui apparaissent comme des choses isolées, achevées. Au cours de la deuxième étape, si l'observateur veut avoir un vécu en pleine conscience, il devra déployer une forte activité intérieure lui permettant de saisir ces transformations. Pour utiliser un terme adéquat, je voudrais proposer celui d'«activité métamorphosante». Ici la frontière entre sujet et objet n'est plus aussi nette que pour le vécu objectal, les deux oscillent l'un dans l'autre. La figure suivante en donne une illustration (Fig. 8).

L'activité métamorphosante oscille entre production volitive et contemplation représentative de la production (Fig. 9). Les représentations contemplatives peuvent être caractérisées comme extérieures au sujet (bien qu'elles soient en lui-même, le sujet les considère face à soi), alors que la source qui livre les représentations, c'est le sujet lui-même; elles se trouvent en lui.[70]

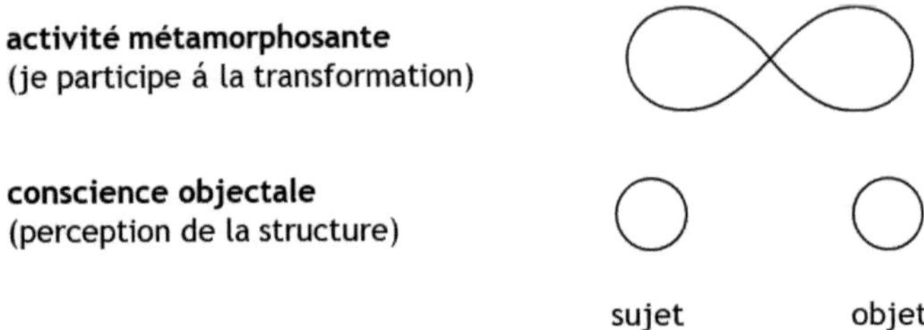

Figure 8: La relation entre sujet et objet aux deux premières étapes de la connaissance du vivant.

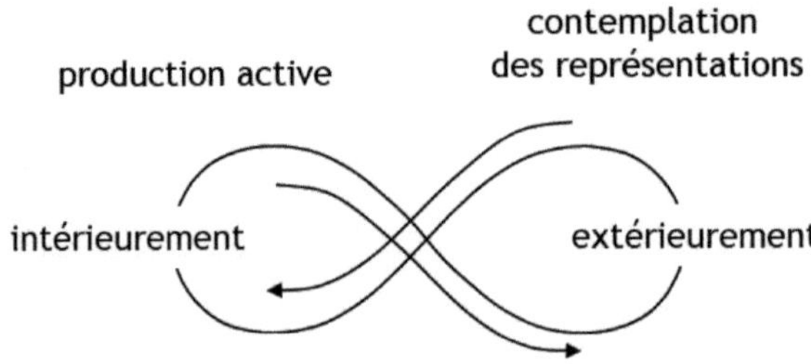

Figure 9: L'activité métamorphosante oscille entre la production et la contemplation de celle-ci.

On peut résumer les figures 7 et 9 pour montrer comment on peut entremêler les formes isolées pour en faire une suite de développements reliés entre eux (Fig. 10).

---

[70] Ces illustrations spatiales pourront tout aussi bien être comprises en sens inverse, les représentations étant vécues intrinsèquement, au sein de la conscience subjective, alors que la volonté productive puise à une réalité du monde extérieur.

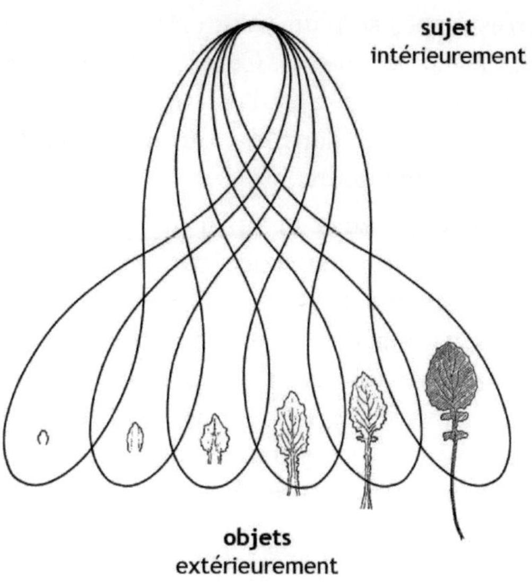

Figure 10: Comment l'activité de métamorphose relie les différents stades de développement dans un continuum.

En dehors de ces deux étapes, il en existe encore deux autres participant à la connaissance des processus vitaux, et qu'il convient absolument de prendre en considération, si l'on veut obtenir une image complète.

Plaçons-nous un instant dans la partie gauche de la lemniscate de la figure 9, qui initie l'activité métamorphosante. Comment donc sait-on dans quelle direction et vers quel but on doit exécuter le mouvement de transformation? Apparemment uniquement parce que nous connaissons d'emblée la structure qui, chaque fois, va suivre. Si l'on ne connaissait pas le devenir de l'ébauche foliaire (Fig. 7, gauche), on ne pourrait rien reconstituer. Le mouvement formateur structurant est guidé par un savoir d'un rang supérieur aux différents stades de la transformation et qui recouvre tout le processus du développement. Dans l'état de conscience habituelle, l'activité de la pensée métamorphosante est occultée; dans celle-ci il n'y a pas de représentation, mais une implication; c'est en quelque sorte ressenti; je sais simplement ce que j'ai à accomplir sans avoir besoin d'y songer. Cette étape sera désignée ici par «connaissance supérieure».

Finalement, les trois étapes se réunissent en une unité par une quatrième étape, à savoir par la «chose en soi». Ce qui se transforme sous nos yeux reste donc toujours une feuille: c'est l'essence de la chose qui vit dans la contemplation de la structure, dans le mouvement plastique qui les relie, et dans la connaissance supérieure.

Quelle est la relation entre sujet et objet au niveau des deux dernières étapes? Au niveau de la connaissance supérieure je ne pourrais plus prétendre que cette connaissance est séparée de moi: je la possède, elle vit en moi, je la ressens, mais ce n'est pas encore moi. Ce n'est pas non plus l'essence en soi, mais une connaissance de cette dernière. Ce n'est qu'au niveau de la quatrième étape que le sujet (actif) et l'essence (vivante) de la chose formeront parfaitement une seule unité. Les figures qui vont suivre illustrent ces relations (Fig. 11).

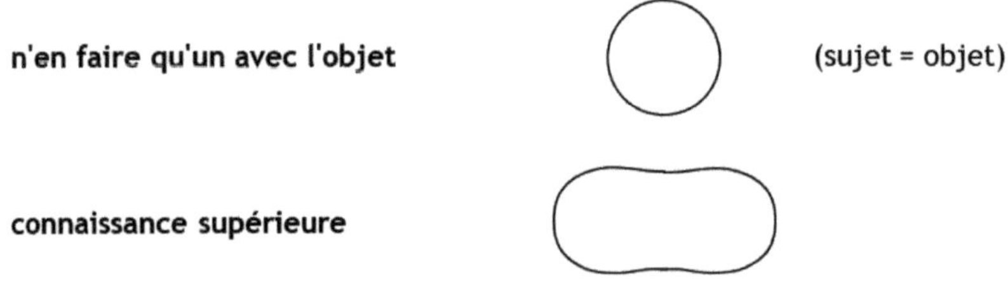

Figure 11: La relation entre sujet et objet aux deux étapes supérieurs de la connaissance.[71]

En ajoutant les figures 8 et 11, nous obtiendrons une représentation symbolique des quatre étapes qui participent à la connaissance de processus de développements vivants, et même de la connaissance en général.

---

[71] Conformément à la note 70, cette figure peut tout aussi bien être lue dans l'autre sens: la «connaissance supérieure» devra alors être dessinée de facon à relier le sujet circonscrit avec ce qui est illimité, alors que «dans ne faire qu'un», il s'y dissoudrait totalement.

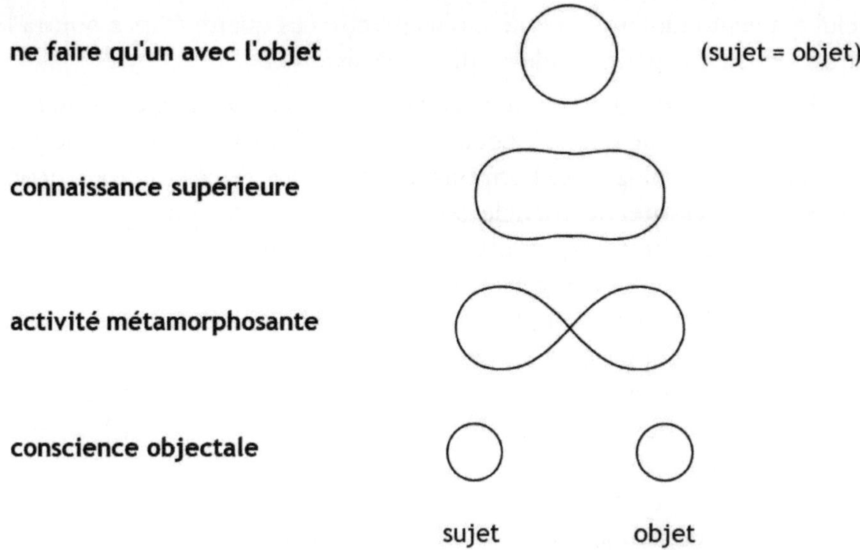

Figure 12: Les relations entre sujet et objet (chose) aux quatre étapes de la connaissance.

Ce n'est qu'à l'étape inférieure que l'on se trouve face à la chose, ce n'est que là que l'on peut différencier un monde extérieur et un monde intérieur. A la deuxième étape, celle de l'activité métamorphosante, nous-même (dans notre activité) et les choses (sous forme de contemplation) passons de l'un à l'autre. Chaque fois que nous accomplissons activement le mouvement vers le prochain objet à considérer, nous nous fondons en lui, pour ensuite nous en séparer et l'envisager dans notre représentation, etc... A la troisième étape de la connaissance implicite supérieure, le contenu n'existe plus à l'extérieur de nous-même, mais malgré cela, nous pouvons encore nous différencier de l'objet saisi. Ce n'est qu'à la quatrième étape que nous ne formons plus qu'un avec l'objet, car celui-ci provient de notre activité, il se manifeste grâce à nous.

***

Celui qui veut étudier de manière plus précise ces quatre étapes pourra le faire à l'aide de la petite étude méditative suivante.

On dessine un triangle sur une feuille de papier. Ses angles sont bien déterminés de même que la longueur des côtés. Nous sommes sur le plan de la conscience objectale. Fermons à présent les yeux et commençons par nous représenter le triangle sous la forme d'une image intérieure. Mettons ensuite cette représentation en mouvement, lentement et de manière concentrée, -car c'est ça qui compte- en augmentant et en diminuant d'abord un angle, puis un autre; en bougeant un côté puis un autre vers l'extérieur, ensuite vers l'intérieur, et finalement plusieurs en même temps jusqu'à «liquéfier» l'ensemble du triangle (il devra rester un triangle). Nous nous mouvons ainsi de manière consciente sur le plan de l'activité métamorphosante, qui permet de bien observer le passage entre la production et la contemplation. Après avoir exercé cet exercice un certain temps de manière intense, en étant concentré, on passe à l'étape suivante en éliminant toute représentation imagée du triangle. On remarquera qu'à présent la concentration sera plus difficile à conserver. Afin de retenir le contenu, beaucoup de gens répètent intérieurement le mot «triangle». Accomplissons enfin le dernier pas et abandonnons aussi l'idée du triangle, en ne prononçant même plus son nom, mais en plongeant, muet et aveugle, dans son être même.

En utilisant le triangle le chemin est aisé, mais il ne se réduit pas à des contenus géométriques: ce processus à quatre étapes ascendantes peut s'utiliser dans tous les domaines. Se servira-t-on par exemple d'un morceau de cristal de roche, la première étape consistera alors en un examen intensif, fidèle à tous les détails, ses surfaces, ses arêtes et ses pointes, son jeu de lumière dans sa masse et sur ses surfaces, sa froideur et son poids, etc... La deuxième étape consistera à reconstituer dans notre représentation, sa forme extérieure (sans regarder le modèle physique) de manière aussi nette et vivante que possible. Dans cette reconstitution, nous aurons ce qui correspond à l'activité élaboratrice qui, pour le triangle, correspond à l'activité métamorphosante. A la troisième étape on abandonnera images et représentations, et à la quatrième, aussi le mot ou l'idée, pour ne faire plus qu'un avec le cristal, non pas avec sa manifestation physique, mais avec son être spirituel.

Considérées de plus près, les quatre étapes ne se succèdent pas, mais elles sont imbriquées, passant les unes dans les autres. Lorsque, par une activité métamorphosante lente et consciente, on réussit à faire disparaître le niveau inférieur, les étapes trois et quatre y seront encore contenues; arrive-t-on à avoir un vécu de la troisième étape, elle comportera encore la quatrième. Cette étape ultime constitue le fondement dernier et le plus profond de toute connaissance. Il n'existe pas de connaissance sans celle-ci.

Dans la quatrième étape, tout ce qui est externe se détache et tombe; on se sent à l'extérieur de l'espace et du temps, on fait un avec la chose, partout. De même que le concept pur ne possède ni lieu, ni temps, de même le Moi ne possède ni lieu, ni instant, et pourtant il existe. A cette étape ultime il n'y a plus rien à quoi nous pourrions nous retenir, c'est pourquoi il est si difficile d'en avoir un vécu conscient. Lorsqu'on pénètre jusqu'à elle, on fait l'expérience intime de l'unité de tout ce qui est. C'est la raison pour laquelle Rudolf Steiner caractérisa le Moi humain (ici le sujet actif) comme *«une goutte issue de la mer de l'esprit, qui imprègne tout l'univers».*[72] A la quatrième étape cela devient expérience.[73]

L'anthroposophie décrit ces quatre étapes, c'est-à-dire leurs propriétés cognitives, par quatre concepts techniques. L'étape inférieure fut appelée par Rudolf Steiner «la connaissance objectale» (ou sensation), la

---

[72] Steiner 1910, p. 66. Voir note 71.

[73] Friedrich Rückert exprime joliment cette pensée:

Ainsi que du soleil de nombreux rayons se dirigent vers la Terre,
Ainsi que de Dieu, un rayon pénètre au cœur de chaque chose.
'Ce rayon unit la chose à Dieu,
Et chaque chose ressent ainsi qu'elle est issue de Dieu.
D'une chose à l'autre, jamais un tel rayon ne se dirige de côté,
Il n'y a guère qu'un ensemble brouillé de rayons rasants.
A ces rayons jamais tu ne pourras connaître la chose.
Toujours l'obscure cloison te séparera d'elle.
C'est plutôt à ton propre rayon qu'il te faudra monter jusqu'à Dieu
Et l'incliner vers la chose, à son propre rayon.
Alors, lorsqu'avec toi elle sera unit à Dieu,
Tu la verras, non pas telle qu'elle paraît,
Mais telle qu'elle est.

(Tirée de Sagesse des Brahmanes)

deuxième «d'imagination», la troisième «d'inspiration», et l'étape supérieure «d'intuition», formellement: «d'intuition est le vécu conscient, dans le pur esprit, d'un contenu purement spirituel».[74] Dans sa teneur: «La vie des choses vécue dans l'âme, c'est l'intuition».[75]

L'étape inférieure de la connaissance objectale concerne cette faculté de l'âme de percevoir à travers les sens. L'étape de l'imagination correspond à l'activité représentative, capable de générer des images intérieures. Dans l'inspiration, c'est le ressenti qui se manifeste comme une compréhension universelle (on pourrait aussi la caractériser comme une connaissance prélinguistique); et dans l'intuition c'est l'essence universelle, générée, et vécue dans la volition. Comme dans l'étape inférieure, dans la confrontation du monde des objets, il règne une pleine conscience éveillée, l'étape supérieure reste inconsciente pour la conscience habituelle, comme enveloppée d'un profond sommeil. Par contre l'étape du ressenti dans l'inspiration est vécue comme en rêve, alors que l'imagination «représentatrice» peut être caractérisée comme «éveillante».[76]

Etapes de la connaissance	*Activité*	*Faculté de l'âme*	*Degré de connaissance*
Sensation	contempler	percevoir	pleinement conscient
Imagination	transformer en image	représenter	se réveillant
Inspiration	comprendre	ressentir	rêvant
Intuition	générer	vouloir	dormant

[74] Steiner 1894, p. 146.

[75] Steiner, 1905, p. 22. D'une part les quatre étapes sous-tendent chaque acte cognitif ordinaire (voir Witzenmann, 1983), d'autre part un approfondissement systématique, et une intensification de la connaissance, sont nécessaires pour l'expérimenter pleinement les étapes supérieurs. Dans ce contexte, il devient clair que les exercices qui visent l'imagination sont axés sur le pouvoir cognitif, ceux qui visent l'inspiration sont habitués à ressentir le contenu et les exercices d'intuition focalisent la volonté (voir Steiner, 1905).

[76] Voir Steiner, 1905, p. 15 s.s.; Steiner, 1919b, p. 91 s.s.; Steiner, 1914, p. 73 s.s.

Tableau 1: Les quatre étapes de la connaissance en rapport avec les facultés de l'âme et les degrés de conscience.

Nous venons ainsi de caractériser quatre concepts essentiels, quatre étapes de la connaissance de métamorphoses vivantes:

I.   La structure objectale de la perception (qui ne peut que rester fragmentaire)
II.   Le mouvement actif de «l'image» qui relie les structures isolées
III.   La connaissance de la relation intrinsèque supérieure
IV.   L'essence de la chose elle-même, qui se transforme, qui dans la transformation reste semblable à elle-même, et qui est vécue par l'activité du sujet

La logique du rapport sujet-objet montre que l'on arrive à une connaissance totale en suivant ces quatre étapes.[77]

3.3.   La structure en tant qu'expression

La troisième étape de la connaissance, celle des structures organiques, ce que l'on ressent comme une relation d'un niveau supérieur, présente encore une autre particularité; car le fait d'avoir saisi, lors de la deuxième

---

[77] Les quatre degrés se trouvent aussi chez Platon dans son allégorie de la caverne. Voilà les paroles de Socrate: «*Considère les hommes comme s'ils habitaient une grotte souterraine possédant une ouverture à laquelle ils tournent le dos et qui ne laisse pas passer la lumière. Depuis l'enfance ils sont ligotés du pied à la tête, condamnées ainsi à demeurer à la même place et ne pouvant regarder que droit devant eux, car des liens les empêchent de tourner la tête. La lumière, cependant, leur parvient d'un feu qui brûle derrière eux, d'en haut et de loin. Au-dessus, entre le feu et les prisonniers s'étend un chemin bordé d'un mur... Vois à présent, longeant ce mur, passer des hommes portant toutes sortes d'ustensiles, des statues et d'autres images en pierre ou en bois, provenant de toutes sortes d'ouvrages. Certains, tout naturellement, sont en train de causer, d'autres se taisent... Crois-tu donc, qu'ainsi, ils aient pu voir d'eux-mêmes ou des autres personnes, autre chose que des ombres (provenant des ustensiles transportés) que le feu jette face à eux sur le mur de la grotte?*». (Platon, Politeia.)

étape, les transformations organiques, ne donne encore aucun éclaircissement sur la nature des structures. Les questions telles que: pourquoi le chêne porte-t-il des glands et non des châtaignes, pourquoi seuls les Ongulés portent-ils des cornes, pourquoi l'homme possède-t-il cinq doigts et non six ou quatre?, ne peuvent trouver de réponses par la seule pensée métamorphosante. Il faut en plus saisir les motifs selon lesquels les structures sont élaborées et qui décident les aspects particuliers. On pourrait parler d'une «connaissance physionomique» des structures.[78]

Le concept de «motifs structuraux» sera précisé en prenant un exemple dans le règne végétal. Je choisis l'érable plane (Acer platanoides) et le chêne (Quercus robur). L'érable porte une couronne de branches s'étendant amplement vers l'extérieur et légèrement vers le haut. Au printemps, il fleurit avant la poussée des feuilles, en prenant une singulière couleur jaune-vert claire. Ses feuilles présentent des pétioles allongés, au limbe symétrique, se terminant en pointe et qui, en automne, flamboient d'un jaune rayonnant. Ses fruits, des doubles samares ailées, forment des grappes peu serrées suspendues sous les feuilles et qui, vers la fin du printemps, bruissent en traversant l'air avec une certaine grâce. Son bois est clair, pas trop lourd, dur tout en restant élastique. L'érable prend facilement et rapidement racine un peu partout et s'accroche encore jeune avec ténacité au sol. Ces caractéristiques, aussi diverses soient-elles, laissent deviner une constante dans le geste formateur, le port de cet arbre. On pourrait le décrire comme généreux, vigoureux, tout en restant libre et léger. Le chêne, à l'inverse, est noueux, sa croissance est tourmentée, il porte des feuilles à pétioles courts et aux limbes irrégulièrement lobés, qui s'assombrissent en automne. Les fleurs sont minuscules, et les fruits mûrs se serrent aux rameaux au bout de longs pédoncules. Ils tombent au sol avec un bruit sourd. Son bois est brunâtre et dur, mais peu élastique. Par rapport à d'autres essences il présente une forte densité. Son écorce contient des tanins aux propriétés astringentes et anti-inflammatoires. Le port du chêne présente dans toute sa structure un caractère rétif, un geste de resserrement et d'entêtement qui presse et endigue et que l'on devine jusque dans ses substances. Ces motifs structuraux sont d'une description tout aussi nette que le fait

---

[78] Kranich, 1996.

scientifique indiquant que les deux arbres appartiennent aux plantes à graines, par contre ils ne sont accessibles qu'au sens artistique.

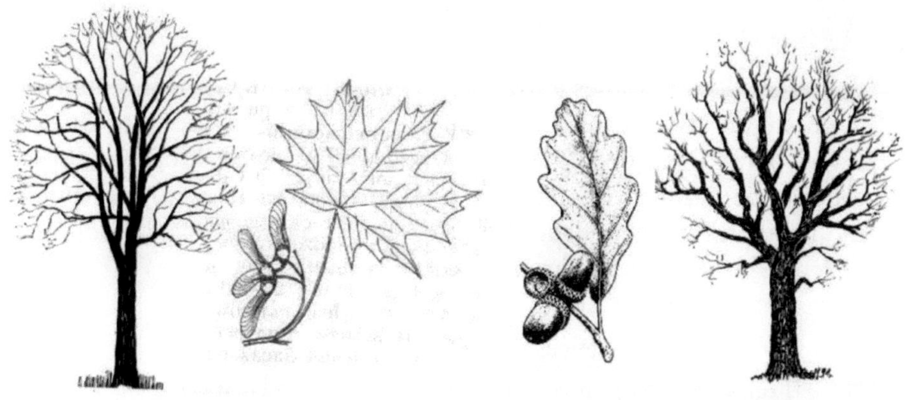

Figure 13: Le chêne et l'érable présentent des structures dissemblables.

Les motifs structuraux se présentent comme une impression d'ensemble; ils expriment l'essence, la nature d'une espèce et peuvent être comparés à ce qu'exprime un moi humain à travers son corps et son tempérament ou son caractère. Le vécu spécifique d'une structure ne peut que difficilement être exprimé par des mots; il est comme ressenti, appréhendé par une expérience intime proche du rêve (Les images du rêve expriment, elles aussi des sentiments, elles sont la face externe d'un monde interne signifiant).

Comment alors faire l'expérience intime de motifs structuraux? Lorsqu'on saisit la modification des formes grâce à une activité plasticienne renforcée, on peut avoir le vécu des motifs, c'est-à-dire en freinant sa propre activité et en prêtant en même temps l'oreille au langage de la nature. Comment s'exprime un chêne, comment un érable? Que nous dit une plante en train de bourgeonner, de fleurir, de faner, un têtard dans une flaque d'eau, une grenouille dans les roseaux, un cerf au crépuscule, un hérisson dans les feuilles mortes, une souris passant comme un éclair devant nos yeux, etc…? Chaque regard dans la nature est relié à de fines émotions. Pour prêter l'oreille au langage des structures, je recule d'un pas dans mon ressenti de la forme, je me place face à elle pour l'observer, et je laisse s'exprimer le monde à travers ma sensibilité.[79]

* * *

A présent nous sommes à même de parvenir à une vue d'ensemble de la totalité d'un être vivant. En premier lieu nous avons (en tant qu'extrait actuel d'une ligne de développement continue) une structure objectale tout à fait particulière; ensuite, croissance et métamorphose; puis les motifs, d'un rang supérieur, et finalement une force vitale autonome qui génère les organismes et les maintient en vie:

I.   Structures objectales;

II.   Leurs transformations, croissance et métamorphoses;

III.   Les motifs de la structuration, d'un rang supérieur, qui interpénètrent les particularités;

IV.   Une force structurante autonome.[80]

Nous nous identifions à la force structurante, car nous l'appréhendons par, et dans notre volonté. Nous n'en n'avons aucune conscience (tout d'abord) parce que nous sommes incapable d'observer sa provenance, capable seulement d'observer sa production. Cette volonté créatrice, c'est l'esprit.

Les motifs structuraux sont l'expression d'une strate psychique universelle. Les plantes, les animaux, les paysages, de même que toutes les perceptions sensorielles, peuvent être saisis par l'âme et appréhendés comme l'expression psychologique du spirituel vivant en eux. Dans le ressenti des êtres vivants, nous partageons avec eux un même monde

---

[79] Le vécu conscient de la signification universelle du ressenti, c'est l'inspiration.

[80] Pour saisir et comprendre pleinement un être vivant, il faut encore ajouter ses interactions avec son milieu (écologie), les variations de son espèce (microévolution), de même que sa position dans la série des organismes (macroévolution), ce qui fait non pas quatre, mais sept aspects (voir annexe p. 215 ss.).

universel intérieur. Ce faisant, nous n'avons nullement affaire à de la vague sensiblerie, mais à des vécus différenciés concrets, au contenu multiple.

Le niveau de la vivante métamorphose structurante est expérimenté dans l'activité consciente représentative; et au niveau inférieur la structure sera contemplée comme un fait physique (Fig. 14).

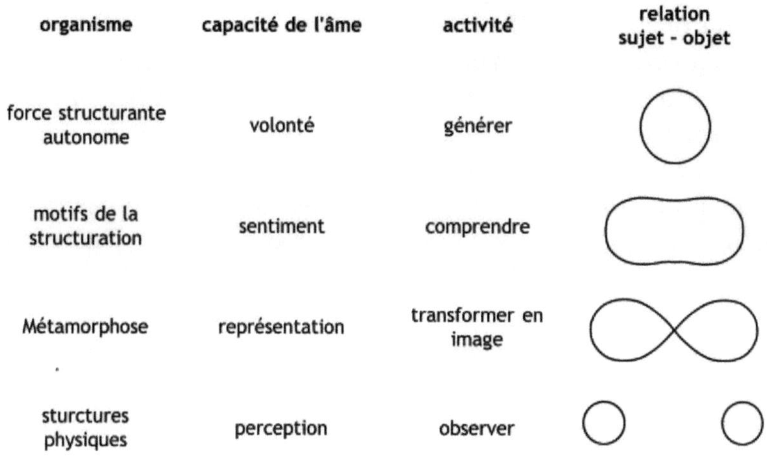

Figure 14: Quatre niveaux de l'organique et leur appréhension par les quatre forces psychiques de l'âme humaines, de même que les rapports entre sujet-objet aux quatre degrés.

Cette approche fait de la structure physique, non pas un point de départ, mais un produit final. Les causes de la vie et de ses structures ne se trouvent pas dans le domaine matériel, mais dans une sphère universelle psychospirituelle, à laquelle l'être humain, avec sa cognition, prend part de manière vivante.

3.4. *Darwinisme, gœtheanisme et anthroposophie*

Darwin recherche une explication naturelle de l'évolution. Sa théorie ne laisse au vivant pas de place à des principes structuraux spécifiques: toute évolution supérieure est générée par des conditions de vie externes. Dans sa vision, le vivant lui-même n'apparaît que comme un pudding flageolant, capable de se reproduire, une substance informe mais plastique qui, de manière aléatoire «flageole» dans telle ou telle direction, et qui, ensuite, sera maintenue dans une structure qui s'adaptera de manière appropriée aux conditions extérieures. Cette conception correspond tout à fin à la recherche objectale. La théorie évolutionniste de Darwin fut le résultat du point du vue du pur spectateur.

Le regard de Gœthe était plus profond et, paradoxalement, il resta au niveau du phénomène. Il ne conçut aucune «théorie» de l'évolution du vivant. «*Ne recherchons rien derrière les phénomènes, eux seuls nous instruisent!*» La partie théorique de sa connaissance consistait à intégrer personnellement, intimement les phénomènes, à s'y glisser de manière active tout en les contemplant de son regard et en interprétant les structures organiques avec un processus intérieur volitif et créateur, en particulier lorsqu'il modelait intérieurement les passages non observables sensoriellement entre les structures visibles et isolées. Ce faisant, il expérimentait intimement la force des transformations vivantes, ce qui lui donnait le droit de parler de «*la loi de la nature interne constituant les plantes*» (qui, il est vrai, selon son impératif bien connu agissait en commun avec «*une loi des conditions externes, les modifiant*».) Le regard participatif de Gœthe suivait les méandres entourant la ligne frontalière entre objectivisme et activité: «*La forme est mouvante, elle devient et disparaît; la science des formes est une science de la transformation.*»[81] Cette approche correspond à la deuxième étape de la connaissance.

Concernant la science goethéenne de la métamorphose Rudolf Steiner nota: «*L'ampleur de cette pensée… ne devient évidente que lorsqu'on essaie de la rendre vivante en esprit, lorsqu'on entreprend de la repenser. On se rend alors compte qu'elle est la nature même de la plante traduite en idée, une idée aussi vivante en nous que dans l'objet; on remarquera aussi que l'on se met à donner vie à un organisme jusque dans les moindres détails, non pas tel un objet inerte, isolé, mais comme quelque chose que l'on se représente se développant, devenant, contenant en soi une continuelle agitation.*»[82] Grâce à notre propre activité, qui n'a rien en soi de quelconque car guidée par les phénomènes organiques, un nouveau champ d'investigation s'ouvre à nous.

---

[81] Gœthe, 1817a.

[82] Steiner, 1883-1897, p. 9.

Rudolf Steiner accomplit le chemin de connaissance de Gœthe et décrivit alors ses observations: On remarquera alors… c'est vraiment la méthode de connaissance anthroposophique: se transposer de manière goethéenne, avec amour, dans les choses, les laisser vivre en soi et ensuite prendre conscience de ce vécu. «*Vivre dans la vérité n'est rien d'autre que, dans la considération de chaque chose, regarder le vécu intérieur qui s'installe lorsqu'on se trouve face à cette chose.*»[83] Rudolf Steiner approfondit la méthode de connaissance de Gœthe et de Darwin par «d'autocontemplation de la pensée»: «*J'observe moi-même ce que je produis moi-même.*» Ce faisant, il rendit totalement conscientes toutes les étapes participant à la connaissance métamorphosante. Il fit l'expérience du concept[84] éclairant et guidant le mouvement de la métamorphose, un concept global en tant qu'entité vivante spirituelle, grâce à une intuition volitionnelle (Fig. 15).

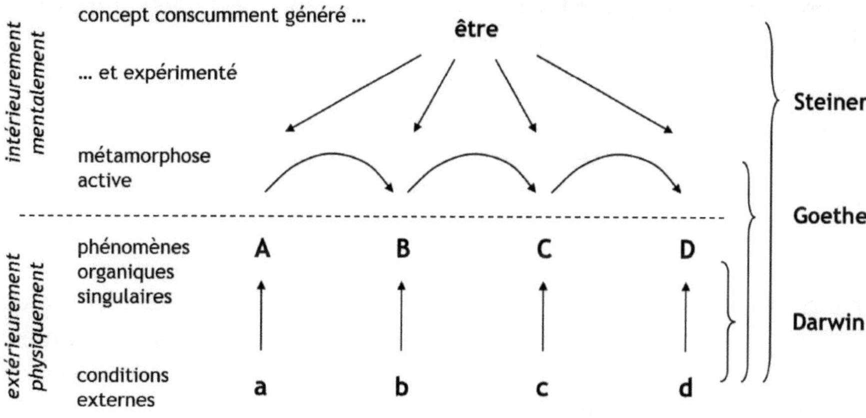

Figure 15: La rapport épistémologique scientifique entre darwinisme, gœthéanisme et anthroposophie.

Aussi longtemps que l'on ne pense l'évolution que comme un assemblage de structures objectales apparentées, elle reste quelque chose d'extérieur. Lorsque, on participe activement aux processus de

---

[83] Steiner, 1897, p. 67.

[84] Steiner, 1894, p. 50.

transformation et de devenir, alors on «liquéfie» le côté objectal des structures et l'on s'adapte au courant vivant du devenir. Lorsqu'on arrive ensuite à s'éveiller à un plein vécu de ce qu'on réalise dans cette adaptation, on fait alors directement l'expérience, en nous même de l'action du psychisme et de l'esprit dans les êtres vivants.

L'anthroposophie veut être comprise comme un élargissement des sciences de la nature, et non pas comme une science alternative, ou comme une science qui s'y opposerait. Rudolf Steiner n'a cessé d'affirmer que les résultats (non les théories) de la science de la nature se recouvrent sans faille avec ceux de l'investigation spirituelle, mais que les premiers ne seront vraiment compréhensibles qu'à la lumière de la science de l'esprit. Pour expliciter cela, il utilisa l'image de la page imprimée d'un livre: alors que la science de la nature ne s'intéresserait qu'à l'étude de la forme des lettres, l'anthroposophie correspondrait à la lecture de celles-ci, c'est-à-dire à une appréhension des rapports se trouvant derrière - ou plutôt entre - ce qui est perceptible par les sens.

Dans ce qui va suivre, il faudra démontrer que l'approche scientifique anthroposophique ouvre la voie à un concept élargi conforme à une science du vivant. Etudier celle-ci signifie s'engager dans l'exercice d'une façon de penser pour ainsi dire ralentie, qui ne s'élève pas au-dessus de ses contenus de façon abstraite, mais qui, à chaque pas, se pose la question de l'évidence du fondement sur lequel il s'appuie; qui ne manipule pas seulement des concepts, mais qui pense le réel, et qui observe pendant qu'il pense. Se hausse-t-on jusqu'au vécu du contenu cognitif, alors on ressent comment le voile de ce qui est seulement penser tombe comme une vieille scorie, alors que dans le vécu surgit la contemplation vivante d'une réalité. On découvre ainsi un nouveau champ d'expérience, intérieur, et qui se montre tout aussi réel et digne d'une science que les anciennes observations extérieures. Dans ses écrits fondamentaux concernant, Rudolf Steiner a esquissé l'analyse de ce domaine du vécu et lui a donné un socle.

* * *

Il est nécessaire d'intégrer une remarque dans la discussion concernant la nature scientifique de l'anthroposophie, un thème largement débattu actuellement. L'anthroposophie est une science dans le sens où elle suit une pensée tournée vers l'expérience, qui est en même temps sévèrement contrôlée. *«Celui pour lequel la «science» n'est que ce qui se manifeste à travers les sens et la raison et qui se met à leur service, pour celui-là il est évident que ce qui, ici ... se présente comme science anthroposophique, n'en est pas une... Il est cependant possible de sortir de cette auto-restriction arbitraire et, abstraction faite d'une utilisation particulière, d'en considérer le caractère scientifique. C'est ça qui forme la base d'une science s'occupant, au-delà des sens, des objets du monde. [L'anthroposophie] ... veut parler du non sensoriel de la même manière que la science de la nature parle du monde sensoriel. Elle conserve l'état d'esprit de cette procédure ce qui justement fait de cette science de la nature, une science. Elle a donc le droit de se déclarer être une science».*[85] Il est vrai que pour le scientifique d'orientation classique, les objets non sensoriels présentent la double, désagréable caractéristique de, premièrement, n'apparaître que dans la conscience et, deuxièmement, n'être que le produit d'une activité personnelle. Cependant, à ces deux conditions on peut véritablement les étudier. Ce qui est observé alors, est tout aussi dépendant du point de vue individuel de l'observateur et de son attitude intérieure, que pour n'importe quelle observation dans le monde sensible; et ce qui, ainsi, sera reconnu conforme aux lois, aura une portée tout aussi universelle que tout l'ordonnancement de la nature. Il existe cependant une différence significative: les faits spirituels ne seront pas découverts à l'extérieur, mais à l'intérieur de la pensée (qui s'auto-introspecte), ce qui présuppose une confiance dans la force cognitive. Celui qui n'a jamais ressenti la sensation de toucher des réalités grâce à sa cognition, aura beaucoup de peine à découvrir dans la «simple» pensée quelque chose qui lui paraîtra réel. Pour que la cognition se développe, la pratique de la science de la nature sera un très bon entraînement. Il faut encore ajouter que les faits et les résultats de l'investigation suprasensible ne se laissent pas prouver selon les méthodes classiques. Cependant, *«dans la pensée suprasensible ... l'activité que les sciences de la nature déploient pour élaborer les preuves, est déjà présente dans la recherche des faits dans la pensée suprasensible. On ne pourra découvrir ceux-ci si le cheminement vers eux n'était pas déjà révélateur. Celui qui chemine véritablement dans cette voie, aura déjà fait l'expérience de la preuve; celle-ci ne peut être obtenue par obtenue par une preuve ajoutée de l'extérieur. Méconnaître ce*

---

[85] Steiner, 1910, p. 34 s.s.

fait (dans le cadre de l'anthroposophie) conduit à de nombreux malentendus».[86][87] Il s'agit donc d'une approche scientifique qui ne pourra être expérimentée, reconnue et pratiquée que lorsque *«l'éclair de la volonté»* frappe la pensée. *«Dans la pensée pure, la cognition passe directement dans la volonté. Observer et penser, cela, vous pouvez le faire sans beaucoup exiger de votre volonté. … Développer une pensée pure, c'est-à-dire une activité élémentaire, originelle, cela demande beaucoup d'énergie, là il faut que l'éclair de la volonté frappe directement l'acte cognitif lui-même».*[88] Dans l'acte cognitif, le penseur est pleinement éveillé, les contenus sont transparents. Lorsqu'en plus l'acte volitionnel s'empare de la pensée, la volonté qui, dans le monde scientifique habituel reste inconsciente, devient alors consciente. La participation du sujet à l'élaboration de la connaissance de la nature sera reconnue, et la relation entre connaissance et ce qui sera connu, sera vécue. «L'éveil de la volonté depuis le spirituel» conduit par-dessus le gouffre séparant le sujet de l'objet. La reconnaissance de l'anthroposophie repose donc sur un acte libre, individuel, sans pour autant être arbitraire. Fondamentalement, la question de la nature scientifique de l'anthroposophie ne pourra trouver une réponse positive que lorsque le champ empirique sur lequel elle fait ses observations, sera trouvé et rendu accessible: celui de la pensée et de la connaissance transpénétrée par une activité volitive pleinement consciente et introspective.

3.5. *Le problème du clivage entre sujet et objet: la solution proposée par Rudolf Steiner*

Toute connaissance provient de deux sources: de l'observation et de la cognition. Ce qui ne peut pas être observé, ou pensé, ne peut devenir objet de connaissance. Veut-on tenir compte d'autres aspects de la connaissance, on présuppose déjà pensée et observation, puisque même la connaissance elle-même, ne pourra être reconnue que grâce à l'observation et à la cognition.[89]

---

[86] Steiner, 1910, p. 40 s.

[87] Pour un assemblage de nombreux propos de Rudolf Steiner concernant la nature scientifique de l'anthroposophie, voir Majorek, 2011.

[88] Steiner, 1922, p. 78.

[89] Steiner, 1894.

L'observation livre des faits particuliers, isolés, dont les relations et la compréhension ne sont pas contenues dans ce qui est observé. L'observation seule laisse les relations dans l'ombre, seule la pensée pourra les éclairer; car alors que les faits observés se tiennent isolés les uns à côté des autres, les pensées, elles, sont transparentes et lient d'elles-mêmes les unes aux autres. Le concept de «cause» conduit à celui d'«effet», le «sujet» exige l'«objet», la «partie», la «totalité», celui-ci est «plus petit», l'autre, «plus grand» etc… Finalement tous les concepts sont liés les uns aux autres dans une mer de sens, en soi différenciée.

La mission de la pensée est de rendre compréhensible les contenus de l'observation. Cependant la pensée ne fait pas seulement qu'expliquer la réalité des perceptions, elle-même y participe constitutivement, une réalité qui est facilement sous-estimée. On s'imagine voir de ses yeux les structures et les relations, ce qui, en réalité n'est qu'un ajout par la pensée aux impressions des sens. Peut-on voir le soleil se coucher, la plante croître? Non, on ne fait que relier des impressions sensorielles isolées, qui se suivent en un mouvement continu grâce à la pensée. Pour l'observation sensorielle pure qui, à l'instant suivant est déjà nouveau et différent, il n'existe que le «ici» et le «maintenant». La continuité de tout ce que nous vivons n'est pas donnée par l'observation, mais par la cognition, c'est elle qui tisse en une totalité le tableau fluctuant des impressions sensorielles.

Cette relation donnera la base qui rendra possible la solution de l'énigme de la vie et de l'évolution. Richard Owen, William Paley et Charles Darwin, recherchèrent la vérité à l'extérieur de l'acte cognitif. Ils imaginaient une réalité totalement indépendante de l'observateur. Ce dernier serait-il absent, le monde existerait comme il leur apparaît. L'évolution n'aurait-elle pas généré les hommes, les autres organismes vivants seraient présents malgré tout.

Cependant les perceptions n'existent que sur la scène de notre conscience. Prises purement pour elles-mêmes, elles ne donnent pas le vécu d'une pleine réalité. Ce n'est que la pensée, qui ajoute aux perceptions leur partie manquante, c'est-à-dire ce qui les réunit (les concepts et les idées). Connaître signifie accorder les deux éléments de la réalité universelle qui apparaissent séparés sur le champ de la conscience, les perceptions et les idées. Les unes comme les autres sont des contenus du monde. «*Nous ne produisons nullement un contenu cognitif en déterminant, dans cette production, les relations auxquelles devront aboutir nos pensées. Nous ne fournissons que les causes occasionnelles permettant au contenu cognitif de se déployer conformément à sa nature propre. … Notre esprit accomplit l'assemblage des masses cognitives seulement en conformité avec leur contenu.»*[90] En plus: «*Notre pensée est universelle… Le concept d'ensemble du triangle ne devient pas une pluralité parce qu'il est produit par un grand nombre d'intellectuels, puisque la pensée de ce grand nombre, est elle-même une unité.*»[91] D'après l'aspect extérieur, le phénomène des perceptions et des concepts est tributaire de ma conscience et de mon activité mais, par rapport à leur contenu, ils sont «objectifs», ils ne font pas partie de moi, mais du monde. «*La perception n'est…. rien d'achevé, de clos, mais l'un des aspects de la réalité totale. L'autre aspect, c'est le concept. L'acte cognitif, c'est la synthèse de la perception et du concept. Ce ne sont que la perception et le concept d'une chose qui constituent la chose en son entier.*»[92] La réalité, telle que nous la vivons, n'est pas figurée dans notre acte cognitif, mais produite par lui (Fig. 16).

Selon cette conception, la réalité n'est ni ce que je perçois, dehors, dans le monde, en m'excluant moi-même en tant que sujet (réalisme naïf), ni une simple construction subjective que j'ourdirais entièrement dans mon propre monde intérieur (constructivisme). Au contraire, elle est sans cesse générée et renouvelée en une rencontre vivante et agissante entre les contenus (données objectives) de la perception, et la pensée, sur le théâtre de la conscience individuelle. L'homme n'est ni un simple spectateur, ni un pur créateur du monde, mais leur théâtre et leur médiateur.

Rudolf Steiner, pour expliquer la quête de sa science de la connaissance dira: «*Je ne sais si vous vous souvenez que dans mes tous premiers écrits une même idée revenait sans cesse, grâce à laquelle je voulais placer la connaissance sur une base autre que celle où elle repose actuellement. Dans les autres philosophies, … l'homme n'est en fait qu'un simple spectateur du monde. … On s'imagine que si l'homme n'était pas présent, s'il ne reproduisait pas en son âme ce qui se déroule dehors dans le monde, tout resterait en l'état. … Le philosophe actuel se sent très à l'aise dans sa nature de spectateur du monde, c'est-à-dire dans le seul élément mortifère de la*

---

[90] Steiner, 1886, p. 49.

[91] Steiner, 1894, p. 91.

[92] Steiner, 1894, p. 92.

connaissance. Je voulais extraire la connaissance de cet élément inerte. C'est la raison pour laquelle je n'avais cessé de répéter: L'homme n'est pas seulement spectateur du monde, il est le théâtre du monde sur lequel ne cessent de jouer les grands phénomènes cosmiques. Je n'ai cessé de dire: Dans la vie de son âme, l'homme est le théâtre où se déroule le devenir du monde.»[93]

Pour nous cette idée est décisive: La vie de l'âme humaine constitue la scène sur laquelle se joue le devenir du monde. Notre vie intime ne se dresse pas face au monde tel un spectateur étranger et indifférent, au contraire, elle en est une partie intégrante. Dans ma conscience vit le dynamisme du monde. Dans ma conscience je vis au sein de l'évolution du monde, et non en dehors de lui.[94]

Lorsque j'observe la croissance d'une plante, j'aperçois aujourd'hui une germe, demain une pousse et bientôt une plante feuillue; puis plus tard apparaîtra un bouton, une fleur, etc... Tout ça ce sont des perceptions

---

[93] Steiner, 1919a, p. 59.

[94] Cette conception est fondamentale pour dépasser une approche matérialiste du monde et pour une compréhension vivante de l'anthroposophie. Celle-ci recherche constamment la réalité, évitant toute spéculation abstraite. Même le sentiment, l'opinion matérialiste du monde qui ne tient pour véritable que le monde extérieur, ne constitue nullement un système cognitif, mais représente un vécu, mais un vécu qui sépare l'homme du monde. L'anthroposophie recherche un vécu qui l'unit à nouveau au monde. Les exposés de ce livre traitent en premier lieu de conceptions en relation avec une épistémologie, une théorie de la connaissance (qui, en plus, ne peut être qu'esquissée ici). Rudolf Steiner a souvent attiré l'attention sur le fait que ces pensées peuvent faire l'objet d'un approfondissement de leur vécu par la méditation, ce qui signifie une «immersion» consciente et répétée dans leur contenu. Ainsi proposa-t-il comme contenu méditatif la formulation suivante: «*En tant que penseur je me ressens faire un avec le flux du devenir universelle*», et il expliqua: «*ce qui est important, c'est moins la valeur cognitive abstraite de cette pensée, mais bien plus le ressenti répété dans l'âme, l'effet consolidant que l'on expérimente lorsqu'une telle pensée flue avec force dans la vie intérieure, quand elle se répand, telle une atmosphère spirituelle, dans la vie de l'âme. Il ne s'agit pas seulement de saisir le contenu d'une telle pensée, mais de la vivre. ... On commence par approfondir une pensée que l'on veut saisir avec les moyens que nous offrent la vie et la connaissance habituelle, et ensuite on plonge en profondeur dans cette pensée de manière répétée pour ne faire qu'un avec elle. Vivre ainsi, avec une pensée que l'on a reconnue, renforcer l'âme.*» (Steiner, 1913, p.12).

qui, dans le sens de ce qui a été présenté plus haut, apparaissent sans liens, les unes à côté des autres et qui, chacune prise à part, sont incomplètes et ne montrent donc pas une pleine réalité. Elles ne deviennent réelles que lorsque, grâce au concept de développement, je les rassemble en une relation continue. Ce n'est qu'en réunissant perception et concept que je fais l'expérience du développement de l'organisme.

Cependant chaque être humain part du principe que la plante croît, qu'il la reconnaisse ou non, il serait insensé d'affirmer l'inverse; mais quelle est cette force de croissante? Dois-je la chercher dans le domaine perceptible du monde? (C'est-à-dire dans sa partie objectale, même matérielle). De toute façon, est-ce bien là que je pourrais la trouver? Ou bien existe-t-il une autre voie pour la reconnaître? Il apparait toujours plus clairement que la force qui unit les différents stades du développement est présente dans le concept vivant qui se trouve au sein de ma conscience. Les stades isolés ne sont donc rien d'autre que des perceptions se montrant sur la scène de ma conscience, et la force de développement est le concept vivant qui tisse leurs liens. Il n'existe aucune différence entre les forces de développement de la plante et le concept qui, de manière vivante, unit les différents stades du développement, puisque c'est lui-même qui les relie véritablement. *«On se rend alors compte qu'il est la nature même de la plante, transposé dans l'idée, un concept aussi vivant dans notre esprit, qu'il est vivant dans la plante.»*[95] Mais il ne s'agit ici pas de ce quelque chose d'obscur et d'abstrait que l'on désigne souvent sous le terme de «concept», mais de l'entité intérieurement vécue du développement. Dans le sens de Rudolf Steiner, ce concept ainsi appréhendé, exprime la partie spirituelle de la réalité, de même que dans la perception, sa partie sensorielle. Les forces du vivant ne sont pas de nature sensorielle-matérielle, mais spirituelle. *«L'œil comme organe sensoriel voit le petit lis actuel et, après un certain temps, le lis qui a grandi. La force structurante qui fait sortir le deuxième du premier, cet œil ne la voit pas. L'entité de cette force formatrice constitue la partie invisible sensoriellement qui tisse sa trame dans le monde végétal.»*[96]

---

95 Steiner, 1883-1897, p. 9.

96 Steiner, 1904, p. 150.

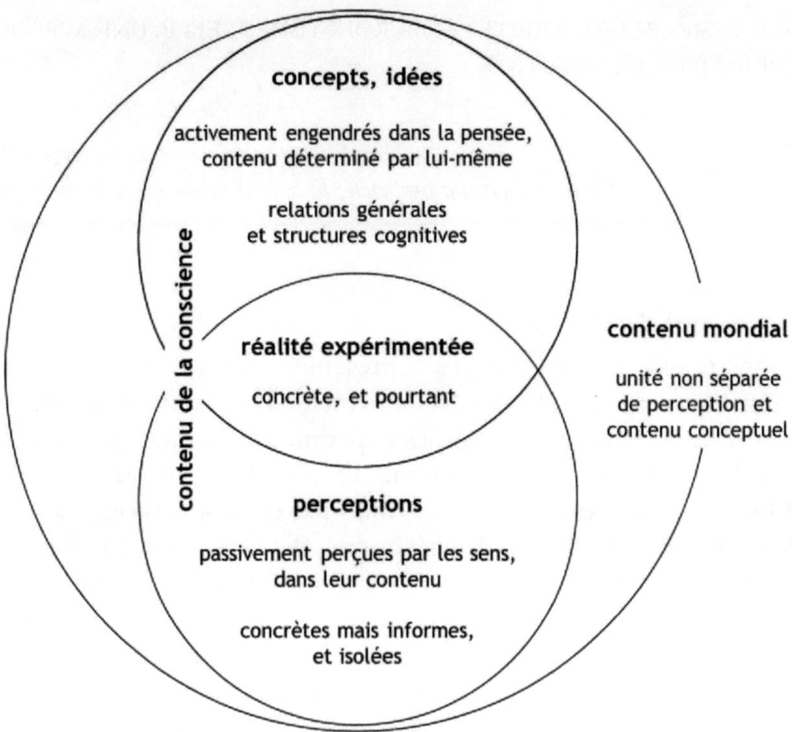

Figure 16: L'expérience vécu est généré sur la scène de la conscience par l'union des perception et des concepts.

4. «LE TEMPS: MA PROPRIETE» - LA CROIX TEMPORELLE: UNE APPROCHE IDEELLE DE L'EVOLUTION

«Mon héritage sera magnifique, large, ample.
Le temps, est ma propriété; la terre à labourer, voilà le temps!»[97]

(Gœthe)

4.1. *Evolution et connaissance*

Qu'avons-nous gagné jusqu'à présent? D'une part certaines caractéristiques négatives du développement organique: on ne peut les voir de ses yeux, mais seulement les expérimenter en tant que processus temporels, grâce à une activité interne. La cognition sensori-objectale ne saisit que des faits particuliers isolés, mais pas de rapports organiques; de sorte qu'il est impossible de découvrir des éléments matériels qui expliqueraient la vie. Au regard du vivant, les limites de la connaissance, traitées dans le deuxième chapitre, naissent par le fait que les relations entre les phénomènes organiques, qui ne peuvent être saisies qu'intérieurement, y sont transposées sans qu'on le remarque

Les éléments positifs sont: chaque organisme a parcouru d'anciens stades de développement d'où il est issu par structuration et remaniements, et il porte en lui, téléonomiquement, son avenir, le «but de son développement», comme une sorte de plan. A partir d'une forme générale primitive (graine, œuf, ébauche) il se différencie en une structure adulte complexe en exprimant toujours plus clairement le motif structurel de son genre. Sa conformation physique présente toujours un extrait actuel de son évolution et apparaît inséré dans un environnement spécifique. Finalement il est interpénétré dans chaque stade de son développement par une force vitale (que nous avions désignée comme «élan vital»). La figure 17a résume cette approche.

Nous avions vu, d'autre part, que ces quatre aspects seront appréhendés par la pensée de l'observateur de manière différenciée (voir Fig. 14). La force structurante autonome des organismes sera appréhendée lorsque le chercheur s'identifiera à elle intuitivement en tant qu'être volitionnel,

---

[97] Gœthe, 1814, p. 52.

autonome. Le «plan» du développement organique, qui contient aussi le développement futur, de même que les motifs structuraux des organismes, seront expérimentées «intérieurement» par une approche, «préconsciente», car ressentie en quelque sorte, à partir d'un niveau supérieur à l'observation de phénomènes isolés. Les métamorphoses organiques seront saisies lorsqu'avec l'activité métamorphosante représentatrice on participe à leur élaboration, quant aux phénomènes physiques, ils le seront à partir d'une perception objectale, physique matérielle (Fig. 17b).

Tout cela apporte une réponse à l'antique question sur l'entéléchie des êtres vivants. Comment l'organisme peut-il connaître son avenir sans que lui-même ne possède de conscience (tels une plante ou un embryon)? Comment le développement futur propre peut-il exister sous forme de plan si les «plans» n'existent que dans la conscience humaine? D'autre part: quelle est cette force intérieure autonome qui permet aux organismes de survivre malgré les obstacles extérieurs? Ce sont des strates suprasensibles du domaine organique que l'observateur pourra expérimenter et du même coup percevoir, dans son activité métamorphosante représentatrice, dans sa connaissance ressentie intuitivement, et dans son intuition volitionnelle. Ce que l'homme connaît et expérimente au niveau physique, vital, psychique et spirituel, est agissant de façon physique, vivante, psychique et spirituelle dans l'organisme. Cependant: plus on s'élèvera au-dessus de la strate physique, plus fortement on sera lié intuitivement aux aspects suprasensibles des organismes et, en atteignant le niveau de l'intuition, on s'unira à leur force vitale productive. Connaître signifie vivre de l'intérieur.[98]

---

[98] Certains penseurs arrivent aussi à la conclusion que le vivant ne peut être appréhendé que si on lui attribue une «intériorité», une forme de conscience, une qualité autonome de «subjectivité». A titre d'exemple je voudrais mentionner Christian Kummer, professeur à la chaire de philosophie de la nature de l'Institut Catholique de philosophie à Pullach, de même que la biologiste et publiciste Andreas Weber. Kummer, qui se réfère avant tout à Teilhard de Chardin, écrit: «*Lorsqu'on est prêt à reconnaître le primat de la structure dans le domaine du vivant ... la réalité du développement exige, en rapport avec cette structure, un porteur non saisissable matériellement de ce développement, donc une structure intentionnelle qui ... devra être référenciée avec le concept de conscience.*» (Kummer, 1987, p.65). Andreas Weber qui se réfère à «Bedeutungslehre der Natur» (Le sens de

Cela donne la possibilité de jeter un coup d'œil derrière les grandes frontières cognitives en rapport à l'existence et à l'évolution. Le champ sur lequel des réponses pourront être appréhendées, c'est notre conscience en quête de connaissance. Lorsqu'on saura toujours mieux interpréter les phénomènes de l'univers, bien des choses deviendront lumineuses et intelligibles. Les forces qui sont actives dans la nature vivante sont du même genre que celles qui règnent dans la force de la pensée. Celui qui entreprend de soulever le voile de la nature s'apercevra, merveille après merveille, qu'il vient à sa propre rencontre.[99]

Figure 17a et 17b (page suviante): Quatre aspects de l'organisme vivant et leurs relations aux quatre niveaux de la connaissance. Pour de plus amples explications voir le texte.

---

la nature) de Jacob von Uexküll, écrit dans le livre qui mérite d'être lu «Alles fühlt» (Tout est ressentir): «*Lorsque l'aspect des êtres vivants est de nature subjective, … alors conséquemment la substance d'un être devra exprimer cette subjectivité et représenter directement l'âme. La nature ne se tiendrait donc plus muette, derrière les coulisses, mais apparaîtrait transpénétrée par une gestuelle expressive*» (Weber, 2007, p. 85) et: «*Si dans les organismes des êtres, leur ressentir apparut au jour, alors toute la nature se présentera tel un monde intérieur se manifestant extérieurement.*» (idem, p. 95). Cependant ce n'est que dans l' «état d'exception» (Rudolf Steiner) de la soit-contemplation que l'acte cognitif propre, jusque-là inaperçu (de même que l'activité psychique et volitionnelle qui l'accompagnent) sera éveillé à la pleine conscience, que l'on découvrira le socle sur lequel de telles idées pourront devenir une science empirique. L'âme et l'esprit qui, selon Kummer, agissent dans le monde (sous forme de sentiments et de conscience) ne devront pas être appréhendés comme étant objectifs dans le même sens que nous concevons le monde des objets. Ils ne peuvent être observés que sur la scène de la conscience, mais là ils apparaissent réellement. Cette observation n'a pas été possible que par l'investigateur spirituel qu'était Rudolf Steiner (ce que l'on affirme malheureusement trop souvent), mais chacun peut y parvenir s'il est prêt à passer d'une pensée abstraite à une activité cognitive vivante et contemplative.

[99] Cela explique une relation que Rudolf Steiner n'avait de cesse de décrire: «Il est de la plus haute importance de savoir que les habituelles forces cognitives de l'homme représentent les forces affinées de la structuration et de la croissance. Dans la structuration et la croissance de l'organisme humain se manifeste un élément spirituel qui se révèle ensuite dans le déroulement de l'existence, être la force spirituelle de la force de cognition.» (Steiner, 1925).

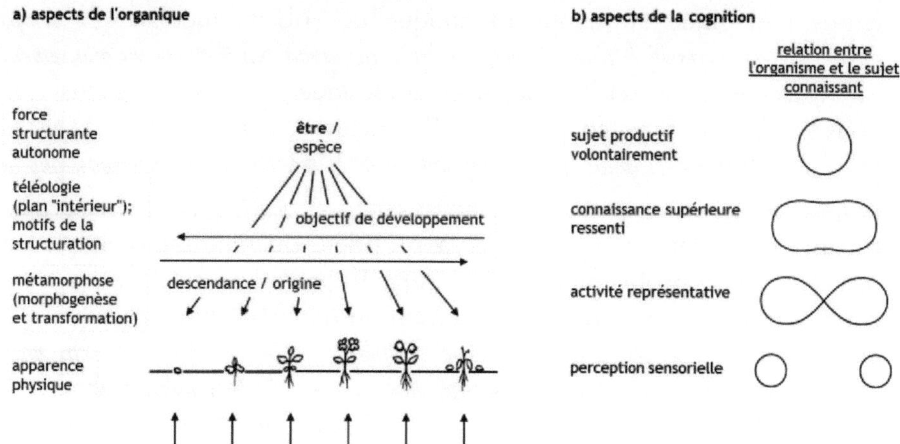

4.2. *Analyse de la relation entre structure et temporalité, par Viktor von Weizsäcker*

Tournons plus attentivement notre regard vers la relation entre développement organique, cognition et le phénomène de la temporalité. Qu'est-ce que le temps? Un simple médium dans lequel se réalise le développement? La temporalité existerait-elle en l'absence de développement? Comment vivons-nous le temps? De plus, notre problème de fond continuerait à être celui de la structure organique. Pourrait-on mieux saisir la structuration en comprenant mieux le temps?

Le chapitre 2.2 avait montré que les organismes présentent une autre structure temporelle que les objets inertes. Ils intègrent dans le temps présent à la fois les évènements passés et ceux du futur. Viktor von Weizsäcker fut un penseur qui reconnut clairement cette relation. Les conclusions de ses idées, en relation à notre questionnement, nous invite à les présenter de manière plus détaillée. Dans sa petite étude «Structure et temporalité»[100], cet auteur nous fournit une analyse géniale de la signification, pour une appréhension de la structuration organique, sur sa conception du temps. Il écrivit: «*La vie est toujours un instant présent débordant le temps, une actualité reliant passé et futur*» (p. 23) et opposa ce

---

[100] Weizsäcker, V.v., 1942.

temps biologique au temps mécanique des objets inertes: «*Le temps mécanique est successif, le temps biologique est anticipateur par rapport au mouvement qui en résulte*» (p. 18 - et il est aussi «anamnésique», «remontant», ainsi que nous l'avions montré (chapitre 1.5). Il conclut: «*... que la vie ne tisse pas sa trame dans le temporel, mais que le temporel inclut la vie, ou plus exactement, que la vie fixe le temps.*» (p. 19).

Ensuite von Weizsäcker examina la propriété du temps biologique en relation avec le problème de la structure. En premier lieu il s'employa à comprendre les conditions de la perception de la structure, puisque «*... la structuration d'un être réel demande à être perçue sensoriellement. Les sens nous montrent ainsi des structures, et pourquoi alors ne devraient-ils pas participer à la façon dont les structures nous apparaissent? ... Le problème de la structure ne peut donc s'imaginer sans introspection.*» (p. 4). Le côté génial de sa manière de procéder, c'est qu'il ne prenait pas comme point de départ des structures terminées, mais qu'il les choisissait parmi celles qui naissaient d'impressions en mouvement. Il décrivit par exemple l'expérience montrant une forme circulaire où des points en différents endroits du cercle s'allumaient successivement. Du point de vie physique, à chaque instant, il n'y a qu'un seul point qui s'éclaire dans le champ de vision, et malgré tout l'observateur «voit» une forme qui déborde l'instant présent, c'est-à-dire le cercle. Cela n'est rendu possible que parce qu'à côté de la perception de la position actuelle, la position précédente est mémorisée et mise en relation avec la première: «*La nature d'un mouvement est une représentation simultanée de passés successifs, un véritable acte de mémorisation.*» (p. 32). «*La capacité perceptive dans l'observation d'un mouvement implicite l'anamnèse.*» (p. 33). Cependant l'expectative, elle aussi, y participe. A partir du mouvement jusque-là perçu, on anticipera son cours ultérieur afin de compléter la structure d'ensemble. «*La pratique expérimentale nous a montré que la direction du mouvement est, elle aussi, une marque distinctive essentielle de toute perception d'une figure. Dans beaucoup de cas par exemple l'œil n'apportera des rajouts intelligents qu'à partir de la direction de l'orientation, des ajouts qui ne sont absolument pas fondés dans la stimulation (de l'objet présenté). Nous appelons cela la ‹prolepsis› de la perception, pour arriver alors à la constatation du caractère anamnétique-proleptique des figures perçues. La perception structurale est une actualisation anamnétique-proleptique de son sujet.*» (p. 50). L'intégration du temps de la perception d'une structure est donc tout à fait identique à ce qui se passe dans le développement de la structure! «*Seule la structure d'une* *temporalité biologique se montre à même de réunir sa compacité actuelle avec le passé de la structure et la direction de son développement.»* (p. 50).

Ce que von Weizsäcker a mis en évidence dans la perception de figures mouvantes compte, à mon avis, aussi pour la perception de structures au repos, sauf que dans ce cas ce n'est pas le stimulus sensoriel (un point lumineux par exemple) qui se meut, mais le mouvement qui se forme dans l'œil en train de percevoir. En effet, le regard «tâte» la structure que l'on veut percevoir, il saute d'un point à l'autre, de sorte qu'au moment présent ce n'est qu'un extrait qui est perçu et qu'ensuite la figure sera complétée de manière anamnétique-proleptique, en souvenance des impressions passées, en attente de celles à venir. La complétude est donc assurée par le concept de totalité. La figure 18 permet de le saisir aisément.

Figure 18: Combien de jambes l'éléphant possède-t-il? Une aide pour la (soi-)observation du caractère anamnétique-proleptique de la perception de la structure sur la base de données sensorielles semblant être actuelles, et d'un concept directeur supérieur intégrant le temps et la perception de la structure.

Viktor von Weizsäcker compara ensuite ces principes d'une perception de structures organiques avec ceux d'une pensée causale-analytique et physique: *«Il faudra ensuite voir clairement que la nature analytique de la science ... dissout et détruit carrément le concept de la forme structurée. La perception de l'image du déplacement considéré analytiquement d'une particule en mouvement de la matière présuppose, justement, la mémoire; par conséquent cette perception ne pourra pas reposer seulement sur de la matière, ne pourra pas être de nature matérielle uniquement, correspondre à du seul matériel. Celle-ci (de la mécanique analytique) ne possède pas de mémoire, et plus encore: il appartient de la définir comme étant «res extensa» et non pas «res cogitans» ... Le réel (de la structure perçue) est ainsi quelque chose d'irréel dans la mécanique analytique.»* (p. 49s.).

Puisque la structure nous est seulement donnée sous forme perçue, ou bien, dit autrement: puisque les normes structurelles des formations organiques et celles de leur perception psychique sont identiques, la méthode physique causale-analytique ne pourra expliquer la structure à partir du mouvement et de l'interaction des particules matérielles. La recherche causale-analytique *«trouve ses limites dans celle des formes et des structures»* (p. 39). *«Le temps objectif, un concept de base de la science analytique (mécanique, cinétique) détruit la réalité de la structure; mais le temps biologique, en tant qu'actualisation anamnétique-proleptique des phénomènes vitaux, supprime le temps objectif. La structuration exige le synchronisme dans l'actualité entre ce qui n'est plus et ce qui n'est pas encore, et qui échappe donc à la loi du temps objectif et elle échappe donc à la loi du temps objectif; celui-ci les détruit. La structuration biologique, en impliquant, conformément à son concept, ce qui précède et ce qui est anticipé, abolit l'ordonnancement temporel objectif.»* (p. 54). Pour terminer il remarque: *«Le temps dans lequel nous menons notre existence n'est pas le temps objectif, c'est parce que nous menons notre existence que nous appréhendons la temporalité... Il apparaît ainsi que le temps biologique est aussi un temps subjectif.»* (p. 54 s.).[101]

Viktor von Weizsäcker a donc, non seulement démontré qu'il est impossible d'expliquer la vie et la structuration des organismes à partir de l'interaction d'éléments morts, mais il en a aussi donné la raison. On voit clairement jusqu'à quel point les analyses biochimiques, moléculaires, génétiques etc…, d'organismes vivants sont condamnées à passer à côté de la vivante totalité. Ce que l'on tient dans la main, ce sont les parties, il manque hélas, le lien spirituel (temporel).

À la fin de son essai, von Weizsäcker caractérise la perception des formes

---

[101] Le fait que l'intégration temporelle anamnétique-proleptique ne se fait pas seulement au niveau de la structuration, mais aussi au niveau du métabolisme et des processus biologico-moléculaires, fut déjà exposé plus haut (chapitre 2.2).

en tant que changement rythmique entre connaissance (guidée par la perception) et perception (guidée par des concepts), par lequel la structure entre le sujet connaissant et l'extérieur est constituée. *«Cependant la structure est la manière d'apparaître qui accueille ce qui se manifeste. En effet, lorsque le rythme systolique de la connaissance et l'activité diastolique se séparent dans le temps pour à nouveau apparaître dans ce flot temporel et s'unir dans l'apparition actuelle - lorsque ce rythme se montre comme une unité - alors la structure devient manifeste. Cela démontre la cohésion entre structure et temporalité, une qualité inhérente à l'essence de la structure. A présent on s'aperçoit que le chemin suivi qui mène au problème de la perception n'était pas un parcours aisé et qu'il était aussi la voie nécessaire pour aborder le concept de structure.»* (p. 58).

La structure n'est pas extérieure à la connaissance, l'observateur ne fait pas seulement que la regarder; elle ne naît qu'au sein de la rencontre rythmée et vivante de la perception et de la cognition. Les structures ne sont ni matérielles, ni idéelles, elles sont des entités médianes intégrées dans le temps (en tant que structures perçues), intégrant le temps (en tant que structures organiques). Elles prennent doublement une position intermédiaire: entre le passé et le futur, entre l'homme et le monde.

4.3.   *Le double courant du temps*

Selon l'opinion commune, le temps est une suite ininterrompue de coups d'œil que l'on aime se représenter par une flèche (dans l'espace!) venant de quelque part, traversant le point actuel, pour se diriger vers quelque part. Chaque point sur cette flèche, peu importe qu'il appartienne au passé, au présent ou au futur, possède exactement la même valeur. Une autre structure temporelle règne dans le vivant. Pour l'appréhender de manière plus intime, il faut découvrir l'enracinement du temps dans notre vécu. Pour ce faire, je me réfère à une conférence de Rudolf Steiner tenue en 1910, dans laquelle il considérait la conscience humaine selon le point de vue du temps.[102] Ses exposés livrent une clé pour comprendre à la fois le problème du temps comme celui de la vie.

Renvoyant à Franz Brentano, Rudolf Steiner décrivit dans cette conférence différentes influences ou aspects constitutifs de la conscience. En premier lieu celle-ci est toujours un phénomène actuel,

---

[102] Steiner, 1910a, p. 179 s.s.

tout en étant en relation tant avec le passé qu'avec l'avenir. Notre conscience invite le passé à pénétrer en elle grâce à la mémoire, c'est-à-dire grâce à des représentations qui furent élaborées à partir de vécus antérieurs. Un évènement représenté sera à nouveau oublié et continuera à mener sa vie dans la personne de manière inconsciente. A partir de ce courant circulant sans interruption depuis le passé vers le moment présent, certains contenus pourront parvenir dans le temps actuel grâce à la mémoire (par une re-représentation). Voilà le premier point. - Ensuite Rudolf Steiner attira l'attention sur une espèce particulière de sentiments tels que nostalgie, impatience, espoir, peur, effroi entre autres, qui hantent fortement l'âme dans son attente, sa convoitise de l'avenir. Il disait qu'on pouvait comprendre ces mouvements psychiques en supposant que le temps ne coule non seulement du passé vers l'avenir mais «*que nos aspirations, de toute façon, ne coulent pas dans la même direction que le cours de nos représentations, mais qu'ils vont à sa rencontre*», et il expliqua: «*Vous serez à même de jeter sur toute la vie de votre âme un extraordinaire éclair de lumière lorsque vous présupposerez l'unique chose: que tout ce qui fait partie des aspirations … illustrent un courant dans la vie de l'âme qui ne coule pas du tout du passé vers le futur, mais qui vient à notre rencontre depuis le futur, qui coule du futur vers le passé. - D'un seul coup toute la somme des vécus de l'âme s'éclairera! … Qu'est-ce qui constitue alors, au moment présent, la vie de notre âme? Elle n'est rien d'autre que la rencontre d'un flux venant du passé et coulant vers l'avenir, et d'un flux coulant depuis le futur vers le passé… Vous saisirez aisément que la rencontre de ces deux courants se fera au sein même de votre âme, et que ceux-ci pour ainsi dire, s'y chevaucheront. Ce chevauchement constitue notre état de conscience … Ainsi notre âme participe de tout ce qui continue de fluer vers le futur et de tout ce qui, depuis le futur, vient à notre rencontre … Lorsqu'alors, à un moment quelconque, vous observerez votre vie de l'âme, vous pourrez vous dire: il y a là quelque chose telle une interpénétration de ce qui coule du passé vers l'avenir, avec quelque chose qui coule de l'avenir vers le passé et qui s'arc-boute contre la première sous forme d'aspiration, de sentiments d'intérêt, de désirs etc…. Deux choses s'interpénètrent.*»[103]

Essayons de préciser ses déclarations en faisant une sorte d'expérience de cognition: comment notre conscience serait-elle configurée si elle ne pouvait ni se souvenir, ni être en attente d'un futur?

Admettons que je regarde par la fenêtre et que dehors il y ait de la neige.

---

[103] Steiner, 1910a, p. 189 s.s.

Habituellement l'impression sensorielle de ce paysage blanc se lierait à un grand nombre d'associations surgissant de ma mémoire: là-dehors il fait probablement froid, ma main ressentirait la froidure de la neige, c'est l'hiver, il y aura un été, etc., etc.,… Tout ce savoir émergeant implicitement des impressions sensorielles disparaîtrait en l'absence de mémoire. Je verrais simplement «un matériau blanc» recouvrir le «paysage»; mais je ne pourrais ni parler de «blanc» de «matériau» ni de «paysage», car je ne saurais ce que signifient ces concepts. En menant conséquemment cette pensée à son terme, il apparaît clairement que sans mémoire, sans la mise en jeu de souvenirs, nous n'aurions que les pures impressions sensorielles actuelles qui n'auraient pour nous plus aucun sens ni aucune signification (ou alors seulement de nouvelles pensées naissant à l'instant). De même me serait-il impossible de me ressentir comme un sujet conscient face au monde puisque les perceptions de mon corps et de mon vécu intime seraient tout à fait équivalentes à celles du monde extérieur, elles seraient des impressions parmi d'autres impressions; tout l'ordonnancement du monde se dissoudrait en un fluctuant grand tout, multicolore et déstructuré.

Si, inversement, je ne pouvais avoir aucune aspiration, aucune attente vers un futur, le monde m'apparaîtrait comme figé. J'aurais éternellement l'impression de me trouver face à un mur impénétrable. Je ne pourrais plus me mouvoir en vue d'atteindre un but, par exemple saisir une tasse puisque ce mouvement anticiperait le geste préhenseur; je ne pourrais plus formuler de phrase puisque je ne connaîtrais pas son aboutissement. De même que l'amputation du passé dissoudrait totalement l'ordonnancement de la fonction représentative, l'emmurement du futur rendrait ma volition incontrôlable et détraquée. Sans souvenir, et sans attente, la conscience normale ne serait plus possible, les deux sont toujours présents dans l'actuelle état de conscience et s'interpénètrent mutuellement.

Que signifie l'actuelle interpénétration entre mémoire et aspiration, pour ce qui concerne notre relation au monde extérieur? Il faut que je puisse m'attendre saisir la tasse, que derrière le prochain coin de rue je retrouve un monde tel que je le connais. Habituellement ce fait est interprété en comprenant que là, dehors, se trouve une réalité spatio-temporelle indépendante de moi, dont je suis le spectateur et dans lequel j'évolue (Fig. 19a). On interprète ce vécu «phénoménologique» du temps en admettant la constance de la matière dans le temps (il ne s'agit là, effectivement, que d'une supposition, puisqu'on ne peut percevoir la matière ni dans le passé, ni dans le futur!). Par contre, si l'on reste en toute conséquence dans ce que l'expérience nous fournit, il faut partir de notre vécu du monde, et non de ce que nous pensons du monde. Ce n'est pas le monde qu'il faut observer, mais la conscience que nous avons de ce monde et de son déroulement. Ce faisant, nous abandonnons pour ainsi dire la position du spectateur indifférent face au monde, pour nous glisser dans le courant même du devenir du monde; la conscience passe de l'état de spectateur pour devenir la scène elle-même où se déroule ce devenir (Fig. 19b).

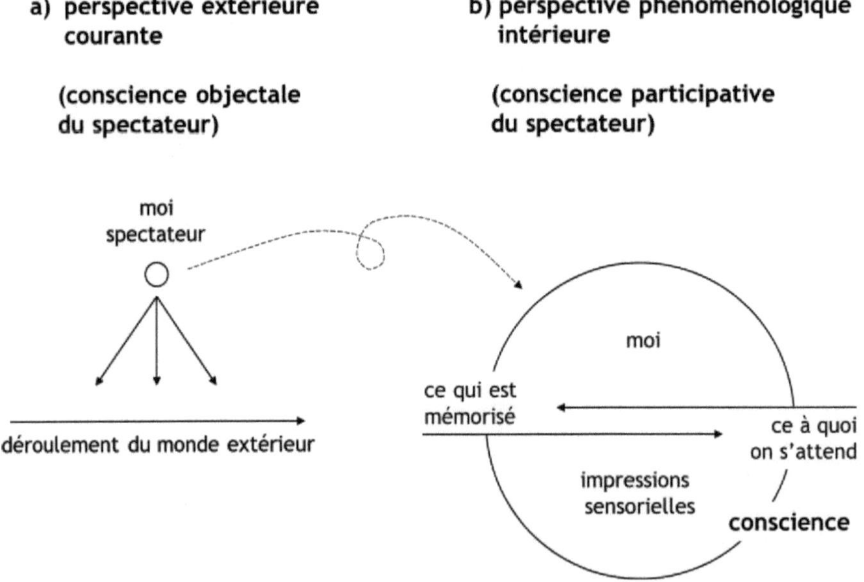

Figure 19: Perspective extérieure et perspective phénoménologique intérieure de l'expérience temporel.

Au sein de la conscience se retrouvent des choses mémorisées, et des choses attendues, espérées, en même temps que le «Moi», et aussi des sensations sensorielles (contenus perceptifs) en tant qu'impressions actuelles. Dans la perspective de la soi-contemplation de la conscience, on découvre vraiment qu'il existe un courant provenant du passé dans lequel coule ce qui est mémorisable, et que depuis le futur un courant de l'expectative vient à sa rencontre (cela ne veut pas dire qu'il n'existerait que de la conscience, peu s'en faut, car le courant provenant du passé contient une bien plus grande quantité de représentations inconscientes, parmi lesquelles seules quelques-unes deviendront conscientes grâce à la mémoire; je n'ai pas conscience non plus des vécus futurs).

La perspective extérieure habituelle de la conscience est appelée ici «la conscience objectale du spectateur», la conscience intérieure phénoménologique, «la conscience participative s'immergeant dans le phénomène».

4.4.   La structure générale de la conscience, c'est la structure générale de l'organisme

Rudolf Steiner, dans la conférence citée, développa plus amplement l'image du cercle de la conscience entourant le double courant du vécu du temps; car la conscience inclut aussi la soi-conscience et son activité propre, c'est-à-dire la présence d'un élément actif autonome (moi-même) qui, d'un côté, sait s'y prendre avec le courant venant du passé (en y faisant émerger consciemment des souvenirs) et qui, de l'autre côté, sait se tourner activement vers ce qu'il attend du futur, qu'il désire. Selon Rudolf Steiner, il serait possible de «*représenter graphiquement l'effet du moi - et ce schéma, dans ce cas, correspondrait exactement à la réalité - en faisant tomber le courant du moi verticalement sur celui du temps. ... Vous parviendrez à mieux appréhender les phénomènes psychiques lorsqu'en dehors des deux courants, celui du passé vers l'avenir et celui du futur vers le passé, vous admettrez encore dans l'âme un flux se tenant verticalement sur les deux autres. C'est celui qui correspond directement à l'impact du moi humain*».[104]

Le terme de «moi» veut signifier ce «soi» insaisissable que nous appelons le «sujet». C'est une entité dynamique. Elle est faite d'activité et ne peut être appréhendée que lorsque, d'elle-même, elle devient entreprenante. Dans le troisième chapitre, le «moi» a été caractérisé de sujet produisant volitivement, dans l'intuition, les contenus de la connaissance, telle «*la goutte provenant de la mer spirituelle interpénétrant le monde entier*».[105]

---

[104] Steiner, 1910a, p. 197 s.

[105] Une présentation détaillée du «moi» et de sa signification sera donnée à la fin

Finalement pour ce qui concerne les impressions sensorielles apparaissant également dans la conscience, Rudolf Steiner dira: «*Si, à présent, je dessine la quatrième dimension, celle du bas vers le haut, je caractériserais la direction s'opposant à celle du moi, comme étant celle du monde physique. ... Les impressions du monde physique présentes graphiquement, vont donc du bas vers le haut et se manifestent dans l'âme sous forme d'impressions sensorielles.*»[106] Nous aboutissons ainsi à la figure (Fig. 20) qui reproduit le vécu psychique en tant qu'ordonnancement temporel déterminé phénoménologiquement.

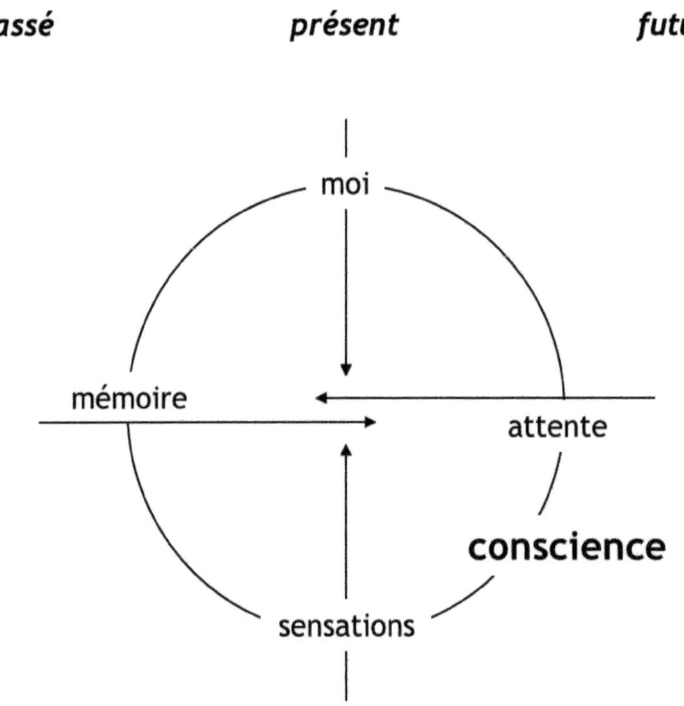

Figure 20 (page suivante): La croix temporelle de la conscience selon Rudolf Steiner. Il désigna le courant du passé comme étant le «courant des représentations», celui venant du futur comme étant le «courant d'aspiration».

---

du livre (au chapitre 9).

[106] Steiner, 1910a, p. 205 s.

Le «moi» se situe au-dessus du flux incessant du temps et le retient en quelque sorte par moment; pendant ces instants les objets apparaissent non pas voilés mais détaillés et délimités, ils sont présents, actuels. Ce qui se place ainsi face au moi, devient pour lui «objet». Dans l'acte cognitif il saisit dans ce flux temporel une somme d'impressions perçues et les fixe sous force de structures. C'est ainsi que, dans la confrontation du moi avec le monde (structuré par lui), naît la consciente actualité. Dans l'état crépusculaire du rêve, dans la transe ou dans l'extase, la séparation entre «moi» et «monde» s'estompe et modifie le vécu du monde et du temps. Réfléchissez comme un rêve peut se prolonger alors que, vu de l'extérieur, il n'aura duré que quelques secondes! Une dilatation temporelle identique peut s'installer quand on s'adonne, sans fixer quoi que ce soit, au pur écoulement du monde.

Pour récapituler Rudolf Steiner dira: «*Je puis vous certifier que vous pourriez résoudre d'innombrables énigmes de l'âme en prenant ce schéma comme base. … Cette croix, traversée par un cercle, donne un excellent schéma de la vie psychique et montre comment cette vie de l'âme touche le spirituel vers le haut, le physique vers le bas, le passé vers la gauche et l'avenir vers la droite. Il faudra seulement, pour cela, que vous vous haussiez à la représentation, que le courant temporel ne s'écoule pas en toute tranquillité, mais que quelque chose vient à sa rencontre; et que la vie du moi et la vie des sens ne pourront être appréhendés que lorsqu'elles seront comprises comme frappant à angle droit le courant temporel.*»[107, 108]

La structure de la conscience (Fig. 20) correspond donc à celle du développement biologique (Fig. 17). Pour les comparer, plaçons-les directement l'une à côté de l'autre (Fig. 21).

---

[107] Steiner, 1910a, p. 206.

[108] C'est à Armin Husemann que je suis redevable de l'indication montrant que la structure de la croix temporelle correspond à la structure spatiale-temporelle du cœur. Comme pour la conscience qui, dans la retenue et le relâchement des impressions sensorielles élaborées sous forme de structures pulse entre esprit et matière en entrelaçant le passé au futur, ainsi le cœur entremêle le flux sanguin venant de l'organisme du haut et de l'organisme du bas, entre le cerveau et le métabolisme et entre son origine veineuse (imprégnée du passé) et artérielle (imprégnée du futur). La croix temporelle se présente ainsi comme une image abstraite du vécu intérieur de l'organisation fonctionnelle du cœur.

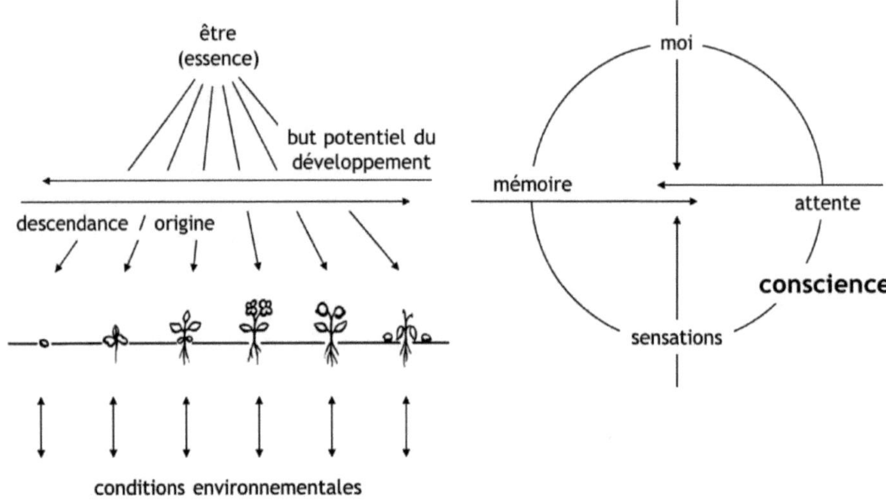

Figure 21: Comparaison de la structure du développement biologique avec la structure de la conscience.

Si l'on insère l'un dans l'autre les différents stades de développement de la figure 21, on obtient la structure générale de l'organisme (Fig. 22). Comme pour la conscience, quatre aspects se mêlent dans l'organisme:

I.   L'être spirituel,

II.   sa descendance, respectivement son origine, c'est-à-dire le cours de son développement jusqu'au moment présent,

III.   ses cheminements futurs, potentiels, ainsi que

IV.   chaque fois, sa manifestation physique-objectale, incluse dans un environnement également physique, auquel elle est adaptée et contre les influences duquel elle s'affirme.

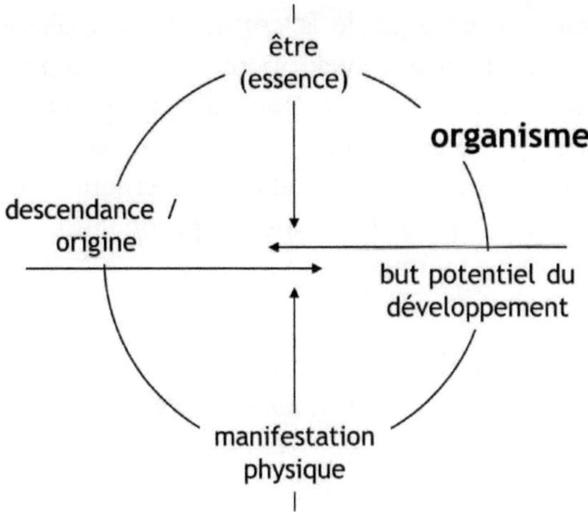

Figure 22: La structure générale de l'organisme.

Cela nous a donné la possibilité, grâce aux spécificités des quatre aspects de la conscience, de déterminer la qualité et la nature des quatre aspects de l'organisme; cela nous ouvre un champ d'expérience intérieur vers le vivant. La vraie science organique réunit l'ontologie de la vie et l'épistémologie de la connaissance.[109, 110]

Sur la base de ce qui a été dit sur le rapport entre sujet et objet dans l'examen du développement (voir chapitre 3), la comparaison entre les

---

[109] Dans le chapitre 2.2, j'avais évoqué la controverse de Immanuel Kant avec la téléologie dans sa «critique de la raison pure». Dans le § 70, il écrivit qu'«*il n'était pas entendu que dans le fondement intrinsèque de la nature, à nous inconnu, la relation physique-mécanique* (c'est-à-dire causale, note de C.H.) *et la relation* (finale) *vers un but, ne soient pas, chez un objet, unis par un même principe, mais que notre entendement se montre incapable de les y réunir.*» (Kant, 1790, p. 338). On s'aperçoit cependant comment les deux causalités sont, malgré tout, unies dans un même principe, et que le «fondement intérieur de la nature à nous inconnu», c'est notre conscience cognitive elle-même.

[110] Thomas Fuchs, le psychiatre et philosophe de Heidelberg, écrit dans le même sens: «Notre expérience propre en tant qu'êtres vivants se caractérise par la réunion des concepts d'antériorité, de spontanéité, de potentialité, d'évidence ou d'oubli de soi.» (Fuchs, 2008, p. 290).

aspects de l'organique et ceux de la conscience est pleinement justifiée, puisque la descendance et le développement passé d'un organisme sont abordables grâce à leur souvenir, son devenir grâce à l'espoir; seule chaque expérience physique actuelle au sein de son environnement est accessible à l'observation sensorielle. Finalement, l'être vivant qui interpénètre et réunit tous les aspects particuliers, sera vécu dans l'intuition volitive de mon âme.[111]

4.5. *La croix du temps; l'enseignement aristotélicien des causes, et la critique de l'idée de finalité, en tant que cause, dans la nature*

La structure de la croix du temps était née des quatre célèbres causes qu'Aristote estimait nécessaire d'évoquer, pour expliquer la nature. Dans

---

[111] La prise en compte de la soi-contemplation de la conscience dans la recherche biologique, pourra aussi résoudre le problème de Kristian Köchy qui, sur le plan historique, a investigué l'idée de «totalité» des organismes (Köchy, 1997, 2003). La totalité d'un organisme intégrant les parties de cet organisme, aussi bien temporellement que spatialement, ne peut être appréhendée par une approche sensorio-objectale. Elle représente l'idée d'organisme qui, sur la scène de la conscience «cognitive», rassemble les singularités perçues sensoriellement en une unité suprasensible. Cette idée n'est cependant pas un rajout subjectif de l'investigateur aux phénomènes extérieurs sensés être seuls réels, mais l'instance véritablement efficace établissant l'unité. Les idées ne sont pas des produits arbitraires de l'observateur humain, mais des forces universelles objectives qui apparaissent sur la scène de la conscience (voir chapitre 3). Lorsque Köchy écrit: «*La question sur la relation véritable entre le tout et les parties ... pourrait concerner l'une des problématiques les plus profondes et les moins élucidées de la philosophie de l'organique*» (Köchy, 2003, p. 263) cela signifie, que cette question ne pourra être résolue que par la connaissance concrète de l'interaction entre perception suprasensible et perception sensible. Le contexte organique de la totalité ne se dévoile qu'à l'idée - si seulement on voulait saisir que les idées ne voltigent pas de-ci, de-là, de par le monde, comme des choses, indépendamment de la conscience cognitive (agissant de manière ou d'autre dans les phénomènes sensibles), mais qu'elles apparaissent, agissantes, au sein de celle-ci, on pourrait alors surmonter tout ce qui est erroné et insaisissable transcendantalement d'une conception spirituelle du monde. Il est vrai qu'il n'est pas question ici de ces idées au contenu représentatif abstrait et obscur, mais de leur force intrinsèque unificatrice.

le deuxième livre de la Physique il se met en quête d'une explication du fondement des choses: «*Nous ne pouvons nous imaginer connaître une chose sans avoir saisi d'abord le pourquoi de la chose, c'est-à-dire sa cause première.*»[112] Ensuite il se met à différencier: «*D'une certaine manière on appelle cause d'une chose, son constituant, comme par exemple le bronze de la statue, et l'argent de la coupe; mais d'une autre façon, la forme... - ça nous donne une notion de ce qu'elle devrait signifier, comme par exemple pour l'octave, le rapport de division de la corde par deux à un; en outre ce qui provoque le début du mouvement et sa persistance - Autres exemples... le père est la cause de l'enfant et de toute modification dans la modification; en plus on évoque la cause dans le sens de ‹finalité›, c'est le ‹pourquoi› - ce qui donne par exemple: celle de la promenade, c'est la santé. Pourquoi nous promenons-nous? Nous disons: afin de rester en bonne santé. En parlant ainsi, nous supposons indiquer la cause.*»[113]

Plus tard, dans l'histoire de la philosophie, on a pris l'habitude de désigner les quatre causes par: cause de la forme (causa formalis), cause de la substance (causa materialis), cause de l'efficience (causa efficiens) et cause du but (causa finalis). La cause de la forme est le «quoi» d'une chose, l'image originelle ou l'idée (du grec Eidos, le visible), ce qui est responsable de la particularité de sa nature. La cause de la substance désigne le «de quoi», le matériau perçu sensoriellement. La cause des choses utiles signifie le «d'où», ce qui agit, et la cause de la finalité, c'est le «pourquoi», le dessein, le but [Fig. 23]).

Pour Aristote, la finalité était aussi agissante au sein de la nature: «*Voilà pourquoi certains sont déconcertés de ne pas savoir si c'est avec l'esprit ou avec autre chose que les araignées, les fourmis et ces sortes d'animaux accomplissent leurs ouvrages. Lorsqu'un jour on ira plus avant, il deviendra clair que chez les plantes, elles aussi, la finalité fait naître des choses avantageuses, comme par exemple les feuilles pour protéger le fruit. Si c'est donc de par sa nature, et dans la volonté d'atteindre un but, que l'hirondelle bâtit son nid, l'araignée sa toile et que la plante possède ses feuilles en vue de ses graines, et les racines, non vers le haut mais vers le bas en vue de la nutrition, il est manifeste qu'il existe une telle cause [c'est-à-dire la finalité] chez les êtres qui naissent et existent naturellement.*»[114]

---

[112] Aristote: Physique II, 3, 194b.

[113] Aristote: Physique II, 3, 194b, 23-25.

[114] Aristote: Physique II, 8, 199b, 21-30.

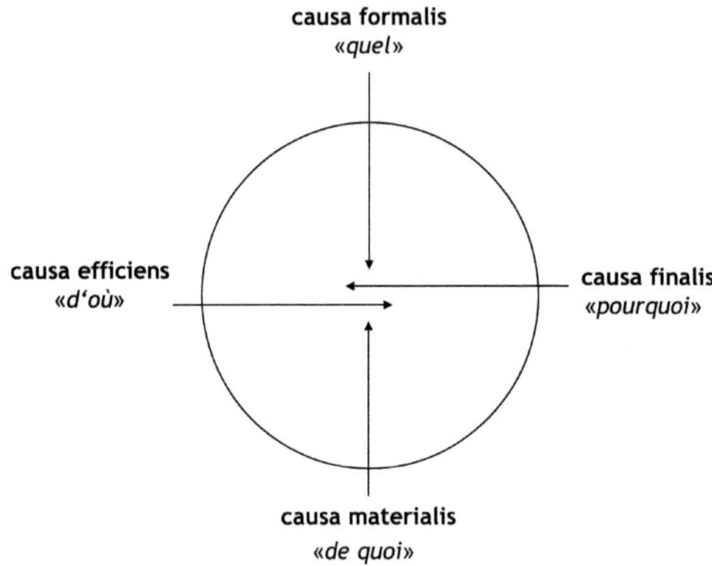

Figure 23: Les quatre causes d'Aristote dans la croix temporelle.

Au cours de l'histoire des sciences, la cause de la finalité fut souvent critiquée, jusqu'à ce que la science moderne prenne radicalement ses distances avec tous les modèles d'une explication téléologique. Francis Bacon (1561 - 1626), le fondateur de la science empirique, formula cette critique dans son «Novum Organum» (1620) en se dressant consciemment contre Aristote: «*Rien n'est pire que la mise en place de quatre causes: matière, forme, facteur agissant et finalité. Parmi elles, celle de la finalité n'est pas seulement inutile mais, pour les sciences, carrément préjudiciable. Elle ne compte que pour l'activité humaine. L'idée de la forme nous désespère… il n'existe rien de réel hormis les corps singuliers avec leurs effets particuliers, purs, ordonnés; dans les sciences, c'est cet ordonnancement, son étude, sa découverte et son explication qui sont le fondement de la connaissance et de l'action.*»[115]

Bacon prend radicalement fait et cause pour un point de vue empirique; il se focalise totalement sur ce que j'ai désigné de «connaissance objectale» (Chapitre 3.2). Il n'a aucune connaissance, ni aucun intérêt

---

[115] Bacon, 1620, p. 73.

pour une approche intrinsèque du savoir, qu'il ne ressent que comme préjudiciable à une connaissance de la nature, une connaissance qui ne poursuit qu'une compréhension mécanique et une exploitation technique. «La connaissance c'est le pouvoir» [sur la nature]; cette formulation attribuée à Bacon résume ce qui, depuis le 17ème siècle et son nouveau mode de pensée, est devenu le socle de la culture techno-scientifique.

Cependant, même chez Bacon, telle fut ma surprenante constatation, on rencontre les quatre causes, même si c'est sous une autre forme. Puisque l'homme ne parviendra à dominer la nature qu'après l'avoir comprise, il lui faudra surmonter différentes idées préconçues qui pourraient troubler son jugement et favoriser la surestimation de soi. Il les appelle des idoles, et il en découvre quatre! Il y a d'abord de ces préjugés qui sont liés aux habituelles insuffisances de la faculté cognitive humaine (idola tribus, préjugés de l'espèce). *«Les préjugés de l'espèce ont leur origine dans la nature humaine… elle-même. Il est erroné de croire que l'esprit humain soit la mesure de toute chose; au contraire, toutes les conceptions des sens et de la raison se font selon la nature humaine et non selon la nature de l'univers. La raison humaine ressemble à un miroir dont la surface est irrégulière par rapport aux rayons des objets, et qui mélange, déforme et souille avec la raison la nature de ces rayons.»*[116] Ensuite les préjugés «du théâtre» (idola theatri), qui repose sur une foi fausse en des autorités. *«Il existe des préjugés qui ont pénétré dans l'âme à travers toutes sortes de thèses de la philosophie et de règles prises de travers pour établir des preuves, et que j'appelle les préjugés du théâtre… et qui ont fait du monde un poème et une scène de spectacle… Je ne rapporte pas ça seulement à la philosophie générale, mais aussi à certains principes et à certaines thèses des sciences particulières qui ont gagné en autorité par tradition, crédulité et négligence.»* Ensuite les préjugés conditionnés par le langage de la rue (idola fori) qui vont de pair avec la dénomination des choses qui dépendent de l'opinion d'autrui. *«Il existe aussi des préjugés que… à cause du commerce entre les hommes, j'appelle des préjugés de la plèbe. Les hommes s'associent entre eux par l'intermédiaire de discours, mais les mots sont liés aux choses selon l'opinion de la plèbe; c'est la raison pour laquelle cette mauvaise et idiote dénomination handicape l'esprit d'étrange manière.»* Il existe finalement les préjugés de la grotte (idola specus) qui font que l'homme considère trop

---

[116] Bacon, 1620, 2ème livre Aphorismes 2. Cette citation et les survivants: ibd, Livre 1, Aphorismes 41-44.

facilement les choses de manière fausse et non pas telles qu'elles sont; ce sont donc des préjugés issus d'une mauvaise observation. «*Les préjugés de la grotte sont ceux de l'homme singulier; car chaque homme particulier possède, à côté des égarements dus à la nature générale de l'humain, une caverne ou une grotte spécifique qui brise et corrompt la lumière naturelle... suite à la différence des impressions causée par des esprits prévenus et plein de préjugés, contre une humeur paisible et égale...*» - Il est carrément époustouflant de voir comment Bacon décrit implicitement la structure de la connaissance en caractérisant ses aberrations, aboutissant ainsi à une quadripartition telle que la nôtre. En effet, les préjugés spécifiques sont liés aux préjugés hérités de l'espèce, c'est-à-dire au courant temporel provenant du passé, ceux du langage et de la populace en tant que préjugés sociétaux, à ce que l'on attend de l'avenir (que diront les autres? Comment vais-je le leur transmettre?). La fausse foi envers les autorités spirituelles trouble l'expérience de l'évidence immédiate, la connaissance intuitive des concepts (en haut dans la croix temporelle), alors que l'observation imprécise distord les impressions des sens (en bas).[117]

Aristote ressentit la structure quadripartite de la connaissance «dehors dans la nature» sous forme de causes ontologiques réelles. On peut supposer qu'il avait encore un certain ressenti des forces structurantes vivantes qui, dans la connaissance de l'univers, unissent sujet et objet. Bacon n'en était plus capable et ne portait plus son regard que sur une nature «objectivée», extériorisée, pour ainsi dire morte. Cependant la structure de la conscience de la croix temporelle, il la supposait implicitement dans son analyse des possibles errements de l'esprit humain. Rudolf Steiner, finalement, par une soi observation de l'acte de

---

[117] Il est ahurissant que Roger Bacon (1214-1294), l'homonyme de Bacon, et franciscain, l'un des premiers représentants de l'étude de la nature et le maître de frère William dans le roman de Umberto Eco «Le roman de la rose» avait déjà, 400 ans plus tôt, énuméré quatre obstacles (offendicula) qui barrent à l'homme le chemin vers une véritable connaissance de la nature: 1. le respect devant les autorités, 2. l'habitude, 3. la dépendance des opinions courantes au marché et 4. l'impénitence de nos sens naturels (Voir: de.wikipedia.org/wiki/Roger_Bacon). Chez Roger Bacon, la correspondance des quatre obstacles à la structure de la croix temporelle est encore plus facile à reconnaître que chez Francis Bacon. Il serait intéressant d'examiner si le Bacon ultérieur connaissant les sources de Bacon antérieur.

connaître rendit conscient la participation de l'homme à la réalité du monde, montrant que la vraie connaissance était en même temps une connaissance de l'esprit.

4.6. *L'homme et la nature forment ensemble une unité*

A présent nous pouvons faire correspondre les quatre directions temporelles aux quatre dénominations qui sont habituelles à l'anthroposophie et que Rudolf Steiner avait utilisées dans la présentation de cette croix temporelle dans la conférence citée plus haut.[118] Ce sont des concepts de base de l'anthroposophie. Rudolf Steiner désigna le courant de la conscience humaine émanant du passé avec le concept de *«corps éthérique»* (du point de vue psychique c'est celui de la mémoire, du point de vue organique, celui du vivant devenir. On peut utiliser aussi le terme de «vie»). Le courant de l'attente, de l'espoir, provenant du futur, il l'appela le *«corps astral»* (l'âme). Le courant du bas, qui représente la perception par les sens, il le nomma *«corps physique»* (le corps matériel), et l'impact perpendiculaire venant du haut, le *«moi»* (l'esprit).

Ces quatre constituants de la conscience humaine et de son développement organique correspondent aussi aux quatre règnes de la nature: la pierre, la plante, l'animal et l'homme. La pierre montre un corps physique, mais ne possède pas de corps éthérique propre. La plante possède un corps physique (accessible à la perception sensorielle actuelle) et aussi un corps éthérique (sa vie). Elle n'a ni sensation, ni désir, donc pas de corps astral dans le sens où il existe chez l'animal. Néanmoins la croix temporelle compte aussi pour elle: elle exprime des désirs vers l'avenir dans son développement et par sa structuration, de même qu'elle possède une «entité» spirituelle, l'espèce; mais ces deux éléments n'apparaissent pas en tant que tels, mais flottent en quelque sorte autour d'elle comme venant de l'extérieur. La plante ne «sait» rien de son avenir, elle ne l'espère pas. Malgré cela elle possède une âme «végétative» (une expression d'Aristote[119]) qui, puisque le psychique embrasse aussi toujours l'avenir, «connaît» aussi son devenir. Elle est aussi un être spirituel qui, il est vrai, ne s'éveille pas à la conscience «au

---

[118] Steiner, 1910a.

[119] Aristote: De anima, II, 3, 414b.

niveau» de son organisme terrestre, mais qui agit en elle sous forme de force autonome typique de son espèce. Chez l'animal, c'est à présent l'«animique» qui va apparaître (le caractère sensitif, le désir et le comportement), et chez l'homme, le spirituel, dans la cognition et l'acte libre d'un moi qui s'appréhende lui-même.

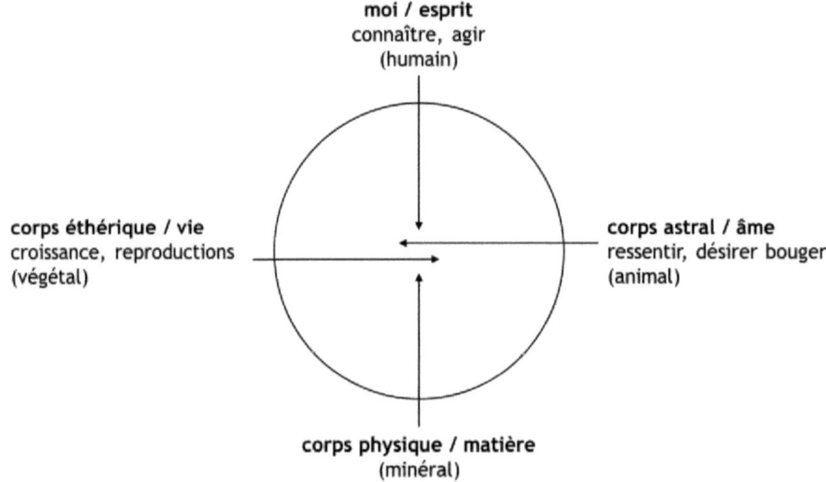

Figure 24: La croix temporelle, image d'ensemble des constituants de l'homme.

Reposons-nous la question: comment reconnait-on le «futur» d'un organisme, sa finalité? Où la trouver?: en nous, nous la ressentons en nous! En tant qu'être «connaissant», nous complétons toujours les aspects de la croix du temps qui manquent aux êtres de la nature. La pierre, elle aussi, possède une histoire et un avenir, mais les forces qui déterminent ses destins passés et futurs se trouvent dans son environnement, et non en elle. En tant qu'êtres «connaissant», nous les ajoutons à ce que nous percevons d'elle. Pour le végétal, nous voyons se réaliser en son être la force du devenir; nous voyons l'effet de la croissance, et l'aspect de sa structure nous indique directement qu'il s'est modelé à partir de sa force intrinsèque. Nous pourrions donc désigner les plantes comme des souvenirs incorporés. Par contre, le potentiel de leur devenir n'apparaît pas dans la structure présente. Ce sera encore à nous, les contemplateurs, qui sommes en attente de leur développement futur. (La croissance des plantules, les feuilles en train de s'étaler, et les bourgeons floraux qui s'ouvrent, montrent magnifiquement comment elles sont entourées de l'aura du désir de leur déploiement ultérieur.) Pour l'animal ensuite, apparaît la faculté de ce désir d'avenir; l'orientation psycho-spirituelle vers un devenir se réalise au sein de son apparence physique. L'animal ressent, il présente un comportement, il tend impulsivement à la satisfaction de ses besoins. Dans ce sens, les animaux sont ces êtres vivants qui marquent leurs intentions et leurs désirs. Leur être spirituel, leur espèce, nous reste invisible; à nouveau nous les ajoutons dans notre cognition. Pour l'homme, finalement, l'espèce, la manière dont il mène son existence extérieurement et la structure intérieure de la cognition, coïncident totalement: il est une image de son être psycho-spirituel cognitif. En lui s'incorpore aussi individuellement un être spirituel se déterminant soi-même, un moi agissant de manière autonome (Fig. 25).

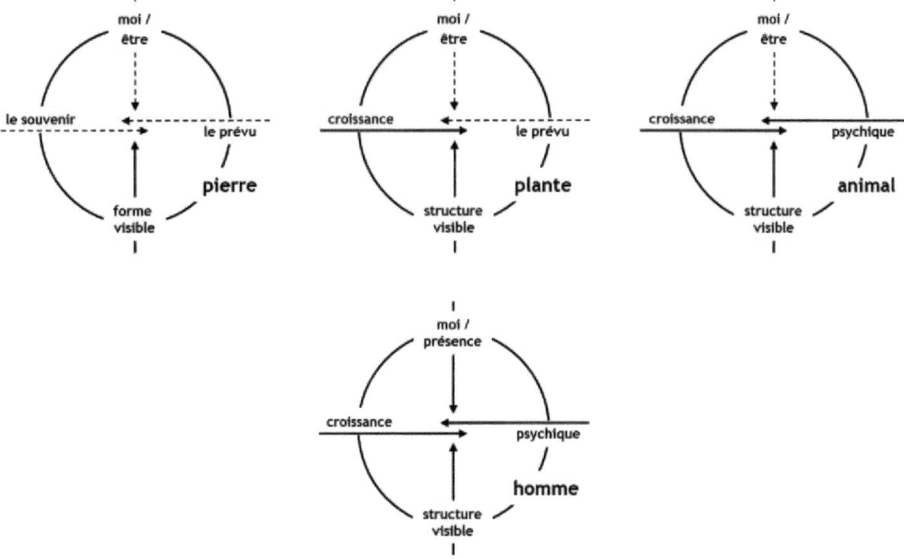

Figure 25: La croix temporelle et le rapport de la connaissance humaine avec les règnes de la nature. Les lignes pleines indiquent les aspects réellement incorporés, les lignes pointillées ceux que l'homme ajoute dans son acte de connaissance.

C'est ainsi que le monde devient de plus en plus compréhensible. Prenons par exemple le fait que la structure végétative de la plante soit ouverte et que, potentiellement, elle puisse continuer de croître, alors que l'animal, avec sa forme achevée, se ferme vers l'extérieur.[120] Pour la plante, l'attente vers un futur ne s'incorpore pas encore dans une structuration, elle repose chez l'observateur, alors que pour l'animal, l'intentionnel se glisse dans les vivants processus formateurs, participants ainsi à l'élaboration de l'être psychique. Finalement, chez l'homme, l'intentionnel et toute sa sphère psychique, sera hissé dans le domaine du moi, gagnant ainsi sa mobilité libre, alors que chez l'animal il se montre incorporé dans l'espèce et fixé en elle.[121]

En résumé il faut considérer le fait que la croix temporelle veut exprimer la vision globale de quatre strates universelles différenciées et de quatre manières d'expérimenter et de ressentir, agissant de concert dans l'acte cognitif. Elle cache le danger de n'être qu'un schéma et devra toujours à nouveau se référer aux expériences qui en forment le socle en saisissant ce qui est présenté spatialement, dans sa signification propre, temporelle.

4.7. *Quelques remarques concernant la matière et le temps*

Qu'est-ce donc que le temps? La compréhension habituelle actuelle est déterminée par la cadence de nos montres et exprime la définition de Newton: «Le temps absolu, réel et mathématique s'écoule en soi et de par sa nature, de manière uniforme et sans aucune relation à un quelconque objet extérieur.»[122]

---

[120] Voir Kunze, 1982.

[121] Pour l'âme, Aristote différencia trois façons dont, en tant que principe vital elle pouvait agir sur le corps: en tant qu'âme nourricière ou vitale (psyche thretike), qui est attribuée aux plantes et qui concerne les processus de nutrition, de croissance et de reproduction; en tant qu'âme sensorielle (psyche aisthetike) qui répond des facultés de perception et du ressentir, et qui motive le mouvement des animaux; et puis en tant qu'âme raisonnable (psyche logike), qui a la capacité de penser comme principe de la vie humaine. (Aristote: De anima, II, 3, 414 s.s.; voir Köchy, 2003, p. 305 s.).

[122] Newton, 1687.

Cependant une montre ne permet de percevoir que des modifications spatiales. Une fraction de temps qui fait avancer l'aiguille des minutes, disons de 45°, pourra être ressentie plus ou moins véloce. Le temps n'existe pas vraiment au sein du monde perceptible sensoriellement. Puisque les sens ne permettent de saisir que des choses actuelles, dans le présent, il sera nécessaire, pour percevoir leurs modifications, de se souvenir de leur état antérieur et de s'attendre à leur état ultérieur: le temps n'est une réalité que pour l'âme. Le concept newtonien ne fait qu'abstraire l'expérience intérieure qui en constitue la base.

Considérons tout à fait clairement le fait que ce que nous percevons avec nos sens est toujours quelque chose d'actuel. Ce qui vient justement d'avoir été, je ne peux plus le voir (ni l'entendre, le humer, le toucher etc…), et ce qui, dans l'instant, va devenir, je ne le peux pas encore. Où cela est-il passé? D'où cela vient-il? Lorsque je me représente les choses passées de la manière aussi réaliste que possible, alors ce n'est en réalité qu'un processus mnémonique, un phénomène psychique qui en tant que tel cesse d'être matériel. Lorsqu'on se plonge dans cette pensée, entièrement, alors le monde physique actuel apparaît comme un fil sur lequel on se tient debout, il est vrai, mais bordé de part et d'autre d'abimes… On s'aperçoit que nous ne cessons pas de nous représenter la matière physico-objectale comme quelque chose de durable dans l'alternance des phénomènes. La chaise sur laquelle, à l'instant, je suis assis, continuera-t-elle d'exister en tant qu'objet matériel lorsque je quitterai la pièce? La réponse est évidemment tout d'abord «oui». Elle devrait pourtant être «non»! Ce n'est pas que la chaise se mette brusquement à disparaître, pas le moins du monde, mais seulement son aspect physique. Ce que nous conservons d'elle, c'est son «être propre», son ordonnancement spirituel. En la retrouvant plus tard, son être m'apparaîtra à nouveau en tant que perception sensorielle. Ce n'est pas ce qui m'apparaît matériellement dans les choses, qui est durable, mais leur être spirituel.

Rudolf Steiner nota, dans un article fondamental[123]: «*Le monde perçu n'est rien d'autre qu'une somme de perceptions métamorphosées… On nous rétorquera qu'avec cette conclusion finale, nous effaçons tout ce qui est durable dans le continuel processus universel, que nous faisons comme Héraclite qui admit comme unique*

---

[123] Steiner, 1883-1897, chapitre: Le phénomène primordial.

principe du monde, le flot des choses dans lequel rien ne persiste. Il doit exister, derrière les phénomènes, ‹une chose en soi›, derrière les changements du monde, une ‹matière durable›». Et pourtant, *«ce concept de la matière ne doit son existence qu'à une conception totalement erronée du concept de temps. On craindrait de volatiliser le monde en une apparence irréelle si, dans la somme des évènements fluctuants, on n'admettait pas quelque chose qui le sous-tendrait, qui serait persévérant et inchangeable dans le temps, qui persisterait pendant que ses déterminants changent...* [pourtant] *seul celui qui ne peut pas accomplir... cette marche en arrière... depuis le phénomène jusqu'à l'être... nécessite... une existence qui survit aux changements. C'est ainsi qu'il conçoit une matière indestructible. Ce faisant, il se forge une chose sur laquelle le temps ne devra pas avoir de prise, quelque chose d'immuable dans la mer de changements. En fait il n'a montré que son incapacité à pénétrer, depuis la manifestation temporelle des faits, jusqu'à leur être, qui n'a rien à voir avec le temps.»* Admettons que l'essence des choses, elle qui est saisie dans l'intuition (voir chapitre 3.2), soit vécue comme réelle, alors la «matière indestructible» se révèlerait être un concept de secours que le «moi» nécessite, afin de pouvoir s'y appuyer et s'y maintenir. Pour avoir un vécu de l'être il faut s'activer, alors que la représentation de la matière autorise la passivité.[124]

Lorsqu'on procède de manière rigoureusement phénoménologique et que l'on reste sur la scène participative de la conscience, alors le monde physique apparaîtra toujours plus clairement pour ce qu'il est (seulement) en réalité: l'accumulation de perceptions sensorielles des plus multiples

---

[124] Rudolf Steiner écrit: «La croyance en la matière n'est qu'un stade préliminaire pour comprendre que l'espace n'est pas hanté de matière fantomatique, mais que c'est l'esprit qui y règne. Le concept de «matière» n'est que provisoire et n'a sa raison d'être qu'aussi longtemps qu'on n'a pas perçu sa nature spirituelle; mais malgré cela il convient d'évoquer cette légitimation, car la supposition de l'existence de la matière est fondée aussi longtemps qu'à travers nos sens nous sommes face à un monde que nous appréhendons par la perception. Celui qui, dans cette situation, essaie d'admettre à la place de la matière une quelconque entité spirituelle derrière les perceptions sensorielles, ne fait que divaguer. Celui qui, tout d'abord, intérieurement, arrive à pénétrer jusqu'à l'esprit, alors, ce qui apparaît fantomatiquement comme de la matière, il ne le transforme pas en rêvant mais en le contemplant de manière exacte, dans une forme apparentée au monde spirituel auquel lui-même appartient par ce qui est éternel en son être.» (Steiner, 1923b).

en changement perpétuel. «Le monde perçu est la somme de perceptions se métamorphosant sans l'existence d'une matière qui la fonde».[125] La représentation d'une matière qui existerait indépendamment d'un moi «connaissant», est fausse. Aussi longtemps qu'on ne pourra se hausser jusqu'à cet acquis fondamental, il n'existera aucune possibilité de réellement comprendre, ni la vie, ni l'âme, ni l'esprit.[126]

---

[125] Steiner, 1923b, chapitre: Le phénomène primordial.

[126] C'est avec une telle acuité que cette pensée devra être conçue si l'on veut dépasser le dualisme esprit-matière, entre le *res cogitans* et le *res extensa* de Descartes. Jamais le dualisme ne pourra montrer comment une interaction ou un passage pourrait s'accomplir entre les deux natures d'être. Celui qui veut aboutir à un monisme devra, ou tout considéré comme matériel, ou tout comme spirituel. La discussion présente voudra montrer que le monisme matérialiste n'a aucune consistance, car il présuppose vie et connaissance, sans même s'en apercevoir. Non, tout n'est pas matière, tout est esprit. La «matière» est quelque chose qui apparaît aux sens, c'est de l'esprit sous forme sensorielle. C'est ce qu'a exposé Rudolf Steiner dès son célèbre et précoce article sur «la seule critique possible des concepts atomistiques» qu'il envoya à Friedrich Theodor Vischer, l'esthéticien de Tübingen (et dans lequel il exigea déjà une révision de l'habituel concept de temps): «*Dans la connaissance [sensorielle] d'un objet temporo-spatial il ne nous est donc donné qu'un concept ou une loi d'une façon sensorielle. … Il faut laisser au concept sa nature originelle, sa manière propre de se manifester qu'il a lui-même élaborée, et le reconnaître, dans son état sensoriel, sous une forme différente.*» (Steiner, 1882). A la fin de sa vie il écrivit exactement la même chose: «*Dans ma ‹Philosophie de la liberté›, j'ai essayé d'expliquer que derrière le monde des sens il ne se trouvait rien d'inconnu, mais le monde spirituel; et pour ce qui est du monde des idées humaines, j'ai essayé d'indiquer qu'il trouvait sa consistance (Bestand) dans ce même monde spirituel. L'essence du monde sensoriel ne restera cachée à la conscience humaine qu'aussi longtemps que l'âme ne percevra qu'à travers les sens. Lorsqu'aux perceptions sensorielles viendront s'ajouter le vécu des idées, alors la conscience expérimentera le monde des sens dans sa nature d'objet. La connaissance n'est pas une reproduction de l'essence des choses, mais une immersion de l'âme dans cette essence. Au sein de la conscience se réalisera la continuation du monde des sens encore «inessentiel» vers son «essentialité». Ainsi le monde des sens ne restera «manifestation extérieure» qu'aussi longtemps que la conscience n'en n'aura pas terminé avec lui. En réalité, le monde sensoriel, est donc un monde spirituel, et c'est avec ce monde dont elle a reconnu la spiritualité que l'âme partage sa vie en étendant sur lui sa conscience. Le but du processus de connaissance est l'appréhension pleinement consciente avec le monde spirituel au regard duquel tout se dissout en esprit.*» (Steiner, 1923-25, chapitre XVII p. 245 s.). Cela nous fait penser à la parole de Paul: «*Aujourd'hui nous voyons à travers un*

Dans l'article déjà cité, Rudolf Steiner entra encore davantage dans les détails: «*Le temps n'est donc pas un réceptacle dans lequel se déroulent les changements, il n'est pas ‹avant› les choses et à l'‹extérieur› de celles-ci: Le temps est l'expression sensorielle qui signifie que les faits, par rapport à leur teneur, sont dépendants les uns des autres quant à leur déroulement. Le temps n'entre en scène que*

---

miroir, d'une manière confuse, mais alors nous verrons Dieu face à face.» (1 Cor. 13:12). Le véritable problème est notre habitude tenace de ne tenir pour réel que le monde extérieur, perceptible sensoriellement. Cela changera dès le moment où l'on fera l'expérience que la pensée en soi est, elle aussi, une réalité. Cela fait qu'en un premier temps l'anthroposophie est un entraînement à la pensée, c'est-à-dire une différenciation de sa teneur, un affinement de sa logique et une expérience intime de son intensification. «*L'essentiel de la chose est qu'ainsi on se rendra compte que le monde de la pensée possède une vie propre, et que lorsqu'on pense réellement, on se trouve déjà dans le domaine d'un monde vivant suprasensible. On se dira: - il y a quelque chose en moi qui élabore un organisme de pensée; en même temps je fais un avec cette chose -. En s'adonnant à une pensée libre sensoriellement, on fait l'expérience qu'il existe quelque chose d'essentiel en nous, dans notre vie intime, à l'image des qualités des choses extérieures qui pénètrent à travers nos organes sensoriels lorsque nous nous servons d'eux en observant. L'observateur du monde sensible se dira: - là, dehors, dans l'espace se trouve une rose; elle ne m'est pas étrangère, car elle se manifeste à travers ses couleurs et son parfum.- Il suffit d'être suffisamment libre de préjugés, lorsqu'en soi s'active la pensée indépendante des sens, pour se dire de manière tout à fait concordante: - quelque chose de réel, d'essentiel se manifeste à moi qui, intérieurement, relie une pensée à l'autre, qui élabore un organisme cognitif-. Il existe cependant une différence dans notre ressenti entre ce que l'observateur du monde sensible extérieur pointe du regard, et ce qui se manifeste dans son essence dans la pensée libérée des sens: le premier observateur se ressent face à la rose, extérieur à elle, alors que celui qui s'adonne à la pensée qui n'est plus assujettie aux attaches des sens, ressent ce qui s'annonce à lui dans son être propre, comme s'il ne faisait plus qu'un avec lui* (voir le chapitre 3.2). *Celui qui, de manière plus ou moins inconsciente, ne veut considérer comme l'essence d'une chose que ce qui, tel un objet extérieur, lui fait face, ne pourra, il est vrai, avoir le sentiment: - l'essence propre d'une chose pourra aussi se manifester à moi par le fait que je peux m'unir à lui comme si nous ne faisions qu'un. - Pour voir clair sous ce rapport il faut être capable de faire l'expérience intime suivante: il faut apprendre à dissocier les associations cognitives que l'on établit de par sa propre initiative, de celles que l'on vit intérieurement lorsqu'on fait taire en soi une telle volonté. Dans le deuxième cas, il est permis d'affirmer: - Je crée en moi un silence total; je n'élabore aucune association d'idées, je m'adonne à ce qui pense en moi-. Alors il sera tout à fait justifié de dire: - en moi agit quelque chose d'essentiel- de même qu'il est justifié de dire: - sur moi agit une rose lorsque j'aperçois telle ou telle couleur rouge ou que je perçois une odeur spécifique.*» (Steiner, 1910, p. 342 s.s.).

là où se manifeste l'essence d'une chose. Le temps fait partie du monde des apparences (der Erscheinungswelt: da ce qui apparaît, N. du T.). *Il n'a tout d'abord rien à voir avec l'être lui-même, son essence. L'être ne peut s'appréhender qu'idéellement. Seul celui qui est incapable d'aller à reculons dans le cours de sa pensée depuis l'apparence jusqu'à l'être, suppose que le temps devance les faits … puis-je affirmer de l'essence d'un fait qu'elle apparaît ou disparaît? Je ne puis que dire que sa teneur en détermine une autre et qu'ensuite cette détermination se manifeste comme un déroulement dans le temps. L'essence d'une chose ne peut être détruite, car elle est intemporelle, et c'est elle qui, finalement, détermine le temps».*[127]

L'essence d'une chose déterminerait le temps? Pour la croix du temps, l'être se place en haut, l'apparence perceptible de ses formes, en bas. Chacune d'elles (le germe, la plantule, la fleur, le fruit etc…) est «végétale». Le concept contient davantage que ce que peuvent manifester les différentes apparences, son contenu est excédentaire par rapport à elles. Gœthe disait qu'en lui *«le simultané et le successif sont intimement liés»*.[128] En plus du contenu, de la teneur de sa manifestation actuelle, il m'offre simultanément son passé et son devenir. Ce qu'ajoute le concept à l'apparence sensible est, de toute façon, la condition nécessaire pour saisir sa temporalité. Sans les concepts, je ne pourrais fixer les choses du regard que bêtement, encore, encore et encore… Les concepts, c'est ce qui coule entre les perceptions du monde sensible coagulés en objets, ce sont les rapports qui recouvrent et entrelacent le tout. Ce qui est contenu dans le concept, l'être, l'essence d'une chose, détermine la temporalité de sa manifestation. C'est pourquoi Victor von Weizsäcker pouvait dire: *«que la vie n'est pas contenue dans le temps, mais le temps dans la vie ou, plus exactement, qu'elle devient le propre compositeur du temps»*.[129] Par conséquent il existe aussi, selon le contexte de ce qui se manifeste physiquement, des temps différemment articulés, on pourrait même affirmer que chaque

---

[127] Steiner, 1883-1897, chapitre: Le phénomène primordial.

[128] Gœthe, 1820, p. 31; voir Basfeld, 1998, p. 86.

[129] Weizsäcker, 1942, p. 19. Ceci est identique à la pensée exprimée par Gœthe lorsqu'il déclara à Schiller qu'il ne fallait pas *«entreprendre la nature de manière isolée et séparée, mais la présenter comme aspirant à agir et à vivre depuis la totalité jusque dans les parties»*, et aussi à celle de Kant lorsqu'il écrivit: *«Les parties [d'un organisme], dans leur actualité et leur structure, ne sont possibles que grâce à leur rapport à la totalité.»* (Kant, 1790, p.320).

chose possède son propre temps. Cela donne à la croix du temps une perspective plus large (Fig. 26). - Tout cela aboutira à un ressenti toujours plus vivant dès lors que l'on sera capable d'accomplir le chemin inverse allant de l'apparence à l'être, dans l'expérience d'une intuition toujours plus réelle.

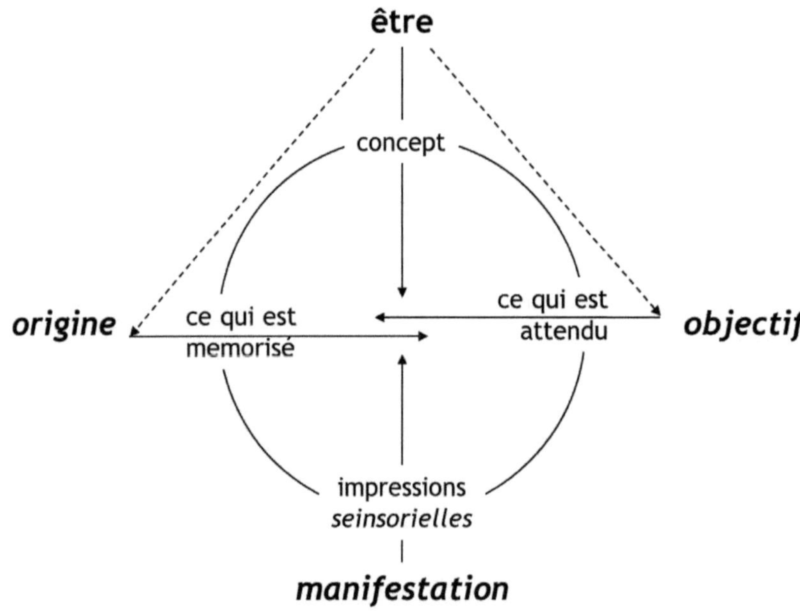

Figure 26: L'origine des manifestations temporelles trouve son fondement dans l'être des choses.

* * *

Pour terminer cette première partie, il nous reste encore à considérer un intéressant phénomène de la conscience. Vous êtes-vous jamais demandé quelle est la durée d'un instant présent? A quel moment un coup d'œil actuel laisse-t-il la place au suivant? Ernst Pöppel le neurologue de Munich, s'est penché sur cette question. Ses recherches indiquèrent que des adultes donnèrent à l'instant présent une durée de 2 à 3 secondes. Ce qui se passe dans ce laps de temps est vécu comme la totalité d'un instant. Les poèmes, les langues, sont articulés de cette manière. «*Ce que nous ressentons chaque fois comme actuel, ce n'est pas un point non dilatable sur l'axe du temps de la physique classique, ce sont des évènements significatifs intégrés dans des structures. … Ce cadre temporel forme le socle de notre activité consciente. Pour chaque laps de temps, la conscience se concentre sur un fait matériel puis, après quelques secondes, le cerveau «impose» automatiquement de se concentrer sur un autre fait.*»[130] Je présume que le vécu de l'instant présent repose au premier abord sur le temps d'une respiration. Une observation subtile est tout à fait capable de différencier un temps de l'inspiration où chaque contenu de la conscience est saisi de manière plus cadrée, puis un temps de l'expiration qui laisse ce contenu s'échapper à nouveau pour ensuite le ressaisir sous une autre forme, le relâcher etc… C'est comme un fin éveil puis endormissement, qui nous permettent de glisser d'un moment présent à l'autre. (Cela peut s'expérimenter le plus clairement en se représentant une figure les yeux fermés: après environ une respiration il faut reconstruire l'image.) Le vécu du temps n'est donc pas continu, mais articulé rythmiquement.[131]

Cela ébauche déjà le thème important de la deuxième partie de ce livre: la prise en compte, non seulement de la conscience humaine, mais aussi du corps, comme base biologico-physiologique de la connaissance. On verra que la structure de la connaissance, rendue accessible par une observation intérieure, s'exprime dans la constitution et les fonctions de l'organisme humain, et qu'elle repose tout autant sur cette constitution que sur les fonctions. L'édification, et finalement aussi l'évolution de la structure humaine, deviendront toujours plus compréhensibles à partir de l'étude de ces principes internes.

---

[130] Pöppel, 1984, p. 135 s.s.

[131] Sur les fondements physiologiques de l'interaction entre la respiration et la conscience cf. Husemann, 2010.

PARTIE II

BIOLOGIE ET DEVELOPPEMENT
GENETIQUE ET EVOLUTION A LA LUMIERE DE L'EXPERIENCE INTERIEURE

5. «AINSI QUE, MYSTERIEUSEMENT, ME RAVISSAIT LA FORME» - LA PSYCHE EN TANT QUE PRINCIPE DE STRUCTURATION.

La première partie de ce livre a montré qu'une compréhension du vivant s'ouvre à nous dès lors que nous comprenons qu'il existe, à côté des phénomènes biologiques, une conscience cognitive qui n'est pas simple spectatrice, car elle fournit la scène où se déroule le devenir du monde. La deuxième partie aura à présent la mission de répondre plus précisément à la question de la structure humaine et de son évolution. Existe-t-il une possibilité pour comprendre cette évolution, non pas comme le simple fait du hasard ou bien le déroulement d'un plan divin conçu à l'avance? A côté du darwinisme et du créationnisme, existe-t-il une troisième voie? Comment comprendre le grand nombre des différentes structures animales qui ont précédé l'apparition de l'homme dans l'évolution? Quel est aussi le rôle des gènes et des processus biologiques moléculaires en général? - Demandons-nous tout d'abord comment il est possible de comprendre concrètement la structuration biologique en nous servant des principes déjà acquis.

5.1. *Métamérie et structure*

L'un des principes formateurs les plus simples est la répétition de parties identiques ou semblables. Depuis la division jusqu'à la reproduction, ce principe se révèle être élémentaire pour tout le vivant. Les animaux primitifs montrent une structuration répétitive dans la forme plus ou moins équivalente de leurs segments (métamères). Adolf Portmann a décrit cette partition métamérisée comme un modèle de base pour la formation animale: «*La répétition en rangées successives d'éléments identiques est*

---

[132] Gœthe, 1826, p. 366.

représentative pour de larges cercles d'animaux apparentés. Les sections corporelles d'un ver de terre ou d'une chenille, l'ordonnancement des muscles du tronc pour un poisson ou une salamandre, sont des exemples familiers.»[133] (Fig. 27)

Les structurations métamérisées se retrouvent tout particulièrement dans le développement embryologique. Portmann écrit: «*Le rangement d'éléments identiques dans les stades précoces des vertébrés ou des articulés est particulièrement remarquable, même parmi les espèces chez lesquelles l'organisme adulte n'en conserve plus aucune trace extérieure. L'ordonnancement en série des ébauches organiques apparaît tout d'abord comme un principe de construction, comme une éventualité d'apprêter le matériel d'édification de manière simple pour l'élaboration de structures corporelles plus complexes… Les stades précoces du développement se ressemblent pour les embryons de poissons, d'oiseaux et pour ceux de l'homme dans beaucoup d'aspects généraux du plan de construction; celui des araignées, des insectes et des écrevisses se ressemble étonnement.*»

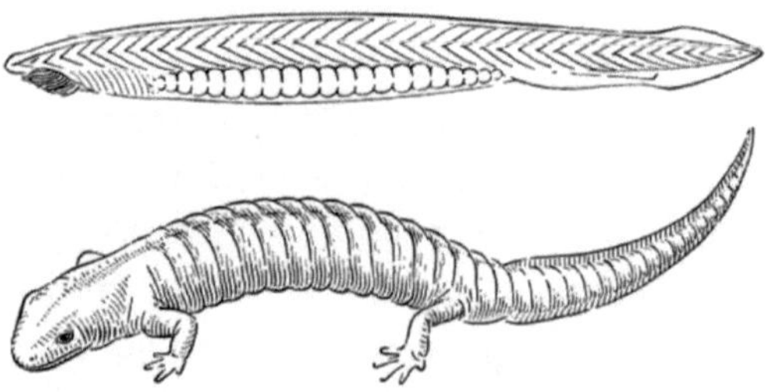

Figure 27: Division corporelle métamérisée chez les lançons et chez une salamandre terrestre (Portmann).

Portmann découvre alors que «*pour certains animaux, le chemin conduisant de la formation embryologique à l'organisme achevé est relativement simple et direct dans le sens où, dans le corps adulte, certains organes conservent la disposition originelle de leurs parties. Chez d'autres, le chemin apparaît plus complexe, et la formation ultérieure conduit à des divergences significatives par rapport aux stades de développement précoces. Dans beaucoup de ses parties le poisson reste proche du plan de construction de son ébauche, alors que l'oiseau perd très vite toute ressemblance extérieure avec les stades précoces communs aux deux formes… Ces deux chemins de*

---

[133] Portmann, 1965, p. 37 s.s.

développement différent nous donnent ainsi une possibilité d'ordonner les structures, ils constituent l'une des bases importantes de la séparation entre les types inférieurs et les types supérieurs.»[134] Dans une première approche nous pourrons donc dire: plus l'organisation d'un animal est simple, plus il conservera une ressemblance avec la division métamérique de la forme embryonnaire, et plus cette organisation est élevée, plus il s'en éloignera. Gœthe, lui aussi, avait clairement reconnu ce principe morphologique: *« Plus un être est imparfait, plus ses parties sont semblables et ressemblent à la totalité; plus un être est parfait, plus ses parties sont différentes entre elles. Dans le premier cas la totalité ressemble plus ou moins aux parties, dans le deuxième cas elle leur est dissemblable. Plus les parties se ressemblent, moins elles sont subordonnées entre elles. La subordination annonce un être plus parfait.»*[135]

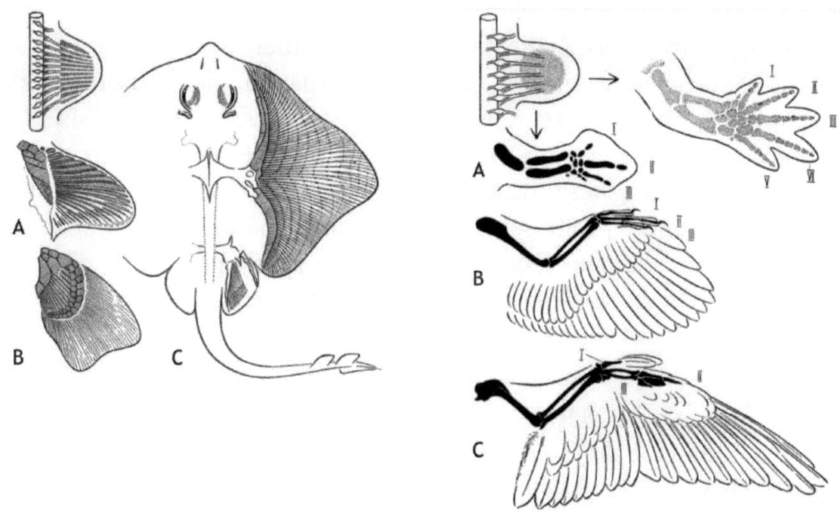

Figure 28: Métamérie et niveau de développement. Gauche: Pour les nageoires des poissons primitifs, l'ordonnancement métamérique embryologique de ses éléments (nerfs, muscles, squelette) est largement conservé. En haut à gauche: ébauche embryologique des nageoires, A: nageoire pectorale d'un poisson cartilagineux du Dévonien, B: nageoire pectorale d'un requin actuel, C: nageoire d'une raie.

---

[134] Portmann, 1965, p. 40 s.s.

[135] Gœthe, 1817a, p. 56.

Figure 28 droite: L'ébauche embryologique des membres des vertébrés terrestres est semblable à une nageoire. Elle donne généralement naissance à une extrémité à cinq rayons (en haut à droite). L'oiseau montre encore nettement la trace de cette main (A); chez les oiseaux les plus anciens du Jurassique on distingue encore trois doigts griffus (B). Les squelettes des oiseaux actuels naissent à la suite d'une modification secondaire (C). (Portmann[136])

La structure métamérisée se reconnait nettement, aussi dans le célèbre tableau d'embryologie d'Ernst Haeckel (Fig. 29). Ce tableau montre de manière vivante la partition des stades embryologiques de vertébrés, visible avant tout au niveau de l'ébauche de la colonne vertébrale et aux poches pharyngiennes sous les yeux.[137]

Pour les organismes supérieurs, la division métamérisée sera remaniée au cours de l'ontogénèse par le principe formateur de l'ensemble de l'organisme. La phylogenèse, elle aussi, passe des structures plus simples et rythmées des poissons, aux structures différenciées des oiseaux et des mammifères. L'ontogénèse, de même que la phylogénèse, montrent une intégration formative progressive des structures métamérisée de départ. Finalement cette réorganisation se retrouve aussi à la base d'autres processus formateurs biologiques, telle que la main à cinq rayons des

---

[136] Portmann, 1965.

[137] Cette présentation d'Ernst Haeckel a été le sujet de nombreuses controverses. Du côté des créationnistes en particulier, on lui a reproché des simplifications et même des falsifications. Il est vrai qu'en fait les différents stades précoces des vertébrés sont en partie dissemblables des dessins de Haeckel; mais cela n'est pas très important concernant le principe évoqué, puisque la division métamérisée du corps est, malgré tout, présente pour tous les vertébrés. C'est ce que montre aussi la génétique moléculaire qui découvrit de manière nouvelle la division métamérisée grâce à l'activité segmentaire de gènes différents. Que la base de la tête montre ou non une formation métamérique est un vieux problème de la biologie qui ne peut être débattu ici. Toujours est-il qu'il y a d'abord une division métamérisée du tissu pendant le développement embryonnaire du cerveau qui, par la suite, sera remanié par des structures non segmentées. De même l'activité génétique segmentaire différenciée de la formation du cerveau suppose, au niveau de la tête, une métamérie de base. Voir Schad, 2007; Benton, 2007, p. 23 s.

vertébrés terrestres à partir de nombreux éléments cartilagineux de poissons archaïques, ou bien la formation de la mâchoire des mammifères à partir des rangées dentaires homodontes de reptiles primitifs. Il y aura toujours une différenciation, une spécialisation d'éléments tout d'abord semblables, avec souvent une réduction de leur nombre, puis une intégration dans la totalité d'une structure d'un rang supérieur. Cette relation est aussi appelée la loi de Williston.[138] La figure 36 en montre différents exemples.

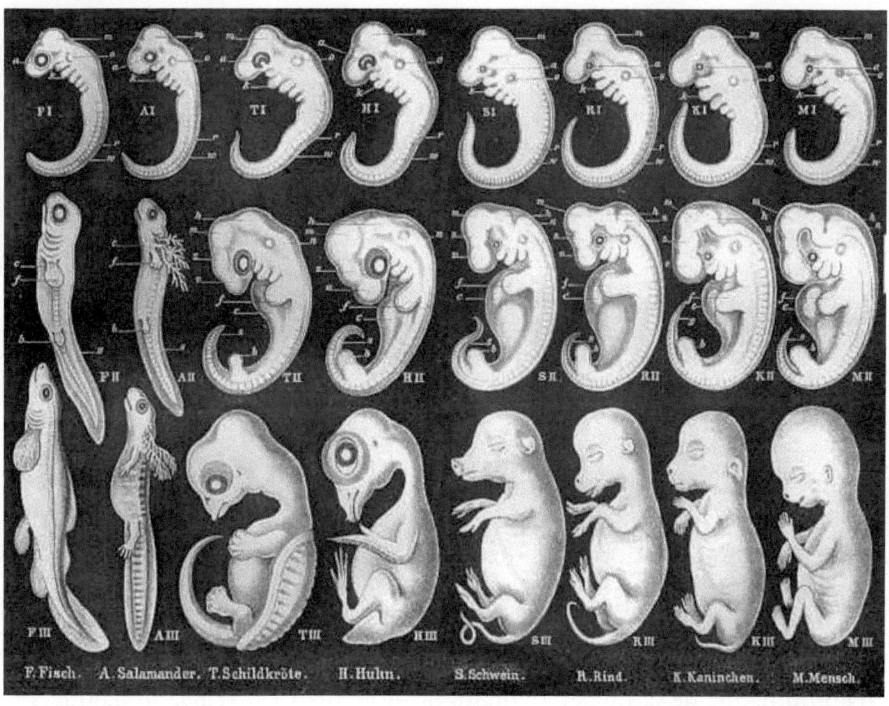

Figure 29: Métamérie et structuration - Le célèbre tableau d'embryologie d'Ernst Haeckel (de gauche à droite *poisson*, *salamandre*, *tortue*, *poule*, *cochon*, *bovin*, *homme*).

---

[138] Le paléontologue Samuel Williston écrivit en 1918: «L'une des lois de l'évolution veut que le nombre des parties d'un organisme diminue, à l'occasion de quoi les parties plus rares se spécialisent». Cité d'après Carrol, 2008, p. 39.

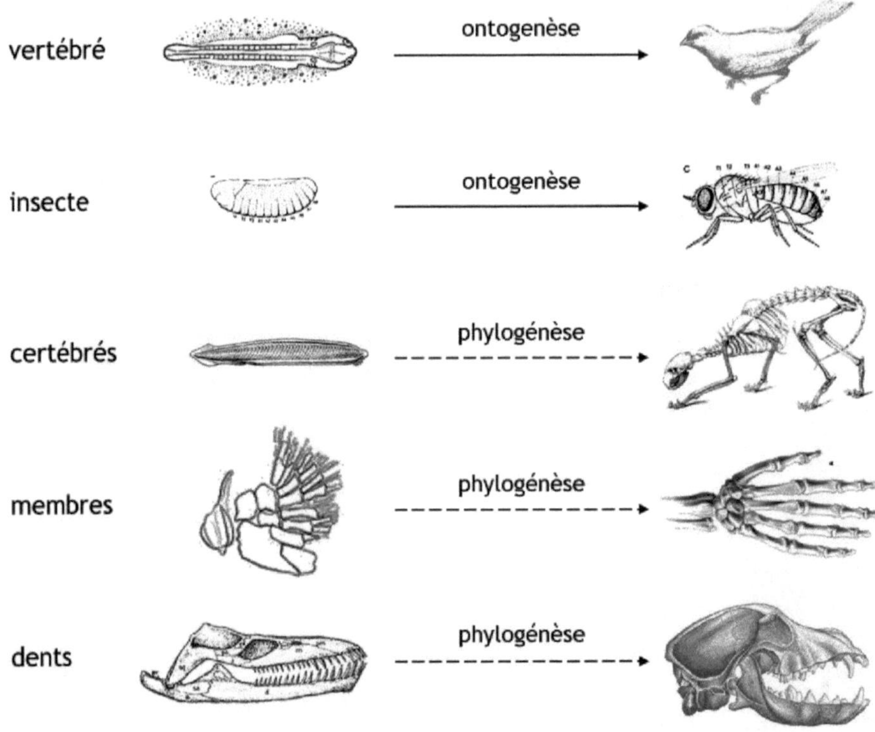

Figure 30: Quelques exemples de différenciation et d'intégration de structures métamériques au cours du développement organique. Les trois figures inférieures montrent des différenciations à partir de structures métamériques de départ phylogénétique – ment plus anciennes, vers des structures intégrées altérieures. Du lançon (gauche) au squelette des mammifères; de la mâchoire d'un poisson archaïque (Sauripterus) à la main humaine; de la rangée dentaire homodonte des reptile archaïque à la mâchoire des mammifères. Pour les vertébrés et les insectes, on trouve à gauche des stades embryologiques, et à droite des organismes adultes.

Les organismes complexes les plus anciens de la faune d'Ediacara et de Burgess-Shale, qui se développèrent bien avant les lignées zoologiques actuelles, montrent dans leurs structures les plus primitives, des métaméries étonnantes. (Fig. 31)

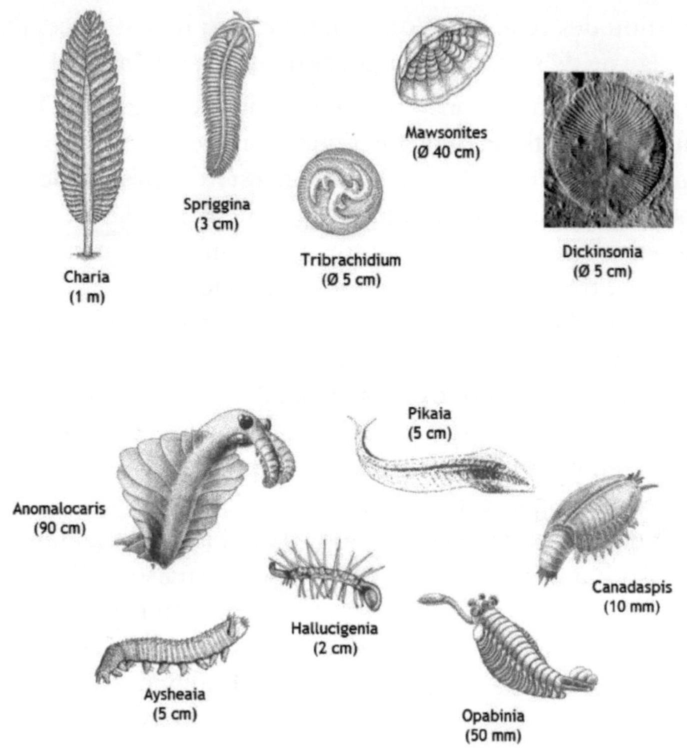

Figure 31: Structures métamériques d'organismes vieux de 600 à 500 millions d'années[139] de la faune d'Ediacara (en haut). Il s'agit d'organismes à corps mou dont les empreintes furent découvertes dans les sédiments de la colline sud-africaine d'Ediacara (droite en haut). En bas: animaux provenant du schiste de Burgess.

5.2. *La structure animale à la lumière de l'expérience intérieure*

Considérons à présent les processus de la partition numérique et de l'intégration structurelle à la lumière de l'expérience intérieure. Quel est notre vécu intrinsèque lorsque nous approfondissons notre

---

[139] Selon la datation géologique habituelle. Les opinions peuvent diverger quant à cette datation (voir Bosse, 2002; Bockemühl, 1999). Ici elle est considérée comme relative, tel un marqueur géologique d'un rapport de distance. Le problème de l'âge absolu en géologie et en paléontologie ne peut être traité ici.

contemplation des répétitions métamériques, au regard de ce qui s'éveille en nous à la vue de structures intégrées dans une totalité?

La métamérie signifie une répétition du semblable. De par son uniformité, les répétitions métamériques sont ressenties dans un certain sens comme assourdies. Notre attention est renvoyée à des processus vitaux qui, de manière rythmique, ont généré les différents éléments. Pour les structures intégrées, notre attention (bien plus éveillée) est dirigée par contre aussi bien vers les détails que vers la structure dans sa totalité, qui est directement vécue comme une unité refermée sur elle-même, et cette unité exprime quelque chose de psychique. Alors que la division métamérique montre des ressemblances avec des modèles de croissance végétales, les structures intégrées expriment nettement une sensibilité et un comportement animal. Une mouche nous étonne par sa vive réactivité et par son caractère éveillé, alors que sa larve reste engourdie dans ses processus vitaux. Combien un mammifère nous apparaît psychiquement différencié en comparaison d'un reptile, et combien la main humaine exprime une sublimation psychospirituelle par rapport à la nageoire d'un poisson archaïque! De même nous considérons la progressive différenciation psychique, «*la richesse croissante du rapport au monde*» (Adolf Portmann) quand on passe du poisson, pour arriver finalement à l'homme par le détour des amphibiens, des reptiles, des oiseaux et des mammifères (Fig. 32).

Cet aspect psychique (la sensibilité et le comportement) qui s'exprime à travers ces formes, ne devrions-nous pas les considérer comme aussi réels que ce qui nous apparaît physiquement? La science est incapable de nous expliquer de manière convaincante la vie psychique des animaux. Elle nous parle d'excitabilité, de réactions, de régulation en cercle, comme si les êtres qui manifestent ces effets, pourraient tout aussi bien être des machines. Cette science est encore moins à même de saisir la provenance de l'animisme de l'organisme corporel. Comment se fait-il qu'une impulsion électrique au niveau des nerfs céphaliques provoque une réaction intime? La psyché est qualitativement différente des processus céphaliques spatio-temporels.

Figure 32: La structure animale en tant que l'expression d'une psyché (d'après Portmann). Plus l'organisation animale est élevée, plus riche et plus directe sera sa vie intérieure exprimée par son allure.

Dès lors que nous prenons au sérieux l'entité psychique des animaux, ils commencent à nous parler, et nous reconnaitrons dans le cheval, la souris, la colombe, la salamandre et le poisson etc… des configurations psychiques différenciées. Comparons par exemple le cheval et l'âne. Le premier est un animal nerveux et impulsif, plein de tempérament, extrêmement mobile, bien proportionné, au pelage brillant, à l'encolure et à la queue flottant au vent, s'élançant dans l'espace etc…, alors que l'âne est un compagnon débonnaire dans son entêtement, ébouriffé, toujours un peu souillé, légèrement informe, trottinant… Ici c'est le hennissement, là les cris en Hi Han, ici de l'hystérie, là de la rétivité. Le cheval a besoin d'être bridé, l'âne d'être poussé. Quels contrastes psychiques pour des silhouettes biologiquement apparentées. On peut aussi devenir attentif à notre fine expérience intime que nous ressentons en observant des poissons dans un aquarium. Nous pouvons ainsi, dans un recoin de notre âme, participer à la vue et à la vie psychique des poissons, au scintillement de leurs écailles principales, qui correspond, au chatoiement de la lumière, à l'ouverture et à la fermeture de leur gueule, à leur être silencieux, en suspension dans l'élément liquide et à leurs mouvements subitement fulgurants. Nous ressentons le poisson tel un être aquatique, et notre vécu confirme les paroles de Gœthe: «*Le poisson existe dans, et par l'eau…; l'existence de cette créature que nous désignons par «poisson», n'est possible qu'à travers un élément dénommé «eau», non seulement pour y exister, mais pour y devenir*».[140] Un autre bel exemple d'une étude introspective afin de participer à quelque chose de psychique, est le vol hésitant et virevoltant, dans le vent estival, d'un papillon au-dessus d'une fleur etc... Les enfants sont tout particulièrement proches de la petite âme des animaux, ils la vivent beaucoup plus directement que nous, les adultes, habituellement, car ils gardent un lien bien plus sensible et proche du monde, moins distant.

L'introspection nous permet de reconnaître la parenté du psychisme animal avec notre propre faculté de ressentir. Un langage plus ancien évoquait encore le courage du lion, la ruse du renard, la peur du lièvre etc... Nous n'entendons pas, ici, une manière allégorique de réfléchir, mais un sentiment qui pousse à partager les mouvements psychiques des animaux. La frontière entre sujet et objet n'a rien à voir avec une contemplation extérieure, car nous vivons avec les animaux, dans un même espace psychique (Fig. 33).

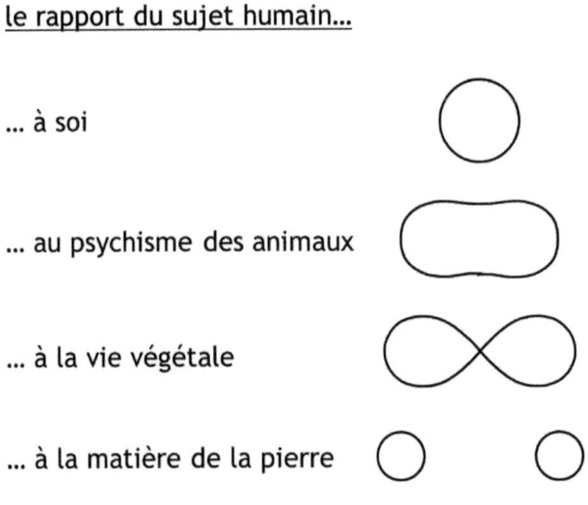

Figure 33: Les rapports entre sujet et objet dans la relation du sujet qui étudie les quatre règnes de la nature.

---

[140] Gœthe, 1790a, p. 228 s.

Ce problème est à considérer exactement. Il est évident que nous sommes incapables de regarder dans l'âme des animaux. Mais nous les observons, leur aspect et leur comportement nous donnent un effet, nous procure une impression. Nous éprouvons quelque chose de ce psychisme incorporé dans l'animal, fondu dans son apparence physique.[141]

Ci-dessus, dans le chapitre 3.3, j'avais montré comment les motifs structuraux des animaux pouvaient être saisis par une attitude intérieure de partage, une sympathie pour ces animaux. Cette sympathie peut être établie avec l'expression structurelle du psychisme des animaux, avec la différence que pour un être végétal, le chêne par exemple, sa structure est fixée, alors que pour les animaux elle est mouvante et se montre comme l'expression immédiate de la vivante vie de l'âme. Lorsqu'on commence à s'intéresser à ce qu'exprime l'organisation d'un animal, on fait l'expérience toujours plus forte de l'enchevêtrement, de la cohésion des animaux avec leur lien de vie respectif: le poisson avec l'eau; le papillon avec les fleurs, l'air et la lumière; le cheval avec la steppe; le cerf avec la forêt de montagne; la chauve-souris avec la pénombre etc… A la lumière de l'expérience intime, l'aspect physico-factuel des animaux et leur mode de vie laisse transparaître une vivante existence psychique.[142]

Dans la perspective d'une expérience intérieure, les qualités psychiques chez l'animal se voient incorporées et fondues dans leur environnement respectif; pour l'homme par contre elles sont indépendantes et libres. L'être humain a la possibilité de se déconnecter dans sa psyché de sa

---

[141] On trouve par exemple de beaux modèles de l'expressivité des formes animales chez Suchantke, 1983. Voir aussi Heusser, 2011, p. 135 s.s., le fondement d'une théorie de la connaissance.

[142] C'est dans ce sens que l'auteur déjà cité, Karl Snell, écrivit: «Chaque être vivant de la nature semble, dans sa particularité, être déterminé par un principe psychique qui se tient le plus exactement possible, dans une relation avec l'environnement extérieur de l'animal, qui est aussi le même principe capable de stimuler dans l'âme humaine ce même monde extérieur. Une créature se manifeste telle une empreinte de l'esprit imprégnant la sphère naturelle dans laquelle elle trouve l'environnement extérieur qui lui est approprié.» (Snell, 1847, p. 149).

corporéité et de son milieu de vie[143]; aujourd'hui il peut penser, ressentir, vouloir ceci, demain cela. Par rapport à l'évolution, ça signifie que sur son parcours se développe une organisation sur la base de laquelle apparaîtra finalement un être chez lequel la vie psychique se désengage de la corporéité, afin de se libérer intérieurement.

5.3. *Le double courant du temps comme clé de l'évolution*

L'intégration structurelle exprime quelque chose de psychique. La psyché, c'est ce que nous avions montré, vit par l'attente, le désir, la demande (l'intentionnalité), dans le courant temporel provenant du futur. Les structurations animales coulent depuis le futur. Elles rencontrent le courant temporel provenant du passé dans lequel, par la répétition de ce qui a déjà existé, se formera le matériau métamérique qui sera alors réorganisé par les forces de la psyché. La vivante répétition du pareil et le remaniement psychique vers des structures intégrées dans une totalité, fournissent les deux principes de base du développement organique. La répétition est l'expression d'un courant de vie et de renouveau (dans lequel la reproduction fait partie), alors que le façonnement psychique est lié au vieillissement et à la mort de l'individu. Dans le cours de l'évolution, les structures seront toujours plus profondément réorganisées, même si elles se développent constamment à partir de simples étapes basales divisées «métamériquement». C'est ainsi que le double courant du temps fournit une clé pour une compréhension de l'évolution. Les processus évolutifs peuvent être compris lorsqu'on les conçoit comme une expression de la rencontre de deux courants temporels dont le premier, issu du passé, signifie l'éternelle répétition du pareil, le continuel recommencement de la reproduction du vivant alors que l'autre, issu du futur, intègre ce matériau vivant de façon discontinue, pour aboutir à des structures différenciées de manière complexe, qui sont des incorporations d'une vie psychique se singularisant en espèces, accompagnées de leurs environnements vitaux spécifiques.[144]

---

[143] «*L'animal ne connaît pas l'ennui*», remarqua un jour Rudolf Steiner (1910a).

[144] Pour l'expression ce qui s'incorpore dans les animaux, c'est-à-dire ce qui apparaît comme psyché dans une structure vivante, l'anthroposophie utilise le terme technique de «corps astral». Lorsqu'il s'agit d'un pur vécu intérieur, on peut le désigner communément d'«astralité». Le vivant, c'est-à-dire la faculté des

Le même phénomène apparaît aussi dans l'ontogenèse. A partir d'une situation embryonnaire métamérique se dessinera, au cours de l'évolution individuelle, une différenciation et une intégration qui sont l'expression de la vie psychique de l'animal. Dans le passé, dans une vivante répétition, se déploient les métamères; depuis le futur, le psychique se glisse dans ce courant de vie en le structurant. Sous ce rapport, l'ontogenèse et la phylogénèse obéissent à un même principe (Fig. 34. Dans le tableau des embryons de Haeckel, de la figure 29, l'intégration ontogénique serait à lire du haut vers le bas, celle de la phylogenèse, de gauche à droite). Dans les deux cas il s'agit d'un décalage dynamique sur ce double axe. Les formes embryonnaires et les formes évolutives précoces, sont à placer loin à gauche, alors que leur place, dans le cours de l'onto- et de la phylogenèse qui sont liées à une imprégnation toujours plus forte de la psyché, se décalera plus loin à droite. C'est ainsi que l'évolution, en tant que processus de développement, s'articule organiquement avec les autres phénomènes de développement et de conscience.[145]

Figure 34: Formation de l'onto- et de la phylogenèse dans le jeu d'ensemble de la métamérie et de la structure du double courant du temps.

---

organismes à l'autoconservation et à l'autoreproduction, à la répétition de son semblable, est désigné par l'anthroposophie selon le terme technique de «corps éthérique» ou d'éthérique. L'évolution serait alors la rencontre et l'interpénétration de processus vitaux éthériques et d'impulsions structurales astrales dans le double courant du temps.

[145] Ici il existe encore deux indications éclairantes de Rudolf Steiner: «Le principe le plus élémentaire du corps éthérique, c'est la répétition.» (Steiner, 1908c), et: «Le corps astral énumère, mais il énumère en différenciant, il énumère le corps éthérique, il le formate en l'énumérant.» (Steiner, 1921).

La vie psychique de l'être humain se compose de trois facultés: de la représentation, du ressentir et de la volonté. La représentation (plus exactement ce qui est représenté) est pleinement consciente; le ressentir, par contre, vogue de-ci de-là à la frontière entre conscience et inconscience. En comparaison de la claire conscience, elle présente un caractère apparenté au rêve. Finalement, la volonté plonge entièrement dans les profondeurs inconscientes de l'organisation humaine, afin d'agir au sein des mouvements du corps et des membres (ou bien elle remonte de ces profondeurs inconscientes de l'organisation humaine lorsque - comme cela a été présenté ci-dessus- elle produit des représentations et des mouvements cognitifs.[146]

Ce fut l'une des découvertes pionnières de Rudolf Steiner, de présenter ces trois facultés psychiques sur la base physiologique de trois importants systèmes fonctionnels corporels:

- la représentation au niveau du système neuro-sensoriel,
- les sensations et les sentiments au niveau de la circulation et de la respiration (appelé aussi système rythmique),
- la volonté dans le système métabolique-moteur.[147]

A l'image des trois facultés de l'âme, ces trois systèmes se distinguent nettement les uns des autres tout en s'interpénétrant réciproquement. Le système neuro-sensoriel possède son centre au niveau de la tête, celui de la circulation et de la respiration dans la poitrine, et celui de la volonté et du mouvement, au niveau de la partie inférieure du tronc et des membres. La représentation est sans équivoque liée au système neuro-sensoriel. Par contre, la volonté se dépense directement dans les

---

[146] Les trois fonctions du penser, du ressentir et du vouloir ne se tiennent pas les unes à côté des autres, mais s'interpénètrent. Chacune contient toujours les deux autres, même si c'est de manière amoindrie. Ainsi, sur le socle de la conscience représentative, il y a la participation constitutive du ressentir et du vouloir, comme ce fut expliqué ci-dessus.

[147] Steiner, 1917.

mouvements des membres, qui sont animés par le «feu» du métabolisme. Finalement, le ressentir est lié à l'ensemble des battements cardiaques et de la respiration. Ce n'est pas seulement là qu'il est vécu, mais aussi dans leur rythme.[148]

Pour Rudolf Steiner, ces trois fonctions de l'âme n'étaient donc pas seulement liées au cerveau, ainsi que le comprend la science actuelle, mais avec l'ensemble de l'organisme. D'après ce point de vue, la volonté sera localisée à l'endroit où elle est vécue, c'est-à-dire dans le mouvement des membres, ou dans la totalité de la musculature volontaire. La volonté ne se trouve pas dans la représentation de l'acte que je veux réaliser, elle se localise factuellement dans l'action elle-même. La représentation n'a rien à voir avec les membres, elle est liée à la tête, au cerveau, qui ne fait qu'aider à la prise de conscience de l'impulsion volitive. C'est pareil pour le ressentir: il est vrai que les sentiments et les sensations deviennent conscients au niveau de la tête, mais ils sont ressentis en relation aux battements cardiaques et à la respiration. Sous ce point de vue, c'est tout le corps qui peut être conçu comme étant l'expression de l'âme, c'est-à-dire de la représentation, des sentiments et de la volonté.

Physiologiquement, on peut caractériser ces trois fonctions avec les termes de sensoriel et d'informatif (en liaison avec le système neuro-sensoriel), de moteur et de métabolique (système métabolique-moteur), de même que de rythmique. On les retrouve dans tous les organismes, y compris au niveau des cellules.[149] Cependant ces trois systèmes fonctionnels ne se sont différenciés que progressivement au cours de l'évolution. La figure 35 en est une illustration pour ce qui concerne les vertébrés. On reconnaît clairement que pour un cordé primitif (lançon, *Branchiostoma*), plus généralement chez les poissons, il n'existe encore aucune séparation nette entre les trois systèmes. La tête passe dans le tronc, sans aucune césure; structurellement elle apparaît comme une avancée du tronc et ne peut pas non plus bouger indépendamment du reste du corps. La ligne latérale sensorielle, si importante pour

---

[148] Cette tripartition et son articulation ont souvent été présentées, et de manière circonstanciée, et ne sont donc ici esquissées que dans leurs grandes lignes (voir par ex. Kolisko, 1921; Grohmann, 1961; Schad, 1971; Vogel, 1992; Rohen, 2000; Endres, 2002).

[149] Rohen, 2000.

l'orientation du poisson et qui, plus tard dans l'évolution fournira l'oreille interne (l'ouïe et le sens de l'équilibre), est répartie sur tout le corps. Le système médian rythmique ne s'enferme pas non plus dans une cage thoracique, et chez les poissons primitifs il n'existe même pas encore de côtes (les arêtes). Les membres pourvus d'un squelette interne font défaut, c'est tout le corps qui sert à la locomotion. Les trois systèmes semblent se glisser les uns dans les autres.

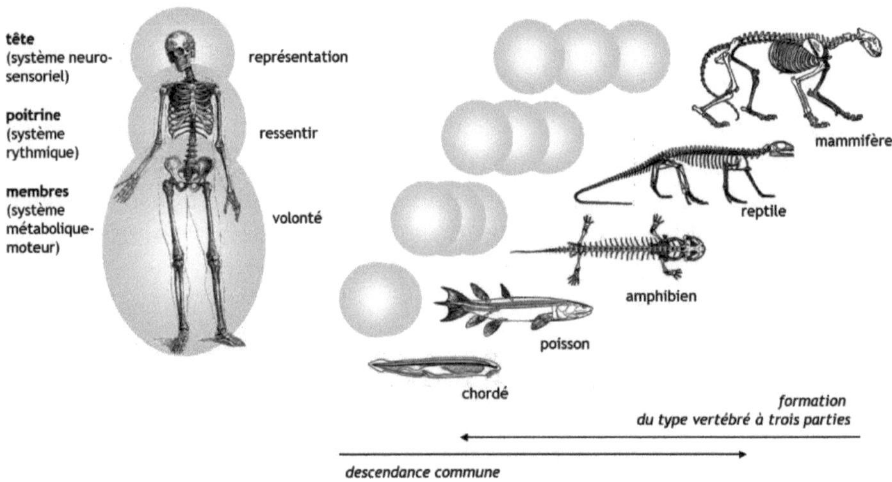

Figure 35: La tripartition de l'homme (gauche) et l'évolution de l'organisation tripartite. L'illustration marque chaque fois le type représentatif pour chaque niveau d'évolution (l'échelle n'est pas respectée).

Les amphibiens atteignent ensuite déjà une formation céphalique et un mode de locomotion autonomes qui, il est vrai, rappelle encore le mouvement serpentin des poissons; les membres ne se trouvent pas encore ramenés sous le corps comme pour les reptiles, le levier de leur mouvement n'est pas encore très efficace, la tête passe dans le tronc sans cou visible extérieurement, et la fonction respiratoire, elle non plus, n'est pas encore concentrée dans le domaine de la poitrine mais reste, accessoirement, épandue sur la surface du corps. Les reptiles manifesteront ensuite une plus grande autonomie de leur tête et de leurs membres qui, chaque fois, se différencieront du corps. Mais tout le tronc restera encore dominé par l'élément rythmique des côtes et des vertébrés. Ce n'est que chez les mammifères que se distingueront aussi les systèmes de la cavité générale (grâce au diaphragme), en donnant les cavités péricardiques et pleurales, d'avec les organes centraux du métabolisme. Seuls les mammifères développeront entièrement la tripartition. Au cours de l'évolution des vertébrés, les trois systèmes principaux se «démêleront» donc progressivement, ce qui permettra au type tripartite des vertébrés d'accuser toujours plus nettement ses traits.[150]

L'âme humaine ne pourra exprimer ce qui la distingue dans une organisation corporelle tripartite. On peut supposer - et à la lumière de l'expérience intérieure on peut l'étudier - que l'organisation corporelle d'un poisson rend impossible une représentation, un ressentir, et une volition autonomes. Si, grâce à l'introspection, on saisit le lien des facultés psychiques avec les trois systèmes organiques, si donc on a un vécu du lien de la représentation à la tête, du ressentir au pouls et à la respiration, de l'énergie volitive à la musculature des membres et à la force du métabolisme, il devient clair que ce n'est que grâce à la séparation des systèmes organiques que des facultés psychiques relativement indépendantes peuvent naître, et que l'homme ne peut être ce qu'il est que grâce à la distinction de ces facultés de son âme. Ce n'est qu'ainsi qu'il devient capable d'avoir des représentations sans pour autant déclencher aussitôt tel ou tel comportement, ce n'est qu'ainsi qu'il peut accompagner, vérifier et modifier ses actes ainsi représentés, et que dans son ressentir il peut distinguer des processus du monde extérieur. La séparation entre représentation, ressentir et volition, sont les conditions pour le déploiement de la soi-conscience humaine, du ressentir qui oscille librement entre le vécu de soi et celui du monde, et de l'action personnelle responsable.

Cette tripartition présente donc à nouveau une différenciation psychique qui, dans le cours de l'évolution, agit «formativement» depuis le futur, et qui exprime son action toujours plus fortement dans la structure de la descendance humaine.

---

[150] Kipp, 1948; Kranich, 1989.

5.5. L'évolution de la main

Nous avions souvent évoqué les membres des vertébrés, et ils vont encore nous servir d'exemple. Pourquoi se sont-ils divisés en trois parties, le bras, l'avant-bras et la main et non en deux et en quatre? Pourquoi la main possède-t-elle cinq doigts, et non quatre ou six?[151]

Lorsqu'il s'agit de caractères pour lesquels aucune explication n'est apparemment toute prête, le darwinisme se trouve en mauvaise posture. A la question pourquoi se forme telle ou telle structure, les biologistes de l'évolution se réfèrent à l'autogenèse: parce que, justement, la structure se

---

[151] La biologie de l'évolution n'apporte aucune réponse décisive à cette question. Les réponses habituelles que l'on rencontre actuellement disent à peu près ceci: «*Probablement que l'ancêtre commun de tous les vertébrés terrestres, celui qui conquit la terre il y a environ 365 millions d'années, avait déjà possédé cinq doigts et cinq orteils. Le fait qu'il y en avait juste cinq, fut probablement un pur hasard. La nature est dominée par un principe qui dit que la perfection n'est pas une obligation, et que ce qui compte, c'est que ça fonctionne. La première fois, les caractères nouveaux apparaissent toujours par des modifications aléatoires du patrimoine héréditaire. Lorsque la nouveauté ‹fonctionne› et que leurs possesseurs peuvent se reproduire avec succès, elle sera maintenue. Il apparaît que pour les premiers vertébrés, cinq doigts et cinq orteils étaient probablement une bonne chose pour la survie. Mais peut-être qu'un nombre différent aurait aussi convenu. Au cours de millions d'années, plusieurs espèces de vertébrés se sont développés pour lesquels certains ont réduit le nombre de leurs doigts et de leurs orteils, afin de mieux s'adapter à de nouveaux espaces vitaux et à de nouveaux comportements. Par exemple chez le cheval, seul le troisième élément a été conservé. Les ancêtres de l'homme, par contre, se sentirent à l'aise avec leurs mains et leurs pieds à cinq rayons, de sorte que nous les possédons encore aujourd'hui*». (Herlyn, 2010). Ou bien on dit encore: «*Tous les vertébrés ont au maximum cinq doigts. Parfois ils en perdent quelques-uns par la suite…, mais ils n'en n'ont jamais plus. Cela ne constitue pas une adaptation spécifique, mais est redevable à un hasard figé au cours de l'évolution biologique; car au cours du Dévonien, lorsque la terre fut conquise par les premiers poissons, ceux-ci possédaient originellement cinq doigts. Ce sont d'eux que sont issus tous les amphibiens, les reptiles, les poissons, les oiseaux et les mammifères, et non de groupes de poissons, vivant à la même époque, et possédant sept, huit ou douze doigts. Cela aurait très bien pu être différent. Par l'art et la manière dont ces cinq doigts sont apparus biologiquement dans l'évolution, la variation et la pluralité des structures concevables a été réduite à ce nombre de cinq.*» (Meyer, 2008). Stephen J. Gould, lui aussi, dans son bel essai Eight little piggies écrit: «*Le nombre cinq ne fut pas prévu d'avance, mais se présenta ainsi, simplement… Il ne correspondait pas à une nécessité, mais fut un hasard.*» (Gould, 1993, p. 76).

développe de cette manière. Lorsqu'on pose la même question, cette fois à un biologiste du développement, il se réfère à l'évolution: parce que cette structure a fait ses preuves. Cette boucle cognitive se cache dans un curieux brouillard dans lequel disparaît finalement ce qui, en biologie, est l'essentiel: la vivante structure.

Considérons donc le développement de l'extrémité à cinq rayons dans le cours de l'évolution (Fig. 36). Beaucoup d'éléments semblables se transforment en une totalité structurellement différenciée et fonctionnellement intégrée, constituée d'éléments moins nombreux, mais nettement dissemblant. Ce faisant, pour le nombre des doigts, des stades intermédiaires vont apparaître, dont on ne sait pas clairement s'il s'agit réellement de stades intermédiaires ou de voies évolutives latérales.

En tant qu'être humain, nous avons la possibilité de ne pas seulement regarder les structures de l'extérieur, mais de nous observer nous-mêmes, de l'intérieur, dans l'expérience intime de notre propre corps. Cela nous confère la possibilité de mesurer et de concevoir les structures animales à l'aune de notre propre vécu corporel. C'est ce que nous faisons de toute façon: lorsque nous considérons l'astragale d'une grenouille, d'une patte de lion ou d'un pied d'éléphant, nous nous transplantons inconsciemment, en un geste volitif identificateur, au sein de ces structures et, sans le remarquer, nous imitons les mouvements que tel ou tel membre peut accomplir. Cela nous permet d'en faire l'expérience, et ce vécu donne la base pour notre compréhension.

Considérons d'abord la construction de l'extrémité humaine, pour nous demander ensuite ce que révèle l'introspection. Ce qui nous frappe d'abord, c'est de voir comment l'extrémité aboutit à une forme en éventail: un seul os dans le bras, deux os dans l'avant-bras, trois puis quatre dans le carpe, cinq dans le métacarpe et enfin cinq doigts (ou cinq orteils pour la jambe)[152]. Lorsque le métacarpe atteint le nombre cinq, il sera repris, mais à présent dans la subdivision de chaque rayon en trois éléments (deux pour le pouce). Ce passage à la forme en éventail des parties squelettiques conduira à des possibilités de mouvements vers l'extérieur toujours plus fines et plus variées. Le bras peut exécuter un mouvement rotatoire, mais difficilement un mouvement de pronation et

---

[152] Le 4ème élément osseux du carpe proximal, le sésamoïde, est une ossification du tendon, et ne fait donc pas partie du plan squelettique de base de la main.

de supination, deux mouvements que l'avant-bras ajoute à la rotation. La main peut, d'elle-même, ajouter un mouvement rotatoire avec son poignet, et finalement les doigts peuvent palper et saisir de manière différenciée dans les positions opposées les plus diverses. Géométriquement, nous passons d'une ligne (respectivement d'un degré) au niveau du bras, à un plan au-dessus/au-dessous dans l'avant-bras, jusque dans la tridimensionnalité spatiale avec les mouvements de la main. Une merveille de mobilité!

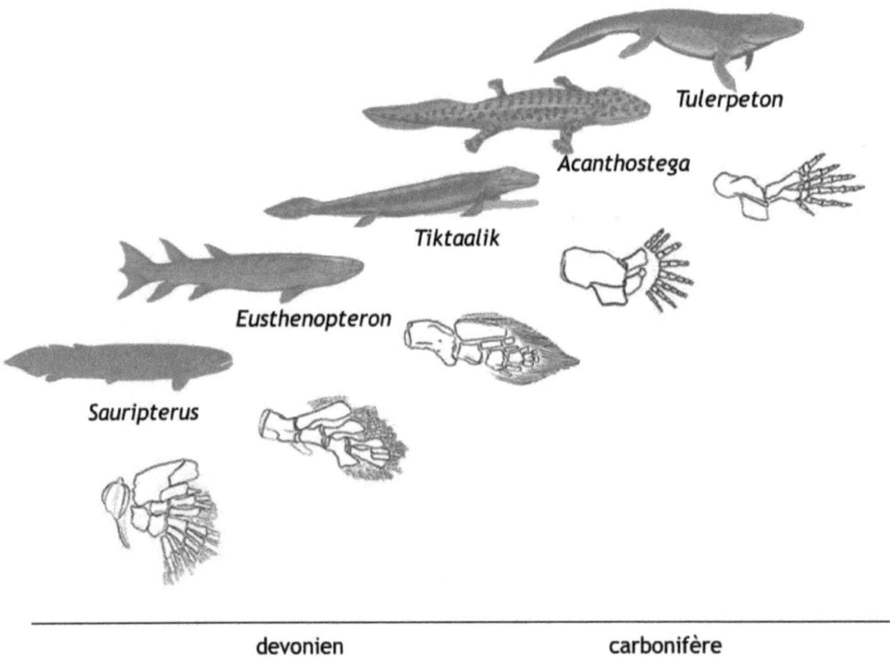

Figure 36: Le développement des extrémités au cours du passage de la vie aquatique à la vie terrestre. Les poissons et les amphibiens sont des reconstructions; les squelettes des membres antérieurs ont été dessinés d'après des découvertes paléontologiques (les dessins d'après Shubin[153]).

---

[153] Shubin et al., 2006.

En même temps, ce qui saute aux yeux, c'est la tripartition: bras, avant-bras, main; mais pour notre étude, ce qui est significatif, c'est le fait que dans les trois systèmes de l'organisme humain, le système neurosensoriel, le système rythmique et le système métabolique-moteur, règnent des niveaux de conscience différents: une conscience éveillée de la vie sensorielle et représentative au niveau de la tête, un ressentir rêveur au niveau du système rythmique, et une vie volitive profondément endormie au niveau du métabolisme et de la motricité. Une même division de l'état de conscience se retrouve dans l'architecture de la main et du bras. Lorsqu'on se pose la question: où donc règne la conscience la plus élevée, dans les parties proximales ou distales?, la réponse est sans équivoque: dans la main, la partie distale. La perception y est éveillée et différenciée de multiple manière, dans le toucher, dans la perception de la chaleur, des mouvements; alors qu'au niveau du bras les mouvements se font, normalement, presque inconsciemment. L'avant-bras, et cela l'introspection le confirme sans ambiguïté, prend une position médiane en exprimant une sensibilité rêveuse et vague. Puis, une même tripartition se retrouve dans la main: voyez comment les mouvements et les perceptions sensorielles des doigts semblent plus éveillés en comparaison du niveau assourdi de la conscience qui accompagne les mouvements du poignet, et comme les mouvements au niveau du métacarpe (par exemple lors d'une poignée de main) apparaissent rêveuses. Pour la troisième fois nous constatons une division tripartite au niveau des doigts, avec leurs phalangettes très éveillées, leurs phalanges relativement sommeillantes, et entre les deux, les rêveuses phalangines. Trois fois trois niveaux de division, trois fois trois degrés de conscience, qui se recouvrent. (Ceci est valable aussi pour la jambe et le pied, mais avec une conscience moindre, à cause de l'accentuation du caractère volitif.)

Une vue d'ensemble des principes cités témoigne globalement de l'existence d'une espèce de matrice psychospirituelle qui, selon des points de vue internes, ébauche le modèle du bras et de la main, de sorte que l'extrémité apparaît comme son expression externe: la multiplication progressive des rayons depuis le un jusqu'au cinq, de même que la triple division qui, de la partie proximale à la partie distale, permet un niveau de conscience toujours plus éveillé et plus différencié. Le sens et le but de l'ensemble de cet «assemblage» se manifeste dans la possibilité d'une confrontation de l'homme avec le monde matériel-spatial, permettant une approche des plus grossières à la plus délicate. Dans notre organisation vit un élément psychospirituel intime, et c'est à partir de celui-ci que s'élaborera la structure. D'autres caractères de cette construction nous apparaissent alors des plus clairs! La longueur du bras et sa puissante musculature, capable de déployer une force considérable: une édification au service de la volonté. La main par contre, retenue (plus elle s'étend vers l'extérieur, plus petits sont les os), de multiples fois divisée et différenciée, pourvue d'une sensibilité et d'une mobilité extrême: elle représente le pôle céphalique du membre supérieur! Finalement on peut observer le pouce qui, en saisissant, se met davantage au service d'un déploiement de forces sensibles et volitives que d'une sensitivité palpatrice et tâtonnante, ce qui fait qu'il lui manque la phalangette, etc...[154]

Avec tout ça, il est vrai, il nous manque toujours encore une explication convaincante pour le nombre de cinq, mais au moins il apparaît comme l'expression d'une imbrication, d'un enchevêtrement et d'une imprégnation d'aspects spirituels et physicomatériels, dont la main est pourvue lorsque l'homme exécute et conçoit (en allemand les verbes «greifen» et «begreifen» peuvent être mis en rapport avec le verbe «saisir»: saisir un objet ou saisir (concevoir) une idée, N. du T.).

N'est-ce pas aussi le cas lorsque, dans la nature, apparaît le nombre cinq en tant que principe structurant? Par exemple pour les rosacées, avec leurs fleurs, que notre sensibilité trouve si attirantes et fascinantes avec, en contre-partie, le durcissement de la matière ligneuse dans ses branches et ses racines? Avec les cinq rayons des echinodermes? (les oursins et les étoiles de mer, voir ci-après le chapitre 7.1.5)? Ou bien la silhouette humaine, avec sa tête et ses quatre membres qui, étendus, forment un pentagone étoile? Nous ne voulons pas, ici, défendre une mystique des nombres, il s'agit bien plus, d'une nouvelle lecture dans le «livre de la nature», pour y découvrir toujours plus profondément un nouveau langage permettant d'appréhender les phénomènes du monde, comme des faits non pas aléatoires, mais ordonnés et sensés.

---

[154] Comparer chez Husemann (2003) la belle gestuelle musicale de la main du «donner» et du «recevoir».

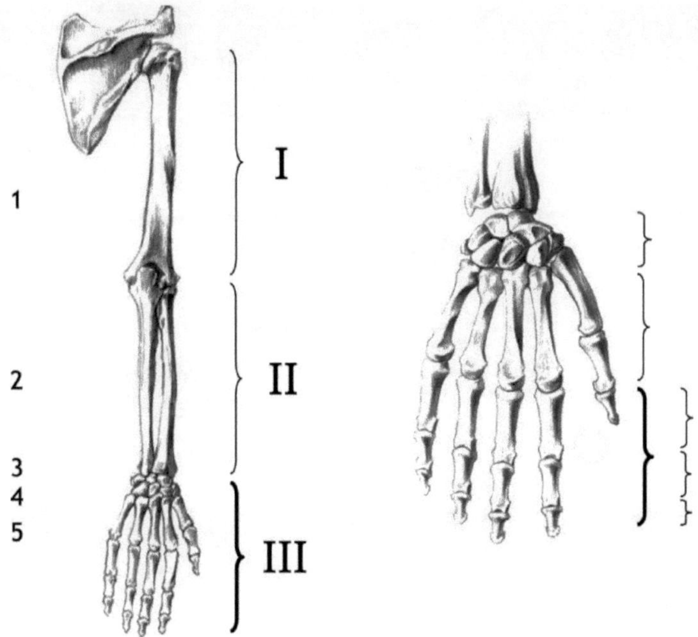

Figure 37: Augmentation du nombre des éléments osseux et triple tripartition du squelette du nombre supérieur (voir texte).

L'idée archétypale des extrémités divisées en cinq rayons apparaît tôt dans l'évolution, dès le passage de la vie aquatique à la vie terrestre. Son empreinte la plus accomplie, elle la trouve seulement dans la main humaine qui, grâce au redressement, s'est libérée de toutes les fonctions spécialisées de soutien et de locomotion. On pense à la formulation de Richard Owens quand il évoque cette «idée archétypale» lorsqu'il dit: *«Elle sera déjà [incorporée] sur cette planète dans ses différentes modifications, bien avant l'existence des espèces animales dans lesquelles elle apparaît actuellement.» La nature continua alors d'avancer «conduite par la lumière archétypale, jusqu'à la manifestation de cette idée dans l'habit merveilleux de la forme humaine.»*[155]

* * *

---

[155] Owen, 1849; voir chapitre 1.2.

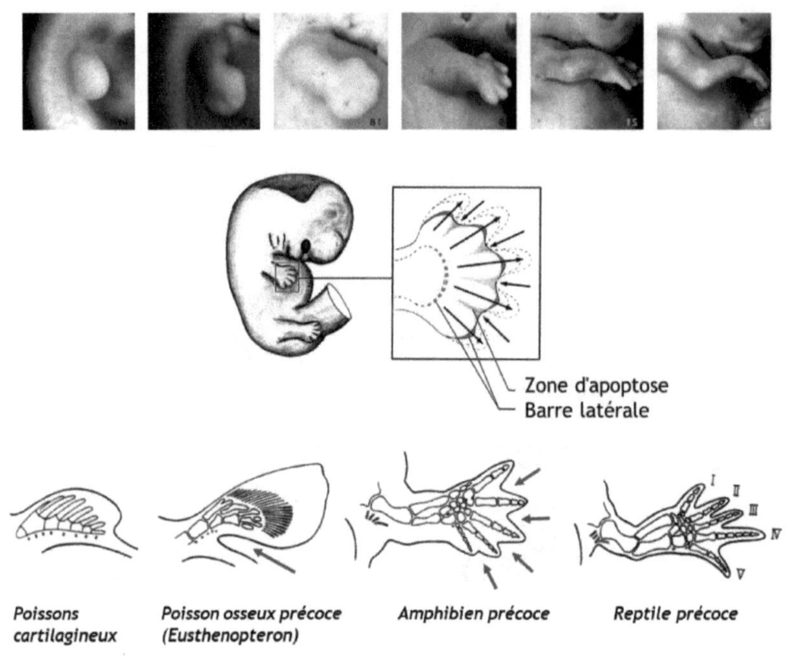

Figure 38: Développement embryonnaire (en haut) et évolution de la main (en bas). Au milieu: croissance et atrophie dans le bourgeon embryonnaire de la main (voir texte), d'après Rohen, Bolk, modifié.[156]

Chez l'embryon humain la main commence à se développer à partir d'un bourgeon en palette (Fig. 38). La division de cette formation, pour aboutir aux doigts, se fait par une mort cellulaire programmée (apoptose) au niveau du tissu cellulaire qui réunit encore les doigts, un vivant jeu d'ensemble, d'une croissance cellulaire remplissant l'espace interstitiel, avec une nécrose qui divise et différencie. Le même mouvement structurant se retrouve au passage des nageoires des poissons, aux extrémités des vertébrés terrestres. Cela nous donne un principe général de structuration: La structure organique est générée lorsqu'une croissance vivante sera limitée par des processus mortifères qui différencient des éléments dissemblables. Au cours de ces processus, les

---

[156] Rohen, 2002, p. 51; Bolk et al., 1938, p.64.

parties distales se singularisent avant les parties proximales (l'avant-bras avant le bras, voir Fig. 38). On parle de croissance «distoproximale», qui s'exprime nettement, aussi bien dans l'embryogenèse que dans la phylogenèse.[157] Ce qui, «temporellement» provient du futur arrive «spatialement», de l'extérieur.

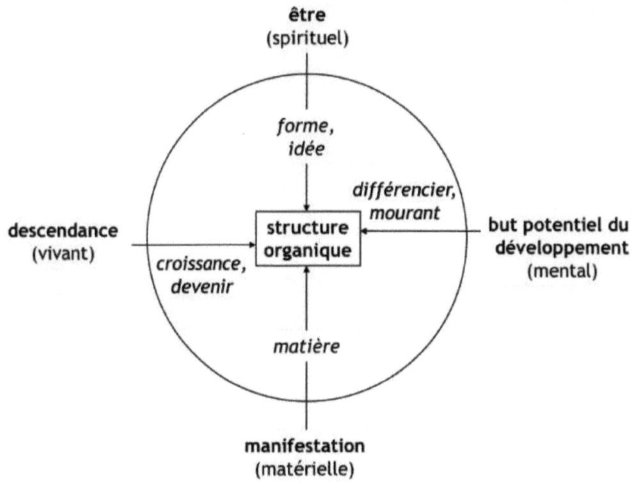

Figure 39: La croix temporelle en temps que théorie générale des structures organiques.

En guise de résumé: une structure organique se manifeste donc à travers l'alternance de quatre phénomènes:

I.   Croissance vivante et vivant devenir qui, tendanciellement, signifient une répétition et une multiplication du pareil (provenant du passé). Cela se déroule aussi bien lorsque l'origine d'un organisme provient d'un œuf, ou lorsque l'origine d'un organe provient de son bourgeon, tout comme dans le courant généalogique provenant des êtres vivants archaïques dans l'évolution,

---

[157] Voir Rohen, 2002; Verhulst, 1999.

II.   modelage des parties et différenciation en lien avec une apoptose partielle (provenant du futur),

III.   l'idée qui répand sa lumière (l'être spirituel, ou bien la «forme» dans le sens d'Aristote),

IV.   la manifestation matérielle (uniquement) actuelle au sein d'un environnement physique.

6. «Cela m'interesse au plus haut point...» - La genetique moleculaire dans le double courant temporel

> *«Il nous faudra développer le concept de la réalité,*
> *non pas seulement celui de la logique… Une pensée conforme*
> *à la réalité devra, en toute chose, développer un ressenti de ce*
> *qu'il faut inclure dans la représentation.»*[158]
>
> (Rudolf Steiner)

Que valent les idées présentées ci-dessus, sur l'essence de la vie et le développement des structures, face aux résultats des recherches de la génétique moléculaire? Une contradiction insurmontable semble s'ouvrir ici, béante. La biologie moléculaire recherche les causes des phénomènes vitaux dans la construction et dans l'effet réciproque des molécules biologiques, alors que l'approche phénoménologico-anthroposophique les recherche par contre dans une organisation de forces non perceptible sensoriellement. On pourrait dire: alors que la biologie moléculaire essaie de comprendre le vivant depuis le «bas», le naturaliste travaillant «phénoménologiquement» essaie de le faire depuis le «haut». Une différence méthodologique essentielle existe aussi dans le fait que le scientifique matérialiste aspire à faire *«découler»* les phénomènes vitaux de processus moléculaires, pendant que celui qui a une approche phénoménologique *«voit»* l'organisation de forces suprasensibles dans les phénomènes sensoriels de l'organisme.

Celui qui pratique une approche *à la fois* phénoménologique et scientifique devra cependant, face au gouffre qui sépare les deux conceptions, éprouver le besoin et ressentir la mission de réconcilier les deux, car la réalité de peut qu'être une. Les contradictions, les cassures et les failles ne peuvent exister que dans nos conceptions insuffisamment clarifiées, et non dans l'être et l'essence de la nature. Pour cela il ne sert à rien de regarder l'un ou l'autre côté, le côté matériel ou le côté spirituel, comme le seul réel, de contester l'autre et de lui refuser son caractère de réalité. Celui qui (tel l'auteur) a appris à connaître et à jauger la biologie moléculaire, non à partir de livres mais par une pratique laborantine

---

[158] Steiner, 1916a, p. 99 s.

durant de longues années (celui qui est donc à même de faire la différence entre la seule représentation de modèles et les représentations qui saisissent l'effet réel des processus moléculaires) qui, par ailleurs, connaît la force éclairante de l'approche de la nature par l'orientation phénoménologico-anthroposophique, et qui vit et saisit la réalité des lois formatrices structurantes suprasensibles dans les structures temporelles et changeantes de l'organisme, pour celui-ci, les deux mondes devront à nouveau s'unir, en dépit de leurs contradictions.[159]

6.1. *Gènes et structures*

L'aspect moléculaire de la biologie, de même que les gènes, font partie du vivant. Déjà Gœthe s'intéressa à cet aspect des organismes. Quelques années avant sa mort il écrivit au chimiste Heinrich Wilhelm Wackenroder: «*Je m'intéresse grandement de savoir jusqu'à quel point il est possible d'accéder au travail organo-chimique de la vie à travers lequel est provoquée, selon une seule et même loi et de la manière la plus diverse, la métamorphose de la plante.*»[160] Gœthe voulut suivre ce principe de la métamorphose qu'il avait élaboré, jusqu'à l'ultime détail de la substance matérielle. Il est époustouflant de voir avec quelle acuité son questionnement s'intéressait à ce qui, 120 années plus tard, sera découvert par Francis Crick, James Watson, Maurice Wilkins et d'autres, sur la structure et la fonction de l'ADN.

Cependant cette découverte de l'ADN, géniale en soi, a favorisé une opinion totalement erronée en la considérant comme une complexe machinerie biochimique déterminée causalement, et se présentant comme une somme d'éléments singuliers. Les gènes livraient, c'est ce que l'on pensait, le «plan», ou l'«information» pour la construction des protéines, qui rendait alors possible des réactions biochimiques spécifiques dont la somme, ainsi que les substances qui y étaient élaborées et déconstruits, généraient l'organisme. La somme des attributs de la vie, incompréhensible autrement (voir Chapitre 2), serait le «plan de construction» génétique, selon lequel les cellules, les organes et les organismes se construiraient par eux-mêmes. On particularise la totalité

---

[159] Les idées de ce chapitre sont le résultat de dix années de recherche biomoléculaire de l'auteur: Hueck, 1993; Hueck, 2009.

[160] Cité d'après Kuhn, 1988.

organique en caractères singuliers, et on s'imagine découvrir les gènes *pour* la couleur de la peau, *pour* le volume cérébral, *pour* la faculté du langage, et même *pour* l'intelligence. Mais autant, d'un côté, la génétique nous a permis d'accéder à une compréhension, autant les essais pour expliquer la structure vivante et sa totalité à partir de leurs causes génétiques, restent infructueux jusqu'à ce jour.[161]

Il est vrai que la génétique souligne la forte influence du gène sur les manifestations de la vie, puisque la modification au niveau d'un gène (mutation) conduit souvent à des modifications des caractères de l'organisme. Parmi les exemples connus il y a les mutations qui apparaissent lors d'un cancer, celles qui sont en relation avec une fibrose cystique (mucoviscidose), avec une dystrophie musculaire, ou bien avec une cécité pour les couleurs. (Actuellement il existe environ 4000 maladies monogénétiques avérées, c'est-à-dire liées à la modification d'un seul gène, et encore 2000 autres supposées.[162])

Les gènes présentent une structure particulière, l'ordonnancement linéaire et spécifique de leurs éléments fondamentaux (les bases) qui sera traduite dans la structure des protéines.[163] Ces dernières agissent comme catalyseurs dans les transpositions de la substance vivante dans un organisme. Les protéines catalysent la dégradation des aliments et la néosynthèse de la substance propre d'un organisme; elles agissent comme des pores et des écluses à travers lesquelles les substances seront transportées dans, et hors des cellules, comme des capteurs qui détectent des signaux hormonaux et qui les transmettent aux cellules; comme régulateurs qui dirigent l'activité de gènes particuliers en réaction à de tels signaux, etc... Toutes ces diverses activités nécessitent chaque fois des protéines spécifiques et chaque sorte de ces différentes protéines sera codée par un autre gène.

---

[161] L'expérience du généticien américain Craig Venter qui, apparemment a donné naissance à des cellules, a été commentée dans la note 50.

[162] Voir fr.wikipedia.org/wiki/maladie_monogénétique.

[163] Dans cette relation, l'utilisation du concept «information génétique» est problématique puisqu'une information est quelque chose de spirituel, et ne peut donc être contenu dans du «matériel». Il faut comprendre que ce concept désigne la structure de l'ADN et celle des protéines.

Mais chaque cellule capable de se diviser contient l'ensemble de tous les gènes de l'organisme, c'est-à-dire du génome. Les cellules se différencient entre elles par le fait qu'en leur sein des gènes différents seront activés ou inhibés, dans une cellule hépatique ce seront d'autres gènes que dans une cellule de la rétine ou de la moelle osseuse. Cette détermination de l'activité génétique se fait sous l'autorité des protéines régulatrices.

Les protéines participent à la structuration dans la mesure où, d'un côté, elles catalysent la synthèse biochimique de substances structurantes telles que le collagène, la myoglobine ou le phosphate de calcium, d'un autre côté elles font que certains gènes influencent ces mêmes protéines ou d'autres. Ce sont avant tout ces protéines que l'on étudie intensément dans la physiologie du développement.

Un exemple particulier, le développement embryonnaire de la main, nous permettra de décrire un peu plus précisément la signification du gène pour ce qui concerne la structuration. Il est connu qu'il existe des êtres humains ou des animaux qui présentent, non pas cinq doigts, mais six ou plus.[164] Les biologistes du développent s'intéressent tout particulièrement à de telles malformations puisqu'elles permettent de découvrir des composants (en particulier des gènes) qui différencient ces organes malformés de ceux qui sont normaux. Ces composants seront alors étudiés pour comprendre leur signification dans la formation normale.

Après de longues recherches un gène fut identifié dont l'activité se trouvait en rapport direct avec le nombre des doigts d'une main. (Les chercheurs le nommèrent *shh*, mais ce n'est pas ça qui est essentiel.) Un procédé de coloration spécifique permet de rendre visible expérimentalement dans un organe d'embryon l'activité d'un tel gène, ou la présence de la protéine qu'il code (évidemment on ne se sert pas d'êtres humains, mais d'embryons de souris). La figure 40 montre un embryon de souris où l'on distingue nettement les bourgeons au début du développement des membres. A ce moment-là, la protéine Shh, codée par le gène *shh* est élaboré aux bords inférieurs du bourgeon. Mais il

---

[164] La polydactylie est fréquente, statistiquement elle apparaît chez 1 sur 500 nouveaux nés. Il s'agit évidemment de formes diverses avec apparition d'un dédoublement de parties de doigts ou de doigts entiers. Il existe même des familles où la polydactylie se transmet de génération en génération (voir www.ncbi.nlm.govlomim/174500).

existe des souris qui forment, non pas cinq mais sept doigts et qui même transmettent ce caractère à leur descendance. Ces animaux montrent que la protéine Shh se retrouve au bord supérieur du bourgeon, ce qui a un effet drastique qui va de pair avec la malformation. Manifestement, chez le mutant, la régulation normale est donc modifiée. La cause de l'apparition de cette déviation de Shh se trouve dans ce cas dans la mutation d'une seule et même pierre de construction (pour environ trois milliards!). L'endroit (de G vers A - voir Fig. 40), où cette modification fut découverte, se trouve dans une région influencée par l'activité du gène *shh*.[165]

La protéine Shh est elle-même à nouveau un régulateur pour plus de cents autres gènes qui tous, de manière ou d'autre, participent à la suite du développement des membres. On pourrait ainsi supposer que le gène s h k serait la cause de la formation de cinq doigts; mais cela serait une idée à courte vue! Car qui donc gouverne Shh et agit comme effecteur pour limiter son activité dans l'espace et dans le temps? C'est, évidemment, une autre protéine codée par un autre gène qui, à son tour, sera à nouveau régulé par d'autres protéines, et ainsi de suite. Dans la vie on n'aboutit nulle part à un tout premier début, à une cause première, archaïque, qui serait l'effecteur des processus vitaux. A l'arrière-plan de chaque régulateur génétique, il y a toujours la totalité de l'organisme vivant.[166]

On voit ici de manière drastique comment une mutation peut influencer la structuration. Il se trouve que les gènes sont *aussi* une composante effectrice du vivant. Mais pourquoi donc, en règle générale (bien que les mutations soient, globalement, relativement nombreuses) ce sont cinq

---

[165] Maas et Fallon, 2005.

[166] C'est ainsi qu'Ernst Mayr, un biologiste de l'évolution qui, par ailleurs, a une vision mécaniste, note: «Le développement du phénotype n'est pas dirigé sévèrement, exclusivement et directement par des gènes, mais par une interaction entre le génotype des cellules qui se développent, et leur environnement cellulaire. A chaque stade de l'autogenèse, le stade suivant sera gouverné aussi bien par le programme génétique du génotype, que par un programme «somatique» qui est constitué par l'embryon arrivé à ce stade.» (Mayr, 1997, p. 229). Au temps de l'épigénétique, cette conception est presque déjà devenue un lieu commun.

doigts qui seront formés, et non six ou sept? Pourquoi ce nombre cinq s'est-il établi dans l'évolution? Cinq doigts ou cinq orteils seraient-ils plus efficients que six? Quelles sont les causes qui conduisent aux structures que nous observons et non pas d'autres, tout à fait différentes? Il semble à nouveau qu'un indice nous est donné montrant que cette partition de la main (et du pied), en dehors de leur socle génétique, réponde aussi à une loi de structuration ainsi que cela fut développé ci-dessus.

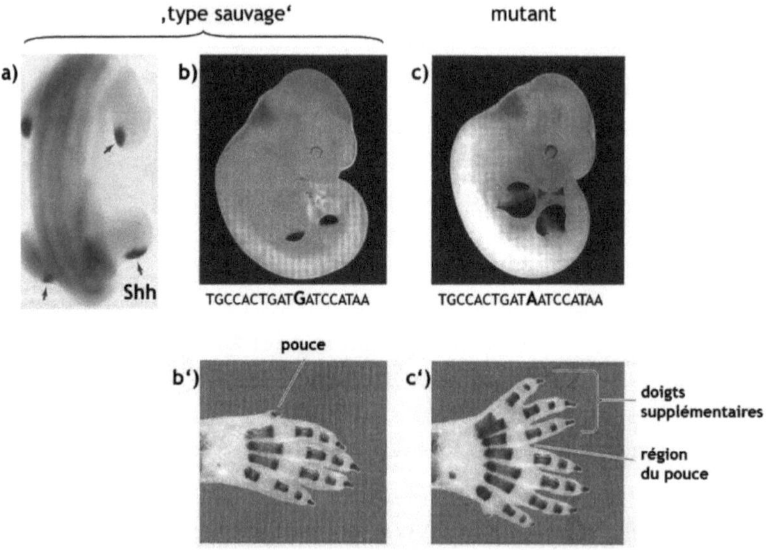

Figure 40: La signification du gène *shh* pour le développement de la main à cinq rayons.

a) et b) présence locale et limitée de la protéine Shh (coloration sombre à la partie inférieure des bourgeons dans le développement normal). b') patte d'un embryon normal de souris avec, en sombre, ses éléments osseux. c) présence de la protéine Shh (partie sombre dans le bourgeon) dans un mutant qui génère sept doigts (c'). En b) et c) se trouve au bas de la figure un extrait de la séquence de l'ADN avec la mutation qui fausse la régulation (en gras) assurant celle du gène *shh* (d'après Gilbert[167]).

---

[167] Gilbert, 2006.

Le gène *shh* régule un grand nombre de gènes participant au développement des membres, et lui-même est régulé par d'autres protéines. Le réseau de toute cette toile se trouve à présent sous l'influence d'une substance morphogénique agissant centralement et dont la concentration locale contrôle le développement de l'embryon. C'est l'acide rétinoïque, un dérivé de la vitamine A, elle-même produite par l'embryon. Cet acide régule par exemple la formation de *shh* à la face inférieure du bourgeon des membres. L'injection expérimentale de cette substance provoque de profondes modifications dans le développement embryonnaire. Par exemple des malformations étonnantes du squelette de l'aile d'embryons de poulets furent induites par l'injection d'acide rétinoïque dans les bourgeons des membres (Fig. 41). Cet acide influence aussi le développement de la forme dans son ensemble dans ses rapports avec les directions devant-derrière, droite-gauche, de même que celui d'organes internes.[168] On s'aperçoit à nouveau du degré de dépendance de la structuration par des processus moléculaires.

C'est ainsi que l'acide rétinoïque a pu jouer un rôle significatif comme régulateur morphogénique dans l'évolution des vertébrés, ce que rappellent certaines expériences de l'équipe de chercheurs du biologiste américain de l'évolution Neil Shubin.[169] Des poissons cartilagineux (dans ce cas des raies) développent un squelette au niveau des nageoires avec une structure étonnamment métamérique (voir Fig. 28). On suppose que les précurseurs dans l'évolution des vertébrés terrestres possédaient de tels squelettes. Lorsqu'à présent on traite des embryons de raies dans un stade précoce avec de l'acide rétinoïque, alors se développera un squelette de nageoire dont les éléments métamériques se différencieront dans leur forme. Cette formation ressemble de façon surprenante, exactement au squelette qui fut découvert chez un poisson du Dévonien, Eusthénoptéron et qui, justement, représente la transition des vertébrés à la formation des extrémités (voir aussi Fig. 38).

---

[168] C'est la raison pour laquelle l'ingestion d'alcool durant la grossesse peut conduire à des malformations chez l'embryon. En effet, l'alcool, en se mettant en compétition avec l'enzyme qui synthétise l'acide rétinoïde, perturbe la formation de cet acide.

[169] Dahn et al., 2007.

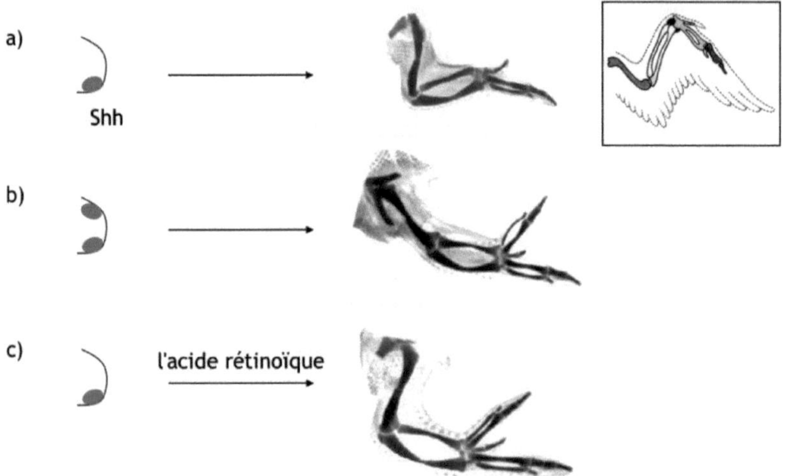

Figure 41: Formation de rayons supplémentaires au niveau de l'aile d'un embryon de poulet par l'injection d'acide rétinoïque.

Gauche: représentation schématique du bourgeon; droite: radiographie du squelette de l'aile d'un embryon de poulet. On reconnaît le bras, le cubitus et le radius, de même que la main avec sa réduction normale des rayons pour les oiseaux. Cadre: disposition du squelette dans l'aile. a) Développement normal avec la formation de Shh à la partie inférieure du bourgeon. b) Lorsqu'à la face supérieure du bourgeon de la protéine Shh se forme, une malformation apparaît avec un dédoublement en miroir du squelette de la main. c) La même malformation sera induite par l'injection expérimentale d'acide rétinoïque.

Cet acide rétinoïque se présente donc comme une substance qui induit une *différenciation* au niveau de la structure. Ainsi se rapproche-t-elle du domaine psychique (voir Chapitre 5). Ce qui est époustouflant, c'est le fait qu'il joue aussi un rôle central dans le processus de la vision. En effet, le rétinal (l'aldéhyde de l'acide rétinoïque) représente la composante sensible à la lumière de l'œil des vertébrés. Lorsqu'il est lié à la protéine opsine, il modifie sa conformation moléculaire à la lumière; le complexe rétinal-opsine se désagrège, ce qui déclenche le transfert du signal vers le nerf optique. Lorsque cette stimulation vient à manquer, le rétinal sera retransformé pour retrouver à nouveau sa conformation initiale et se relier une fois de plus à l'opsine. La vision correspond à un changement physiologique de déconstruction et de néosynthèse au niveau de la rétine. Dans le chapitre 5.5 nous avions également caractérisé la structuration biologique comme une alternance entre construction organique et déconstruction de la structure. Cela se retrouve au niveau de l'œil dans la vision de la forme et, dans les deux cas, la même substance sert de médiateur.

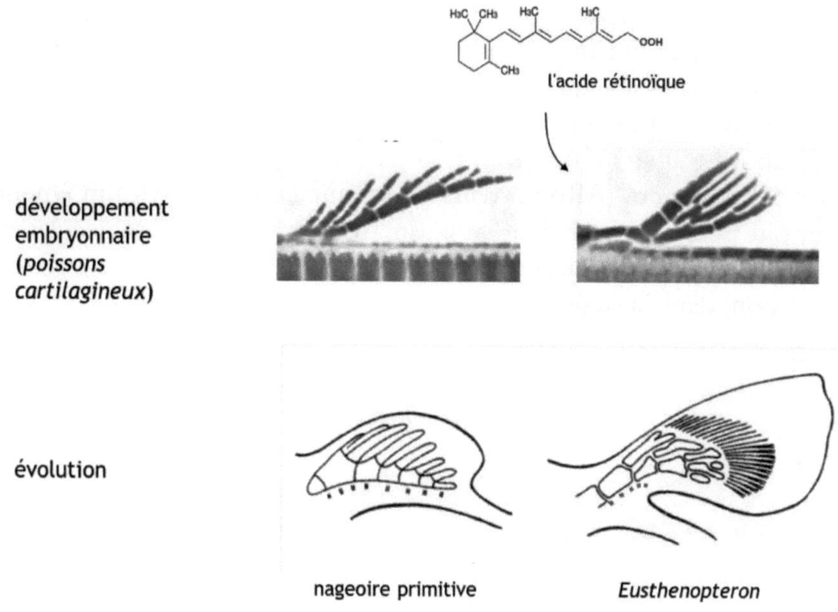

Figure 42: Acide rétinoïque et évolution.

L'injection expérimentale d'acide rétinoïque conduit, dans le développement embryonnaire d'une raie, à une modification du squelette de la nageoire qui correspond à une modification qui accompagne le passage du poisson archaïque au précurseur Eusthénoptéron des vertébrés terrestres.[170]

---

[170] D'après Dahn et al., 2007, modifié.

6.3.   La croix temporelle de la génétique et la tripartition de la cellule

L'ADN est une macromolécule constituée d'une succession de pierres de construction appelées bases. La séquence de ces pierres de construction sera transmise de cellule à cellule et de l'ascendance à la descendance. Ce processus implique chaque fois une duplication (réplication) identique de la séquence de l'ADN. Les différentes sections de cette macromolécule représentent les unités fonctionnelles, les gènes. L'information génétique *repose* dans l'ADN. Celle-ci n'est activée que par un besoin actuel (un processus dénommé «expression génétique»). Ensuite les séquences génétiques seront «traduites» en séquences protéiques, mais seulement celles qui maintenant (dans cet instant physiologique ou du développement biologique), et ici (dans cette cellule), seront nécessaires. Au cours de l'expression génétique, la séquence ADN d'un gène sera tout d'abord transcrite (transcription en miroir) dans la séquence d'une molécule messagère (ARNm) dans le noyau cellulaire. L'ARNm émerge du noyau pour pénétrer dans le plasma cellulaire où des molécules de transfert (ARNt) «traduisent» la séquence de l'ARNm et la transfèrent (translation) dans la suite des acides aminés protéiques.

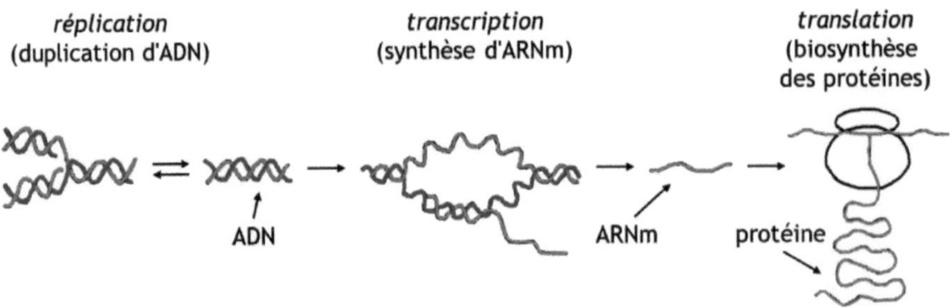

Figure 43: Schéma de base (fortement simplifié) des éléments qui participent à l'expression génétique.

Il est intéressant de constater que l'ADN est une molécule totalement passive: elle *sera* dupliquée, traduite, activée, inhibée, transférée de cellule à cellule, etc... Toutes ces activités seront effectuées par des protéines qui, de toute façon, sont les éléments actifs des processus moléculaires.

Quel est le rapport au temps de l'ADN et des protéines?[171] En tant que molécule de l'hérédité, l'activité de l'ADN se déroule sans conteste depuis le passé jusqu'au présent. Sa séquence a été élaborée dans le passé et sera conservée dans le présent et pour le futur. On pourrait dire aussi: l'ADN maintient le passé d'un organisme dans l'actualité, elle est conservatrice.

Par contre les protéines agissent «catalytiquement», elles présentent un rapport spécifique au futur ; en tant qu'éléments "facilitateurs", elles gèrent les éventualités successives de tous les processus moléculaires biochimiques et biologiques. Catalyser signifie justement rendre possible les réactions qui, dans les conditions naturelles ne se réalisent qu'avec une lenteur qui les rendrait dérisoires pour la vie. Dans le vrai sens du terme les protéines introduisent des potentialités provenant du futur dans le temps présent. Elles rendent ainsi possible le développement des phénomènes organiques en direction du futur (voir aussi le chapitre 2.2). *L'ADN est le médiateur entre le présent et le passé biologique, les protéines sont les médiatrices entre le futur biologique et les processus biologiques moléculaires actuels.*

La troisième classe moléculaire, qui fait l'entremise dans la biosynthèse protéique entre l'ADN et les protéines, ce sont les différentes sortes d'ARN. Elles agissent entre la structure de l'ADN et la fonction protéique en actualisant, si nécessaire, des protéines de l'information ADN qui s'écoule quasi dans le temps, et en participant à l'accomplissement de cette information sous la forme de protéines fonctionnelles.[172] Cette exigence sera transmise aux gènes au travers de signaux (avec l'aide de protéines régulatrices). Par ces signaux, ce sont la cellule, les tissus environnants, les organes, tout l'organisme, qui agissent sur l'activation ou l'inhibition des différents gènes.[173]

Ce qui vient d'être présenté peut s'illustrer dans la *croix temporelle* de la génétique (Fig. 44). La fonction des gènes (transmission héréditaire) et la

---

[171] Pour une discussion détaillée des idées présentées ici, voir Hueck, 2009.

[172] Pour l'utilisation de l'expression «information génétique», voir la note 166.

[173] Dans son ouvrage, digne d'être lu, Joachim Bauer a présenté, par de nombreux exemples, comment ce ne sont pas seulement les gènes qui gouvernent l'organisme, mais tout autant l'organisme qui commande aux gènes. (Bauer, 2008).

fonction des protéines (catalyse, métabolisme), se rencontrent dans un double courant du temps. Ces directions temporelles s'interpénètrent dans la biosynthèse protéique, elles se recouvrent. Leurs interactions se font à travers les différents ARN et par des signaux qui régulent les processus dans le sens de la totalité de l'organisme.

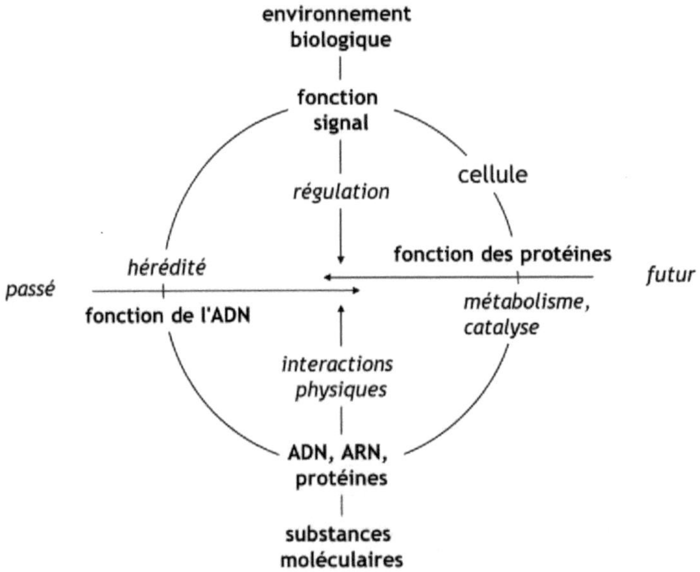

Figure 44: La croix temporelle de la génétique (voir le texte).

Pour ce qui concerne la transmission héréditaire, les processus du métabolisme et ceux de la catalyse, comme aussi la régulation des gènes à travers les signaux provenant de l'organisme, il s'agit de fonctions qui dépassent les interactions matérielles des molécules, car la transmission héréditaire de l'ADN n'est possible que lorsqu'un précurseur vivant les transmet; et le métabolisme, lui aussi, présuppose un organisme au sein duquel les substances changent. Les fonctions de l'ADN et des protéines dépassent la physique et la chimie bien qui, *concrètement*, elles se manifestent par des interactions entre des substances moléculaires. Les processus substantiels des molécules et leurs caractères physico-chimiques correspondent par conséquent à l'aspect matériel des perceptions sensorielles du monde physique visualisé dans la croix temporelle par la flèche du bas.

L'ADN peut être désigné comme la *mémoire* moléculaire de la cellule concernant le passé, à partir de laquelle, par une "actualisation", certaines «informations» seront en quelque sorte «rappelées» par l'expression génétique. *Le courant génétique de l'hérédité correspond donc exactement au courant des représentations dans la croix temporelle de la conscience. Représentation et transmission héréditaire sont des processus apparentés.* Comme lors d'un instant précis il n'y a, chaque fois, qu'un fragment de l'«information génétique» qui sera réalisée pour la synthèse des protéines, de même n'y aura-t-il, à chaque court instant, qu'une partie de la somme des représentations que nous portons en nous qui sera consciente.

En contraste avec l'ADN linéaire dans lequel (comme pour la pensée discursive) une unité informative suit une autre, les protéines sont des objets spatiaux, et leur fonctionnalité repose sur la tridimensionnalité. Les protéines ne deviendront actives que grâce à des surfaces structurées, des espaces intérieurs, des renforcements et des poches. Les protéines sont des molécules dynamiques, elles agissent comme des outils, des mains qui saisissent la substance, la modifient, et qui sont capables de la relâcher.

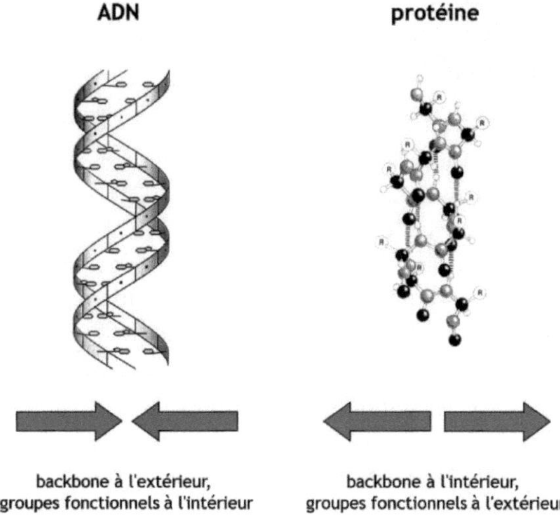

Figure 45: Construction moléculaire polaire de l'ADN et des protéines.

Nous comprendrons les protéines en les comparant avec notre propre activité volitive. Nos manipulations sont actives, nous bougeons nos membres dynamiquement dans l'espace tridimensionnel, nous saisissons les objets et les modifions, pour les abandonner à notre activité. Finalement le lien entre nos manipulations et les protéines réside aussi dans le fait que la manifestation de notre volonté présuppose aussi un métabolisme actif, catalysé par des protéines. *Les protéines sont les représentantes cellulaires du pôle volitif qui rendent le futur possible.*

Les correspondances entre la fonction de l'ADN et la fonction de la représentation, entre la fonction protéique et la volition, s'étendent jusqu'au niveau des microstructures des molécules. Les deux substances, l'ADN et les protéines, possèdent une colonne vertébrale moléculaire sur laquelle sont rangées les pierres de construction. Pour l'ADN, c'est une colonne vertébrale constituée de phosphates de sucres, pour les protéines, c'est une colonne vertébrale constituée par les liaisons peptidiques azotées des acides aminés. Alors que les bases de l'ADN sont orientées vers l'intérieur («principe tête»), les chaines latérales des protéines sont dirigées vers l'extérieur, s'éloignant de la colonne vertébrale («principe membres»). Sans l'orientation vers l'intérieur des bases, le principe en miroir de l'ADN, la réplication et la transcription seraient impossibles, et les chaines latérales des acides animés s'étendant vers l'extérieur, déterminent les structures spatiales et la fonctionnalité des protéines (Fig. 45).[174, 175]

---

[174] L'ARN prend, fonctionnellement et structurellement, une position médiane. Il porte l'information séquentielle, mais en tant qu'ARN ribosomal (en lien avec les ribosomes du plasma cellulaire N. du T.) il forme une structure tridimensionnelle ressemblant à une protéine. En règle générale il se plie en donnant des structures bidimensionnelles ressemblant à une feuille. Sous forme de ribozyme, il peut même déployer une activité catalytique.

[175] La parenté entre ADN et représentation/mémorisation, de même que celle entre les protéines et la volition, sont même «visibles» intuitivement par l'expérimentateur chevronné. L'ADN (fonctionnellement linéaire) est une molécule «morte» dont la structure et la fonction peuvent être appréhendées relativement facilement avec des concepts simples et rigides. Il est d'ailleurs parlant que les découvreurs de la double hélice, James Watson et Francis Crick, ont développé le principe structurel fondamental de l'appariement des bases par simples essais et erreurs avec ce modèle. Par contre les mystérieux et mouvants

Ce ne sont pas seulement les molécules, c'est la cellule dans son ensemble qui est structurée de manière tripartite. L'ADN se trouve dans le noyau cellulaire (sphérique), dans la tête de la cellule. Le plasma cellulaire, dans lequel les protéines catalysent les processus métaboliques et moteurs, représente le pôle métabolisme-membres, alors que la membrane nucléaire et l'ARNm, qui interviennent dans l'échange entre les deux autres systèmes, représentent le système rythmique de la cellule (Fig. 46).[176] Dans la tête de l'homme se reflètent les images mortes du passé, à travers le métabolisme et les membres il génère les germes du devenir futur. Ces processus polaires seront intégrés dans le présent de manière rythmique. Les fonctions des gènes et des protéines sont donc enveloppées dans une structure temporelle qui correspond à une structure temporelle de la vie et de la conscience.

Un plan médian entre les cellules et les molécules d'un côté, et les qualités psychiques du penser et du vouloir de l'autre, est constitué par les bases corporelles qui sont le système nerveux pour le penser, et le système sanguin pour le vouloir (selon Rudolf Steiner).[177] Ce sont justement les cellules nerveuses et les globules rouges qui deviennent particulièrement intéressantes quand on les considère selon le point de vue du double courant temporel, car chez eux, ce double courant du temps est interrompu de manière tout à fait singulière. Les nerfs sont des

---

complexes protéiques (tridimensionnels) sont troublants, et souvent on ne peut les saisir que par des approches. Des cristaux d'ADN sont faciles à obtenir, alors qu'il faut parfois lutter durant des années pour forcer une certaine protéine à accepter l'état cristallin, etc... L'ARN, quant à lui, correspond au ressentir dans l'actualité, entre représentations et impulsions volitives.

[176] Johannes Rohen classe, de manière un peu différente, entre autre le réticulum endoplasmique, les mitochondries, de même que les phagosomes et les lysosomes, comme faisant partie du système métabolique de la cellule. Son système rythmique, il le caractérise comme réalisant le transport et la distribution (filaments, microtubules, vésicules de transport et appareil de Golgi). Quant à l'ADN, l'ARNm et les récepteurs de la membrane nucléaire, il les compte dans le système informatif. (Rohen, 1981, 2000).

[177] Steiner, 1919.

formations fermées, achevées. Le tissu nerveux une fois formé, bien qu'il ne possède, périphériquement, qu'un faible pouvoir de croissance, n'a presque plus la capacité de se reproduire et de se régénérer. Les nerfs sont déterminés par le passé, leur liaison avec le futur biologique est comme coupée.

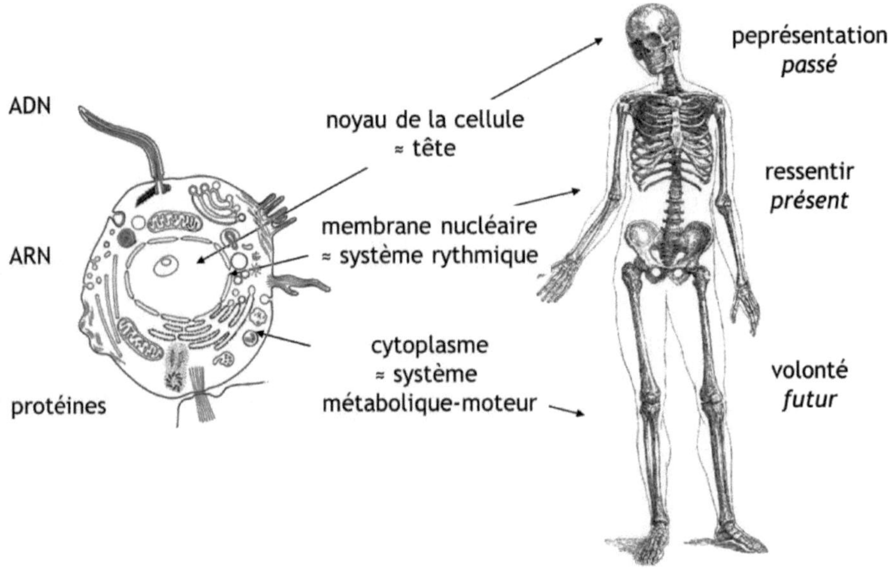

Figure 46: Tripartition de la cellule et de la classe des molécules qui participent de manière décisive à l'expression génétique.

Passé	Présent	Futur
mémoire	actualité	potentialité
représenter	ressentir	vouloir
tête	poitrine	membres
nerf	respiration/circulation	sang
noyau cellulaire	membranes cellulaires	plasma cellulaire
ADN	ARN	protéines

Tableau 2: Les différents plans de l'organisme et la tripartition.

En contraste avec les cellules nerveuses, qui possèdent un noyau avec ses informations génétiques, les globules rouges n'ont pas de noyau. S'ils ont perdu leur pouvoir de reproduction c'est pour une cause contraire à celle du tissu nerveux: pour eux, le lien avec le passé est rompu, ils ne sont pas ancrés dans le vivant courant du développement. Le sang se forme toujours à nouveau, il est en perpétuel devenir. Il en est du sang comme des protéines: il est formé, il remplit sa fonction pour un temps (surtout au niveau du métabolisme), pour être ensuite déconstruit. Le nerf se situe entre représentation et ADN, le sang, entre vouloir et protéines.

Nous nous faisons ainsi une image qui décrit les fonctions et les rapports entre ADN, ARN et protéines dans l'organisme. C'est l'image de l'homme. Cela dépasse de loin une quelconque analogie entre conscience et biologie moléculaire. En elle s'exprime l'essence des processus moléculaires, car nous saisissons ces molécules grâce aux activités de l'âme correspondantes. Pour comprendre les molécules nous devons reproduire leur dynamique dans les mouvements volitifs internes. Notre activité intérieure permet de nous glisser dans la protéine en l'invitant à accomplir dans notre représentation les mouvements internes qui expliquent son activité catalytique. Pour ce qui concerne l'ADN, une représentation imagée plus floue suffit pour une première compréhension. Cette attention portée aux processus internes, qui s'accomplit pour toute connaissance de la nature, ouvre la voie pour une «lecture dans le livre de la nature», et fusionne à nouveau l'homme intérieur et la nature extérieure à un niveau plus élevé de l'expérience et de la connaissance.

6.4. *Qu'est-ce que la substance organique?*

Ce qui est décisif pour le concept de substance organique, c'est que les substances matérielles (c'est-à-dire perceptibles par les sens), ne se présentent que dans le temps présent, elles ne peuvent être observées et manipulées que dans l'actualité (voir Chapitre 4.7). L'analyse chimique permet de faire apparaître un organisme dans ses différentes substances avec leurs particularités respectives. Cependant les substances organiques n'ont pas seulement des singularités perceptibles par les sens, directement ou indirectement mais, aussi longtemps qu'elles se tiennent dans une relation vivante avec l'organisme, elles présentent un passé et un avenir spécifique non perceptible sensoriellement. De manière analogue au concept d'organisme, le concept de molécule biologique embrasse aussi deux choses, la substantialité et la fonction du processus. Lorsque le biochimiste évoque des protéines dans un organisme, il ne parle pas seulement d'une structure matérielle, mais en même temps d'une fonction biochimique. Lorsque le généticien évoque l'ADN, il évoque toujours, conjointement à la substance matérielle, la fonction de transmission héréditaire. Les substances matérielles que l'on isole du processus vivant, sont les produits d'un être vivant, c'est-à-dire qui se modifie dans le temps, une globalité structurée et cohérente. Sous forme de substances isolées, elles sont en quelque sorte des processus gelés, emprisonnés.[178] La matérialité d'un être vivant est quelque chose de «devenu», qui a déjà achevé sa vie. Le devenir, la vie elle-même, reste invisible. Mais comme la conscience, ainsi que cela a été montré dans le chapitre 3.2, ne peut tout d'abord s'éveiller pleinement que face à l'objet, cela conduit à l'illusion que les êtres vivant sont matériels, et que l'on ne peut expliquer la vie que par l'interaction de particules matérielles.

6.5.   *La partie et la globalité en biologie - du sens à la molécule*

Les biologistes associent toujours, dans leur recherche, la connaissance implicite qu'ils ont d'un organisme vivant. Sans cette connaissance, ils ne pourraient, de toute façon, développer aucune compréhension des phénomènes biologiques. A propos des gènes, on sait qu'ils remplissent certaines fonctions dans les cellules, que les cellules font partie d'un organe, que les organes appartiennent à un organisme, que l'organisme est un exemplaire de son espèce vivant dans un certain environnement, que cette espèce s'est développée dans l'évolution à partir de certains précurseurs, etc... En pensant gène, on y inclut tout l'organisme, depuis l'élément, le petit jusqu'au grand et on y adjoint implicitement la dimension temporelle, l'acquis et le potentiel d'avenir. Ce n'est qu'ainsi, de toute manière, que l'on peut penser le concept «gène». De lui-même il est transcendant.[179]

---

[178] Voir Rozumek, 2003.

[179] En plus détaillé chez Hueck, 1993.

«On ne voit que ce que l'on connait» est une maxime de base de toute la biologie. Mais on ne sait pas toujours comment on voit. Personne n'aurait eu l'idée de rechercher dans les êtres vivants une substance qui participe à la transmission de certains caractères s'il n'avait pas, à l'avance, pensé l'organisme dans sa totalité, s'il ne l'avait pas décomposé en différents caractères et compris que ces caractères étaient transmissibles. La conception de la totalité devance nécessairement la détermination de ses parties; et ce fait décrit à nouveau un point où une caractéristique objective des organismes converge avec une caractéristique subjective de la connaissance: il nous faut penser d'abord la totalité si nous voulons déterminer ses parties; mais il faudra que cette totalité soit d'abord présente avant que les parties ne le soient.

La lumière du concept de vie devra en quelque sorte éclairer, comme à partir d'un arrière-plan, les éléments constitutifs organiques, sinon ils resteraient invisibles. Mais comme je vis moi-même dans cette lumière, je ne la remarque pas, et mon regard ne touche que les phénomènes que cette lumière éclaire. «*Voilà la nature propre de la pensée: le penseur n'y prend garde lorsqu'il s'en sert. Ce n'est pas la cognition qui est sa préoccupation, mais l'objet de la cognition… Pendant que je pense, je ne dirige pas mon regard sur cet acte cognitif que je produis moi-même, mais sur l'objet de cet acte, que je ne produis pas.*»[180] La lumière physique ne devient visible qu'à travers les objets qu'elle éclaire. La lumière qui éclaire le monde vivant, c'est la vivante lumière de l'esprit. Et celle-ci, ainsi que nous l'avons vu ci-dessus (Chapitre 4.1), est de la même nature que la force de croissance des organismes vivants.

Le chapitre 3.1 avait caractérisé la relation entre l'activité représentative et les différentes représentations. Pour l'organisme entier on a les mêmes rapports que le Moi, dans ses fonctions intuitives, volitives, représentatives, avec les différentes représentations (Fig. 47). Il est un être suprasensible dont nous avons le vécu dans notre acte cognitif. L'activité vitale qui imprègne l'ensemble de ses étapes spécifiques de développement et de ses plans d'organisation particuliers (organes, tissus, cellules, molécules) ne peut être perçue sensoriellement, elle ne peut être vécue qu'à travers une pensée active. L'activité de la pensée perceptive est intimement liée à l'activité vitale organique, et l'on pourrait même

---

[180] Steiner, 1894, p. 42 s.

aller jusqu'à dire que c'est une et même chose, simplement considérée parfois de l'extérieur, parfois de l'intérieur.

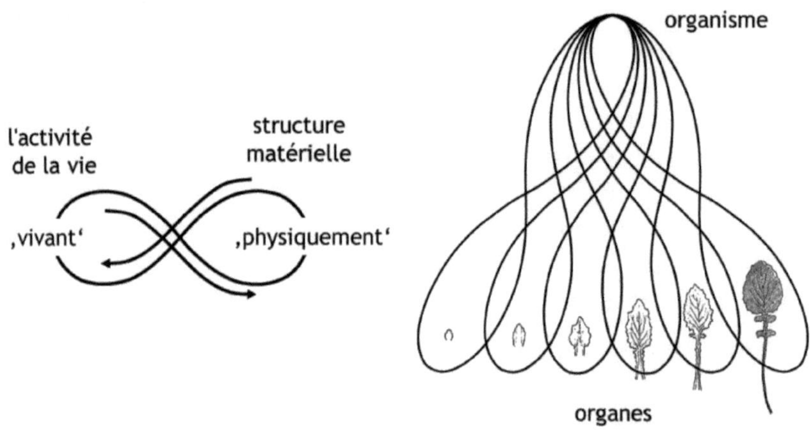

Figure 47: Relation entre l'organisme spirituel et ses différents stades de développement physico-matériels (voir Fig. 9 et 10).

6.6. *Gènes et évolution - l'arbre invisible de la vie*

Le passé des organismes reste actuel dans leurs gènes (pour être précis cela n'est valable évidement, que pour le passé des gènes eux-mêmes). Cependant les séquences de l'ADN entre deux organismes se différencient d'autant plus qu'ils sont moins apparentés entre eux, quand leurs prédécesseurs dans l'évolution se sont séparés le plus tôt. Lorsqu'on suppose que dans le cours des générations, certaines séquences d'ADN se modifient régulièrement avec une certaine constance, alors, dans cette régularité, on pourra, à partir de la différence de l'ADN entre deux organismes, calculer approximativement le cadre temporel pendant lequel leur dernier ancêtre commun aurait dû vivre. A partir de l'échelonnement des ressemblances des séquences de l'ADN d'organismes vivant actuellement on peut en déduire un arbre généalogique qui est utilisé en complémentarité avec l'analyse des fossiles.[181]

---

[181] L'estimation moléculaire de l'âge repose sur la supposition de taux constants

Nous avons à faire à deux formes d'actualisation: géologie et paléontologie partent du principe que les processus et les normes observés dans les minéraux, dans l'atmosphère etc. ... peuvent être extrapolés dans le passé. L'analyse génétique présume que les mécanismes de l'hérédité peuvent également être remontés dans le passé. Il est intéressant de constater que l'âge théorique calculé sur la base de l'analyse de l'ADN dépasse souvent nettement l'âge des anciens fossiles, et cela d'autant plus qu'on remonte dans le passé.[182]

L'analyse génétique indique que les lignées qui conduisent à l'homme et au chimpanzé se seraient séparées il y a 5 à 7 millions d'années, alors que par exemple le loup et l'homme auraient eu leur dernier ancêtre commun dans un vertébré ayant vécu il y a 100 millions d'années (dans le Crétacé). Le dernier ancêtre commun de l'homme et des reptiles vivait il y a environ 325 millions d'années (en Carbonifère), celui de l'homme et des premiers poissons, il y a environ 550 millions d'années (au Cambrien). Si l'on va jusqu'à comparer l'ADN de l'homme avec celui des êtres vivants les plus primitifs, les bactéries et les archaebactéries, on atteint le début de la vie physique sur terre.[183]

---

de mutations synonymes n'influençant pas le phénotype, c'est-à-dire «silencieuses». Il est vrai que cette supposition ne fait pas l'unanimité (voir par ex. Ho et al., 2001; Subramanian, 2011). Il est tout à fait possible que les taux de mutations «silencieuses» se modifient avec le temps générationnel, de sorte que les gènes mutent d'autant plus lentement que l'organisme lui-même se reproduit plus lentement. Dans ce cas, comme en règle générale, le temps générationnel se rallonge avec les progrès de l'évolution des organismes, et plus on recule dans le temps, celui des molécules, lui, raccourcit.

[182] Ce fait est par exemple mis en relation avec les fossiles d'organismes pluricellulaires datant de «l'explosion» cambrienne (il y a environ 550 millions d'années) et qui, selon l'estimation génétique de l'âge, seraient bien plus a avec leur possible petitesse et leur difficulté à se fossiliser (corps mous) qui caractérisent ces stades précoces. (Hedges, 2011).

[183] Ces indications d'époques correspondent à la détermination temporelle habituelle géologique et radiométrique. Elles reposent sur une extrapolation dans le passé de processus et de normes actuelles (voir note 142). Les indications concrètes proviennent de Hedges et Kumar (2009). Le livre réunit une multitude d'examens individuels selon l'état le plus récent de la recherche moléculaire et génétique sur l'évolution. Une plateforme correspondante sur

Nous sommes apparentés à tous les autres êtres vivants. La multiplicité des formes vivantes sur terre est probablement issue d'une seule source, à l'image de l'organisme de l'homme issu d'une seule cellule.[184] Ce qui est alors époustouflant, c'est que l'être humain ne porte pas beaucoup plus de séquences de gènes (environ 23 000) qu'une bactérie ou un champignon (environ 4 000 et 6 000). Le plus grand nombre de nos séquences se retrouvent aussi chez les organismes unicellulaires et devaient donc être présentes dès le début de la vie sur terre.[185]

Internet (www.timetree.org) permet le calcul de différences d'âge pour presque n'importe quelle espèce.

[184] La comparaison entre «la première cellule» et un ovule semble bancale, puisque celle-ci n'apparaît que dans un organisme vivant. Cependant cette «première cellule» n'aurait pu naître que dans un environnement propice à la vie. Il aurait fallu que sur la terre eussent régnées certaines données locales qui auraient été propices à la vie, telles certaines combinaisons chimiques, une certaine température, une protection contre l'effet des U.V. etc… et qui à nouveau n'auraient pas été possible sans une certaine disposition de toute la planète. Il aurait fallu en outre la présence de substances organiques suffisantes dans lesquelles les premières cellules eussent pu se développer et se nourrir par la suite. On arrive ainsi à une image de la terre, celle d'un organisme maternel total apte à générer les premiers êtres vivants délimités. Si l'on ajoute à cela les réflexions du chapitre 2.1, que la vie ne peut naître que de la vie, et jamais de quelque chose de mort, on arrive alors à des conceptions telles que celles qui ont été formulées par exemple par Klaus Frisch dans son traité *«De l'origine de la vie et de la génération des cellules dans les premiers temps de l'évolution terrestre»*, (Frisch, 1992, p. 376 s.s.): *«L'océan primordial en tant que protoplasma vivant qui ne commença à se subdiviser en cellules que plus tard.»* Cependant la vraie origine de la vie repose dans le spirituel, mais cette relation ne peut être commentée ici de manière plus approfondie. (Voir par ex. Steiner, 1910).

[185] Une analyse publiée récemment indique qu'au moins 60% des gènes humains étaient déjà présents dans les premiers organismes unicellulaires. (Domazetloso et Tantz, 2008). Lorsqu'on songe qu'il pourrait exister beaucoup d'autres unicellulaires encore inconnus, on a le droit de supposer que la grande majorité des gènes humains étaient déjà présents dans les organismes unicellulaires qui vivifiaient la terre dans les temps archaïques. Ainsi que l'étude des bactéries actuelles l'a montré, il y régnait probablement aussi dans ces premiers unicellulaires un intense échange de gènes, que l'on désigne par «transfert horizontal de gènes», de sorte qu'au début de la vie terrestre aurait pu exister un

Comme il fallait s'y attendre, beaucoup parmi les gènes les plus anciens chez l'homme qu'il partage avec les bactéries actuelles, sont associés aux processus métaboliques de base, à la division cellulaire et la biosynthèse protéique. Viennent s'y ajouter ceux que nous partageons avec tous les organismes pluricellulaires et qui sont reliés pour une grande part aux interactions entre les cellules. Nous partageons d'autres gènes avec les animaux bisymétriques, d'autres avec les cordés, puis les vertébrés, les quadrupèdes, les mammifères, et finalement les primates. Dans les gènes humains vit donc une espèce d'empreinte des étapes évolutives qui ont devancé son apparition. Nous portons en nous comme une mémoire des stades précurseurs de la vie. Cela signifie aussi que tout ce qui apparaît autour de nous dans la nature vivante vit aussi en nous, sublimé. Nous nous reconnaissons dans la nature comme dans un miroir.

Considérés de cette manière, nos gènes n'apparaissent pas comme des molécules étrangères, mais comme la signature de notre passé vivant et de notre organisation interne actuelle. Combien proche (aussi) de toute vie sur terre ces pensées nous permettent-elles de nous ressentir!

---

fonds commun de gènes qui furent échangés entre les différents organismes comme au sein d'une mer vivante, à partir de laquelle se formèrent les séquences de gènes d'organismes plus élaborés. - Pour l'évolution des organismes supérieurs, on ne peut probablement pas penser à une génération de gènes totalement nouveaux. La duplication des séquences géniques est bien plus importante, ayant généré ensuite ce que l'on désigne par «familles géniques» au sein desquelles une nouvelle diversification aurait pu s'accomplir. (Demuth et Hahn, 2009).

7. «FORMER UNE STRUCTURE QUI, VIVANTE, SE DEPLOIERA» - L'EVOLUTION: UNE HUMANISATION

7.1. Evolution du développement par séparation

Le monde des êtres vivants est ordonné de manière hiérarchique. On peut réunir les organismes dans des groupes possédant des propriétés communes qui, à leur tour, appartiennent à des supergroupes etc. Le concept le plus élevé qui réunit tous les êtres vivants, c'est la vie elle-même. Tout le monde vivant peut alors être subdivisé en trois grands domaines, celui des bactéries, celui des archaebactéries et celui des eucaryotes qui sont des organismes dont les cellules possèdent un vrai noyau (Fig. 48). Les eucaryotes se divisent en organismes qui exercent la photosynthèse et qui rejettent de l'oxygène (algues unicellulaires, plantes), et en d'autres qui se nourrissent de substance organique et qui inspirent de l'oxygène. Ces derniers constituent le règne des animaux (Animalia). Les animaux peuvent être des organismes unicellulaires, ou pluricellulaires (Métazoa). Les métazoaires se divisent en éponges, et en animaux qui élaborent de vrais tissus (Eumétazoa). Les eumétazoaires se divisent en animaux présentant une symétrie radiaire (éponges et méduses), et en d'autres à symétrie bilatérale (Bilatéria). Les bilatérias se subdivisent en protostomiens (Protostomia), auxquels appartiennent les animaux à corps mous, les annélides et d'autres vers, de même que les articulés (insectes, cloportes, araignées, écrevisses, etc… et en un groupe qui conduit à l'embranchement des deutérostomiens (Deutérostomia), un groupe qui aboutit aux vertébrés. Les deutérostomiens comprennent les cordés (Chordata, par opposition aux hémicordés et aux échinodermes tels que le lis de mer et l'étoile de mer); les cordés comprennent les vertébrés pourvus d'une crâne (Vertebrata, par opposition aux cordés dépourvus de crâne, et aux tuniciers); les vertébrés comprennent les

---

[186] Darwin, 1874, 6ème chapitre.

poissons munis de mâchoires (Gnathostomata, par opposition aux poissons dépourvus de mâchoires tels que les lamproies); les gnathostomes comprennent les poissons aux nageoires charnues (Sarcoptérigia, par opposition aux poissons à nageoires rayonnées ne formant pas de membres); les sarcoptérigiens comprennent les vertébrés terrestres (Tetrapoda, par opposition aux poissons pourvus de poumons); les tétrapodes comprennent les amniotes dont les embryons se développent dans le liquide amniotique (par opposition aux amphibiens dont la reproduction reste dépendante de l'eau); les amniotes comprennent les mammifères (Mammalia, par opposition aux reptiles et aux oiseaux); les mammifères comprennent les placentaires [Euthéria] (Placentaria, par opposition aux marsupiaux et aux primates, puis les haplorriniens (Haplorrhini); puis les catarrhiniens (Catarrhini); ceux-ci comprennent les hominiens (Homonoïdes); qui comprennent les hominidés (Hominidae), auxquels appartient le genre humain (Homo), et à celui-ci l'Homo sapiens. - Nous partageons donc avec lui tous les organismes le fait d'être vivants; avec un groupe de moindre importance nous avons en commun que nos cellules possèdent un vrai noyau, avec un groupe encore un plus restreint nous partageons un plan de construction bilatéral symétrique, et avec un autre groupe à nouveau un peu plus petit nous sommes des deutérostomiens, etc… (Fig. 49). Chaque groupe animal intègre les stades de développement antérieur.

A l'origine ce fut la vie globale, universelle (celle des unicellulaires) qui fit présente; la vie la plus individuelle (humaine) survint en dernier. Dans cet individualisme, le stade le plus récent, l'universel réapparut à un niveau plus élevé, avec un éclat plus vif, sous la forme d'aptitudes cognitives et d'une mobilité intérieure libre grâce auxquelles l'être humain peut reconnaître, ressentir et modifier activement tout le reste (et lui-même). La croix du temps donne le fondement à l'universel sous forme d'ordonnancement temporel biologique, comme aussi à l'individuel sous forme psychospirituelle.

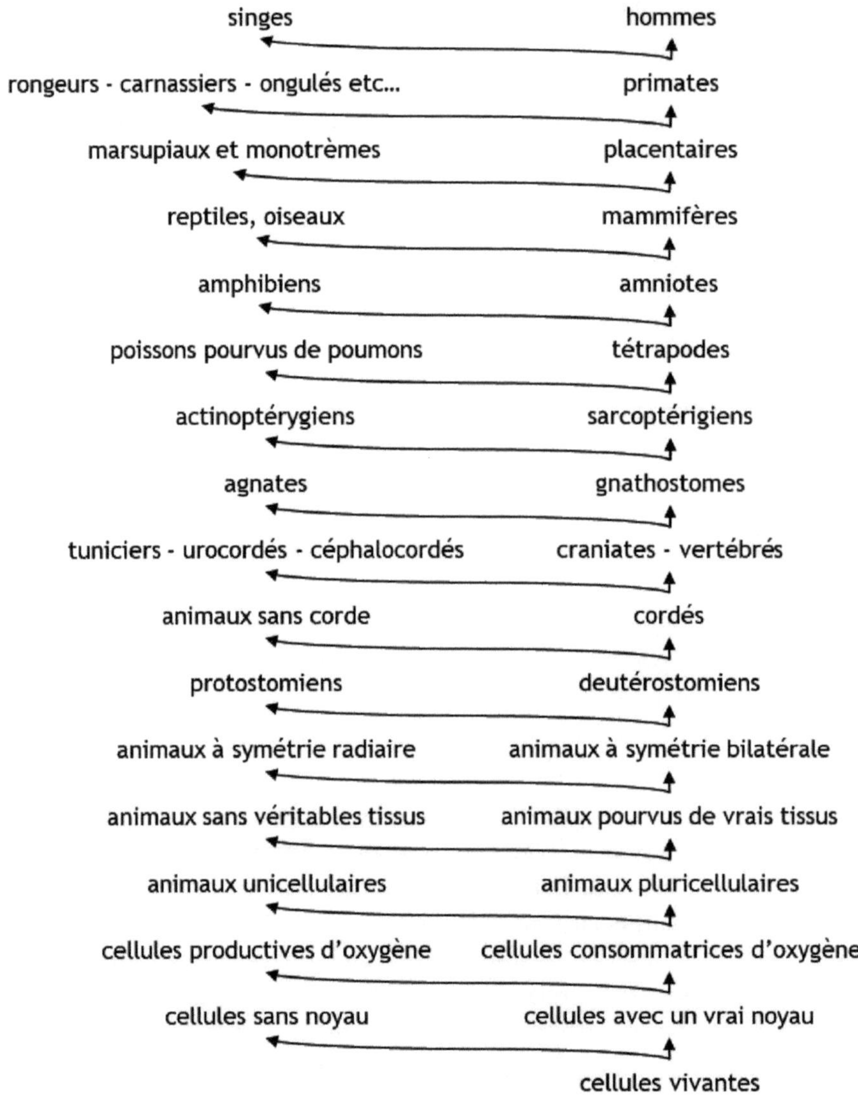

Figure 48: Résumé du tableau systématique du règne animal. Développement progressif vers le haut par innovation de l'évolution (droite), de même que les groupes d'animaux qui, chaque fois, représentent les degrés de l'évolution (gauche).

On peut considérer l'évolution comme un déroulement engendrant une disjonction ou une ramification graduelle d'une vie d'abord originelle, indifférenciée englobant tout. Cette disjonction progressive s'accompagna d'un développement toujours plus élevé. Ce pourrait-il que cette élévation progressive pût avoir affaire, non seulement à la naissance de quelque chose de nouveau, mais aussi à une séparation de quelque chose d'ancien? Ne pourrait-on considérer la phylogenèse aussi comme une espèce d'organisme d'un ordre supérieur dans le courant duquel l'homme poursuivit son développement en s'extirpant membre par membre d'un milieu qui, encore actuellement, est représenté par les différentes formes animales?[187]

Quels furent les aspects qui se différencièrent dans le cours de l'histoire des lignées? Qu'est-ce qui caractérise les êtres unicellulaires, les pluricellulaires, les poissons sans et avec mâchoires, les cordés et les vertébrés, les mammifères etc…? Considérons les principes formateurs de ces étapes évolutives, essayons de les «lire» à la lumière de l'expérience intérieure.

Les catégories systématiques dont la série conduit à l'homme sont encadrées horizontalement. A gauche sont indiqués les groupes qui, à chaque étape du développement «bifurquent» du courant de l'humanisation. Les chiffres derrière les groupes verticaux indiquent le moment de leur «bifurcation» (en millions d'années) calculés selon la comparaison des séquences d'ADN des groupes correspondant à leurs représentants actuels[188] et des fossiles pour les groupes disparus (†). Les colonnes supérieures donnent des exemples d'espèces ou de genres indiqués au-dessous d'eux. A droite apparaissent les fossiles les plus anciens connus actuellement et leurs groupes[189] de même que leur datation et une indication approximative de la formation géologique dans laquelle se trouvent ces fossiles.

---

187 Dankmar Bosse, dans sa monumentale vue d'ensemble des aspects scientifiques et anthroposophiques de l'évolution, a abordé de manière circonstancier le principe de l'élévation par séparation et a ressemblé aussi beaucoup de points de vue. (Bosse, 2002).

188 Voir www.timetree.org; voir note 184.

189 Voir wikipedia.

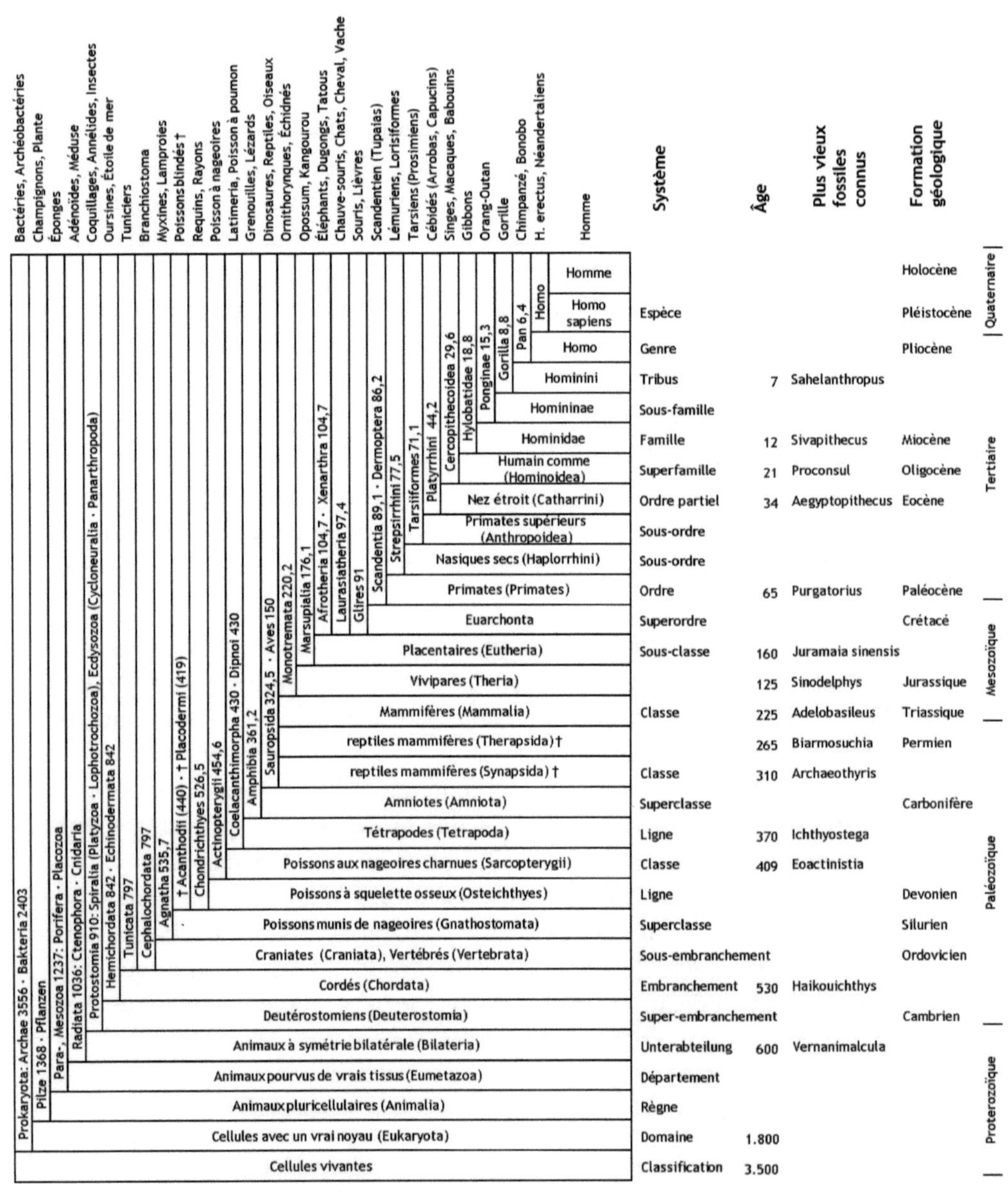

Figure 49: Tableau détaillé du règne animal depuis les premières cellules, jusqu'à l'être humain.

Les unicellulaires dépourvus de noyaux, qui représentent les organismes les plus primitifs et donc probablement les plus anciens, sont avant tout caractérisés par leur capacité métabolique et leur aptitude à la reproduction, c'est-à-dire par des processus vitaux généraux. Les cellules sont indifférenciées; tous les processus se déroulent au sein d'un même compartiment. Elles se reproduisent par division, se révélant ainsi potentiellement immortelles dès lors que les conditions extérieures sont propices. Les procaryotes représentent un courant vital qui coule sans discontinuité et perpétuellement depuis le passé vers l'avenir (pendant lequel les processus moléculaires génétiques, comme indiqué ci-dessus, se déroulent aussi dans le double courant du temps). En règle générale ces cellules comportent des flagelles qui leur permettent de se mouvoir, ce qui les rend capables de réagir aux gradients des substances nutritives et indiquent déjà une certaine intentionnalité, une aspiration dont plus tard l'expression sera de plus en plus forte chez les animaux.

La mort apparaît pour la première fois chez les eucaryotes, et ceci en relation avec la différenciation tripartite de la cellule. Celle-ci est divisée en noyau et plasma, et le matériel génétique, lui, est partagé en deux séries de plusieurs chromosomes avec des gènes interrompus par des séquences d'ADN qui, dans la transcription en protéines, seront découpés (un processus désigné par le terme «splicing», à travers lequel - et c'est encore une différenciation - à partir de la séquence d'un seul gène, peuvent naître plusieurs protéines). La reproduction sexuelle démarre, les cellules parentales meurent. Différenciation et mort, séparation et réunion: chez les eucaryotes, le processus vital est articulé en intervalles. Dans la différenciation, c'est déjà l'animique qui agit depuis le futur.

Les unicellulaires, telles que les algues calcaires ou siliceuses, comme aussi les cyanobactéries formant les épaisses couches minérales (les stromatolithes), excrètent des substances minérales avec lesquelles elles participent de manière significative à l'édification de la surface terrestre. Les êtres vivants unicellulaires (qui forment d'immenses masses dans la nature), sont proches du monde minéral. Les cellules des êtres pluricellulaires sont des unicellulaires transformées, et de même que sous cette forme elles convertissent et excrètent des substances minérales, dans les organismes pluricellulaires, elles forment et traitent les substances physiques du corps. Selon un mot de Eugen Kolisko, les unicellulaires sont les atomes vivants du règne animal.[190]

Avec les organismes unicellulaires, nous avons affaire à un niveau basal non structuré qui reste proche de la minéralité, tout en embrassant déjà les éléments de la vie qui se multiplie, et de la mort tripartite, différenciée.

7.1.2. *Pluricellulaires, et animaux pourvus de tissus*

A partir de processus généraux métaboliques et vitaux, s'élèvera la structuration pluricellulaire. Les pluricellulaires les plus primitifs sont les éponges amorphes composées en grande partie par un assemblage de cellules flagellées. Ce qui est typique pour ces animaux des plus simples (comme pour tous les autres), c'est la formation d'espaces intérieurs qui différencient leur organisme en une partie intérieure et une partie extérieure. Il est vrai que ces espaces internes ne se ferment pas totalement au médium extérieur, car leur paroi est criblée de pores à travers lesquelles l'eau de mer pénètre dans un espace commun, et en ressort. A la manière des animaux unicellulaires, les cellules des spongiaires sécrètent des substances qui sont simplement un peu plus «organiques» et qui, sous forme de «spongines», constituent une grande part de ces individus. Ils sont en plus parcourus d'éléments squelettiques qui confèrent des structures solides à leur organisme spongieux. Les éponges sont quasi un premier essai de la nature pour réunir des cellules et en faire des structures comportant un espace intérieur. Cette structure est donc ainsi, un plan de construction fondamental pour le monde animal. Mais cette structure n'est pas encore différenciée, car la tendance formatrice amorphe - inorganique prédomine encore. Les éponges quittent le courant central du développement, en quelque sorte elles ne sont pas aptes à un développement supérieur au cours duquel l'espace intérieur continuera de se déployer.

---

[190] Kolisko, 1930, p. 130.

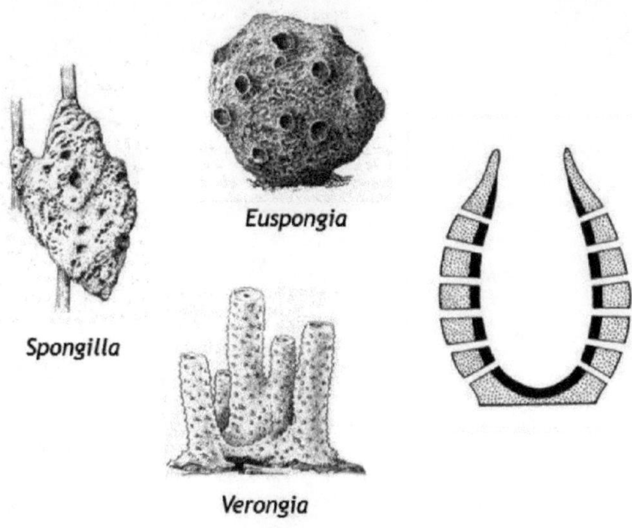

Figure 50: Différentes silhouettes d'éponges (*Porifera*). Droite: plan de construction de base.

7.1.3. *Les cœlentérés*

Les organismes qui vont apparaître après les éponges vont former l'espace intérieur de manière beaucoup plus nette (coraux, anémones de mer, polypes, méduses,…). L'endroit où le tissu embryonnaire s'invagine, restera présent chez l'animal adulte et servira aussi bien de bouche que d'orifice excréteur. L'espace intérieur constituera le pôle métabolique de l'animal, alors qu'au niveau de la paroi extérieure s'élaboreront des organes sensoriels, le futur pôle neuro-sensoriel. Les cœlentérés présentent des formes symétriques radiaires qui, comme aussi avec leurs couleurs et leur mode de vie sessile, évoquent fortement des formations végétales (l'un de leurs groupes est désigné comme «groupe floral»). Chez les cœlentérés, un élément végétal prend réellement le pas sur la structuration d'un espace intérieur de caractère animal. Par la suite, l'animalité se déploiera dans des structures plus précises, conformes à sa nature.[191]

---

[191] Une caractérisation pertinente des cœlentérés, comme aussi des echinodermes et des tuniciers, se trouve chez Frits H. Julius, 1970 et Eugen

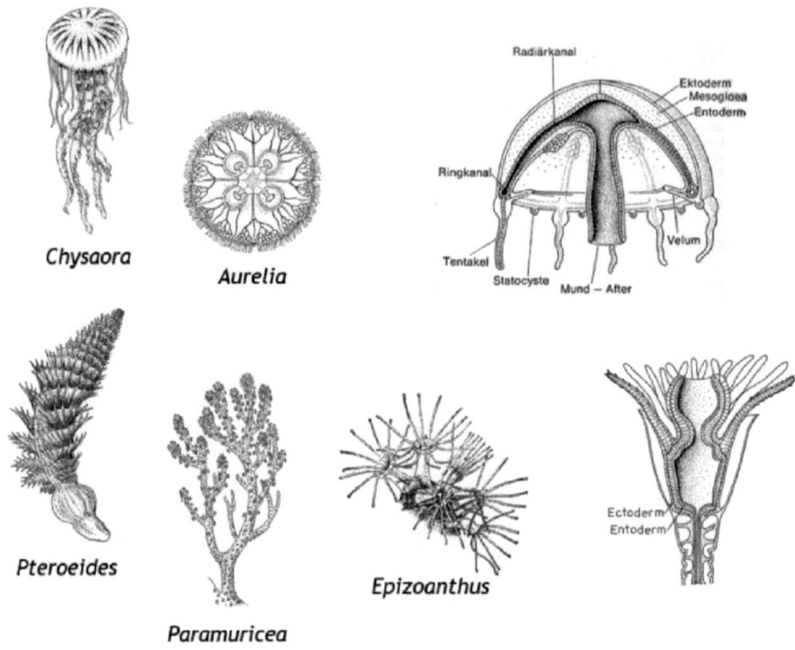

Figure 51: Cœlentérés (*Cœlenterata*) donnant l'impression de fleurs, avec le plan d'organisation des méduses et des polypes (droite, en haut et en bas).

7.1.4. *Animaux à symétrie bilatérale: protostomiens et deutérostomiens.*

A côté de l'élaboration d'un espace intérieur, la locomotion dirigée est un autre critère de base de l'animalité. Elle souligne la caractéristique globale d'êtres doués d'âme manifestant le désir de s'orienter par rapport à un objet extérieur. L'intentionnalité est un attribut psychique.[192],[193] Cet

---

Kolisko, 1930.

[192] Steiner, 1917.

[193] Thomas Fuchs (voir aussi note 112) écrit: «*L'expérience primaire du mouvement, c'est la ‹soi-locomotion› vers un objet à partir de la propre capacité de l'individu, ce qui revient à la définition aristotélicienne du mouvement en tant que ‹réalité de la potentialité en tant que telle›*». C'est une fois de plus une formation judicieuse de ce que décrivit Rudolf Steiner comme la réalité du courant temporel venant du futur et de sa relation

aspect animique structure plus fortement le corps des animaux à symétrie bilatérale que celui des cœlentérés.[194] A présent il se différenciera en une partie antérieure et une partie postérieure, en un organisme pourvu d'une bouche et d'un anus. Il est vrai que la séparation en un orifice d'entrée et un orifice de sortie peut se faire de deux manières: la bouche primitive peut, ou bien rester une bouche (avec un anus secondaire), ou bien la bouche primitive deviendra un anus et la bouche sera une néoformation. Le premier cas se retrouve chez les annélides, les mollusques (coquillages et escargots entre autres) et les articulés, le deuxième cas intéresse le phylum qui conduit aux vertébrés. Sans bien des rapports les protostomiens et les deutérostomiens se présentent comme deux polarités. Chez les premiers, le système nerveux se trouve au niveau de la partie ventrale, le cœur au niveau dorsal et lorsqu'il y a formation d'un squelette, celui-ci apparaît à l'extérieur sous la forme d'un tégument dur ou d'une coquille. Les deutérostomiens, par contre, élaborent un squelette intérieur, un système nerveux dorsal et un cœur ventral. Les protostomiens montrent des yeux complexes proéminents, les deutérostomiens des yeux en creux pourvus d'un cristallin, etc... Les deux ont en commun le fait qu'entre l'ectoderme et l'endoderme qui entoure le canal intestinal, ils développent un tissu segmenté, le mésoderme, qui générera des espaces intérieurs tel que le système musculaire et le système circulatoire. La nouveauté qui caractérise ces deux phylums est la formation d'organes internes se trouvant entre une enveloppe extérieure et une enveloppe intérieure. Pourtant il faudra à nouveau distinguer une séparation essentielle entre les protostomiens et les deutérostomiens qui développent les uns comme les autres, progressivement, une vie animique différenciée mais qui, chez les vertébrés s'intériorisera de plus en plus pour finalement se libérer d'une fixation instinctive, alors que pour les annélides, les articulés et les insectes, cette vie animique restera instinctive, comme dirigée de manière automatique de l'extérieur et conduisant à une vie proche des plantes.

---

avec la psyché et le mouvement dirigé. (Fuchs, 2008, p. 288).

[194] Pour être plus précis il faudrait dire: les animaux à symétrie bilatérale procurent à l'observateur de par la structure de leur corps qui conduit à un mouvement capable d'être dirigé, une impression plus nette de leur psyché que les cœlentérés (voir au chapitre 5 l'origine de la force structurante de l'âme).

7.1.5. *Les echinodermes*

Puisque ce sera la lignée des deutérostomiens qui nous mènera à l'homme, c'est celle-ci que nous suivrons. Elle comporte les echinodermes avec ses lis de mer, les ophiures, les étoiles de mer, les holothuries, les oursins. Quelle impression charmante et étrange nous donnent ces animaux à symétrie rayonnée pentagonale. Le premier sentiment nous fait à nouveau penser aux plantes, avec cependant des formes un peu différentes que chez les cœlentérés. Ces animaux vivent au sol, mais peuvent se mouvoir activement grâce à des centaines de petites pattes, les ambulacres, terminées par une ventouse. Pour les ophiures, les bras sont extrêmement mobiles. La surface de ces animaux est divisée en plaques minéralisées, elle est pourvue de piquants mobiles, de pinces, d'organes sensoriels chimiques et possèdent le sens du toucher. Les piquants peuvent se présenter sous des formations spécialisées très variées. Le corps est un espace creux rempli d'eau dans lequel se trouve une riche différenciation d'organes issus du mésoderme - lorsqu'on examine ces singulières formes animales à la lumière de l'expérience intérieure, ce qui frappe avant tout, c'est un certain isolement, avec une organisation très compliquée. Alors que les cœlentérés donnent une impression de légèreté et d'ouverture à leur environnement, à la manière des plantes, et qui, transparentes et éthériques flottent et nagent rythmiquement dans les courants marins, les echinodermes, eux, vivent au sol, se durcissent vers l'extérieur et semblent se retirer en eux-mêmes. On ressent chez eux une tendance à élaborer des organes qui vont jusqu'à l'extrême dans leur enfermement, pour s'isoler de leur environnement presque de façon maniériste. Avec une certaine prudence, on pourrait aller jusqu'à dire que pour ces animaux la tendance structurante et différenciée de leur «astralité» animale devient surpuissante. La lignée évolutionniste ne pourra pas utiliser ce qui est si excessif, qui se terminera dans une voie latérale.[195]

---

[195] Chez les echinodermes, le chiffre cinq indique un principe structurant dominant: une symétrie corporelle à cinq rayons, cinq races récentes différentes, mais aussi cinq sous-embranchements depuis le Cambrien (chez lesquels la majorité s'est éteinte, voir de.wikipedia.org/wiki/Echino%(3%A4uter). Nous avions ci-dessus supposé, en discutant de la main, que le chiffre cinq apparaissait dans l'imprégnation particulièrement étroite d'aspects spirituels et

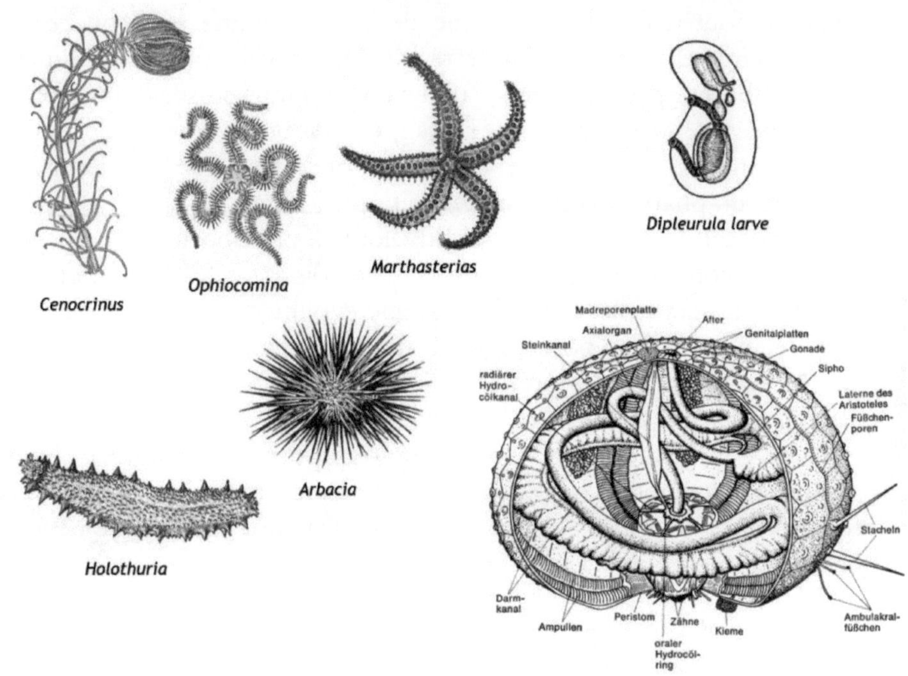

Figure 52: Echinodermes: En haut à gauche: lis de mer, ophiure et étoile de mer; En bas à gauche: concombre de mer, oursin; en haut à droite: larve de dipleurula avec bouche, anus et trois paires de cavités corporelles mésodermiques (en gris); En bas à droite: plan de construction (non fidèle à l'échelle).

7.1.6. *Les tuniciers*

Dans l'évolution, les formes suivantes appartiennent au groupe des cordés qui sont les vrais précurseurs des vertébrés. L'élaboration de la corde dorsale, cet axe dorsal élastique placé en-dessous du tube neural, confère à l'animal un soutien intérieur, tout en faisant parallèlement office de contre-boutant pour la musculature utile à la locomotion. Pour la première fois, la formation de cette corde rend possible un mouvement natatoire libre et dirigé vers un but. Ce type de cordé n'apparaît pas aussitôt de manière achevée mais, chez les tuniciers

---

physico-matériels, ce que l'on peut aussi affirmer pour les echinodermes.

(Tunicata) tout d'abord sous forme de larve. Comme souvent, ce qui apparaît tardivement, se manifeste déjà précocement. Les animaux adultes élaborent des structures, la plupart du temps sessiles, sous forme d'une espèce de «sac à manger» massif, en position verticale, qui aspire l'eau de mer à travers une ouverture buccale dans un ventricule réticulaire, un pharynx volumineux, puis après filtration, la rejette par un siphon cloacal. Ces animaux sont enveloppés par une tunique épaisse, coriace, de consistance gélatineuse. - Une fois de plus, un groupe en partie sessile, sera isolé, séparé de la ligne évolutive. Ce qui frappe chez ces animaux, c'est leur position verticale. Leur tunique, dure comme du cuir, donne moins une impression de volonté d'isoler (comme pour les echinodermes) qu'une volonté de soutenir. C'est comme si cette fonction de soutien intérieur de la corde était transposée à l'extérieur. Nous rencontrons ici pour la première fois le motif du redressement qui, cependant, sera pendant longtemps isolé de l'évolution, avant de devenir une force intrinsèque qui se développera chez l'homme.

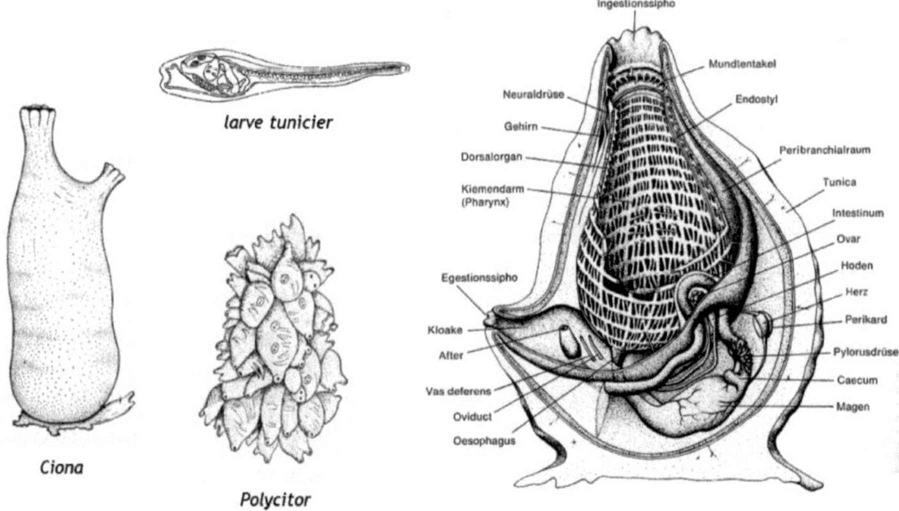

Figure 53: Tuniciers: En haut: larve avec corde dorsale. Droite: plan de construction de l'adulte.

* * *

Au cours de notre parcours à travers les groupes animaux, il est à noter que jusqu'à présent, nous ayons à faire: 1) à des formes apparentées au monde minéral (les unicellulaires, par rapport à leur métabolisme, les eponges par rapport à leur structuration), 2) à des formes apparentées au monde végétal (les cœlentérés par rapport à leur symétrie radiaire, leur mode de vie essentiellement sessile, et leur coloration), 3) à des formes animales (par rapport à leur différenciation et leur organisation internes), 4) finalement à des formes apparentées dans un certain sens à l'homme (les tuniciers par rapport à leur corde et leur redressement). Tout cela est soumis au concept supérieur de l'organisation animale. L'une de ses caractéristiques, l'organisation interne, sera déjà nettement différenciée dans ces groupes basaux, alors que l'autre caractéristique, la locomotion libre, ne se montrera que comme une préfiguration.[196]

7.1.7. *Les cordés*

Le groupe systématique qui va suivre sera celui des cordés. Chez eux la corde axiale persistera chez l'adulte. Ils formeront tout d'abord des animaux dépourvus de cranes, les acraniates. Le lancelet (*Branchiostoma*), avec la structuration métamérique du corps, en est le représentant le plus connu. C'est ainsi qu'on aboutit à une structure animale nageant librement, qui a surmonté toute référence à des formations sessiles et végétales. (Pourtant le lancelet aime s'enfoncer dans le sol sableux pour attirer la nourriture grâce à une couronne de filaments mobiles qui entourent sa bouche toujours béante).

La ressemblance avec *Branchiostoma* et la larve des tuniciers peut faire penser que les poissons acraniates se sont développés à partir d'un tunicier qui n'a pas atteint l'âge adulte.[197] Une réflexion semblable

---

[196] Rudolf Steiner divisa l'ensemble des animaux en douze groupes comprenant dans les quatre premiers groupes les unicellulaires, les cœlentérés, les echinodermes et les tuniciers (Steiner, 1923a). Eugen Kolisko (1930) a caractérisé cette division, aussi dans le sens des rapports découverts ici, en relation avec les quatre sphères liées à la nature du physique, à la nature de l'éthérique, à la nature de l'astral et à celle du Moi.

[197] Une idée que le zoologiste russe Aleksander Kowalewsky avait déjà formulée en 1867. Dans les années 1920 elle fut défendue par le zoologue anglais Walter Garstang, et elle est connue actuellement comme l'hypothèse Garstang. Au

pourrait aussi être faite pour le développement des tuniciers à partir de la larve, à symétrie bilatérale de Dipleurula, un echinoderme n'ayant pas atteint le stade de l'animal parfait. (Fig. 54: pour plus de détails, chapitre 8.1).

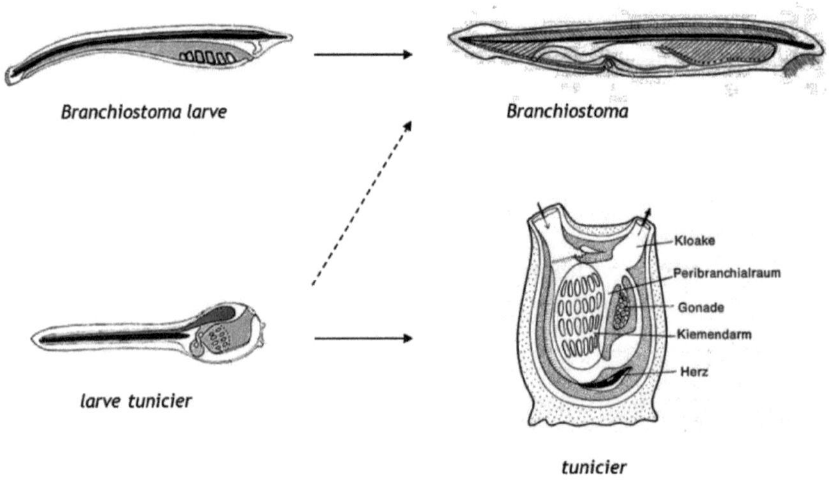

Figure 54: Il est possible que la pisciforme du lancelet se soit développé à partir d'une larve de tunicier.

7.1.8. *Les vertébrés*

A l'image du lancelet, tous les organismes qui vont se succéder dans cette ligne évolutive, comporteront une corde dorsale. Pour les formes primitives (telles les lamproies dépourvues de mâchoire, et les myxines) elle se conservera, alors que pour les formes plus évoluées, elle sera remplacée au cours de l'embryogénèse par une colonne vertébrale qui s'élaborera à travers des ossifications complexes, divisées rythmiquement autour de la corde. C'est ainsi que les vertébrés acquièrent cet organe de soutien central et mouvant qui sera fondamental pour toute la suite de l'évolution. C'est aussi la raison pour laquelle les vertébrés, au cours de leur développement embryonnaire, parcourent tous les stades

---

temps de la génétique moléculaire, elle est à nouveau discutée, car les mêmes gènes de l'évolution se retrouvent dans ces quatre groupes.

élémentaires de la formation de la corde et de sa segmentation, de même que la partition métamérique du tronc (voir ci-dessus la Fig. 29).

En même temps les vertébrés vont modeler une vraie boite crânienne constituée d'une capsule osseuse ou cartilagineuse, qui va entourer le cerveau en train de se former, et le protéger. Pour les poissons primitifs fossiles, ce manteau osseux externe élaborera en plus un bouclier osseux, un squelette dermique, qui entourera la partie antérieure du corps ou même des surfaces plus importantes de celui-ci, pour se retirer progressivement vers le domaine céphalique.[198] La formation du crâne et du cerveau donneront naissance au centre d'intégration du système nerveux central, le vrai pôle-tête des organismes les plus évolués. Tête et colonne vertébrale se présentent horizontalement dans la direction du désir actif, de l'aspiration dynamique. Le type poisson manifeste la disparition intentionnelle de la psyché.

7.1.9. *La suite de l'organisation des vertébrés*

Comme nous l'avions déjà esquissé plus haut (Chap. 5.4), ce sera à partir des poissons que le type vertébral tripartite se modèlera progressivement. Ce sera en premier lieu la région céphalique qui se différenciera en commençant par la formation d'une tête abritant un cerveau et un centre sensoriel qui se différenciera à son tour en donnant une sphère neurosensorielle (cerveau, yeux, organes de l'odorat, du goût et de l'équilibre), un orifice buccal et une cavité (la partie céphalique qui plus tard appartiendra au domaine médian de l'organisation rythmique), et une région buccale pourvue d'une mâchoire (le domaine métabolique-membre). Une voie latérale mènera aux poissons dépourvus de mâchoire.[199]

---

[198] Voir Suchantke, 2002.

[199] Lorsqu'on compare génétiquement les agnates des gnatostomes on découvre avec étonnement que ces derniers se différencient des premiers par une duplication du génome. Un autre dédoublement du génome avait déjà eu lieu lors du passage des cordés aux vertébrés. Les copies génétiques qui, chaque fois, vinrent s'y ajouter, se modifièrent ensuite très nettement et purent ainsi remplir des fonctions plus élargies, pendant que les fonctions des anciens gènes subsistèrent. Dans son livre, «Les gènes coopératifs», Joachim Bauer a présenté, sur la base d'une quantité de résultats biologico-moléculaires, que de telles

Avec l'élaboration d'un organe creux rempli de gaz (qui deviendra une vessie natatoire pour les poissons ou un poumon pour les vertébrés terrestres), ainsi que d'autres développements, tels que celui d'un squelette ossifié et la formation de côtes (respectivement d'arêtes), la partie tronc continuera de se modeler. Les poissons cartilagineux et osseux sont les témoins persistants de ces modifications. Ce sont des êtres tête-troncs; les membres, dans le vrai sens du terme, sont encore absents.

Que serait-il arrivé si l'évolution s'était arrêtée au stade poisson? Essayons de nous transposer dans un poisson. Flottant en apesanteur et glissant à travers l'eau en ressentant de tout son corps les courants et les tourbillons de l'élément liquide qui l'entoure, dans un monde où se fondent des impressions gustatives (de nombreuses espèces goûtent de tout leur corps), les yeux toujours ouverts percevant davantage des différences de luminosité que des contours précis, produisant de légers mouvements de flottement suivis, brusquement, d'accélérations vigoureuses de tout leur corps. Que serait notre propre ressenti si notre température corporelle était celle de notre milieu et qui nous traverserait, aspiré puis expiré, un courant aqueux pénétrant par la bouche et ressortant par les branchies latérales? On le ressent sans peine: immergés dans l'eau, la réalité se montrerait à nous très différente. En apesanteur, parmi des jeux de lumière papillotants, au milieu de sons creux gargouillant... les poissons flottent dans un oubli de soi à travers un monde fluctuant et rêveur.

Dans un certain groupe de poissons primitifs, les sarcoptérygiens (*Sarcoptérygii*), qui développent des nageoires charnues, vont se développer, au cours du prochain grand pas en avant, les membres. A ce

---

modifications génomiques qui sont accompagnées de grandes poussées évolutionnistes, ne se déroulent pas seulement de façon aléatoire, au contraire, il existe au sein des cellules un système complexe en accord avec la physiologie d'ensemble, de mécanismes stabilisateurs et modificateurs de gènes capables de conduire par exemple, plusieurs fois de manière ciblée, à une duplication de parties de génomes petites ou grandes, lorsque les organismes sont soumis de manière durable à des stress extérieurs. C'est l'organisme dans son entier qui agit sur son matériel génétique, comme agissent les gènes sur l'organisme. A l'instar de chaque autre processus biologique, les mutations montrant un effet sur l'évolution, sont aussi soumis à un pilotage intrinsèque. (Bauer, 2008).

niveau du passage de la vie aquatique à la vie terrestre, les amphibiens, condamnés à être liés à l'eau, constituent une branche latérale qui n'évoluera plus. Avec les amniotes (entre autre les reptiles), dont les embryons se développent dans le liquide amniotique, une totale indépendance par rapport au vécu dans l'élément liquide sera atteinte; et finalement les mammifères, en particulier, apprendront à maintenir leur température corporelle constante, lorsqu'à l'extérieur elle est soumise à des fluctuations. La dernière grande poussée séparatrice se réalisera avec la venue des primates, en particulier les singes anthropomorphes qui (surtout au cours de leur stade juvénile) seront capables de comprendre et d'avoir un comportement social, avec beaucoup de flexibilité psychique et de capacité à s'exprimer ressemblant à celles de l'homme (Fig. 55).

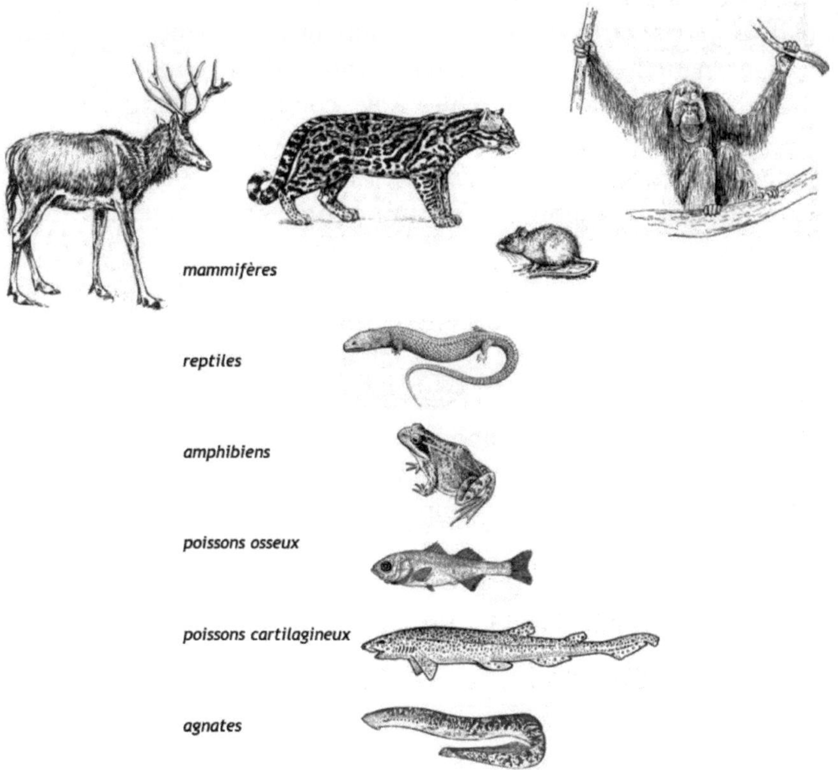

Figure 55: Représentants actuels des étapes macro-évolutives des vertébrés (l'échelle n'est pas respectée).

Les mammifères montrent à nouveau une tripartition en un groupe plus ouvert au monde, dans lequel domine le système nerveux (les rongeurs), puis un groupe polaire au premier, centré sur lui-même, dominé par le métabolisme et le système des membres (les ongulés), enfin un groupe médian, celui des carnivores, où prédomine le système rythmique. Wolfgang Schad a décrit cette partition de manière géniale.[200] Dans leur globalité, les mammifères représentent l'être humain.

7.2. *L'évolution sous le signe de l'hominisation*

Lorsqu'on considère l'évolution à la lumière de l'expérience intérieure et que l'on accomplit intrinsèquement la progression de la structuration, alors on peut les embrasser tels que la figure 56 les illustre, qui résume ce que nous avons exposé. La ligne évolutive centrale est constituée par une suite de principes structurants qui conduisent finalement à l'homme. De cette ligne partent des rameaux représentant des formes animales que l'on retrouve encore aujourd'hui, soit comme fossiles, soit encore vivants, et dans lesquelles les principes structurants ininterrompus sont comme coagulés. Les groupes animaux apparaissant concrètement, sont alors chaque fois à comprendre comme le produit de l'interaction de ces principes structurants avec l'environnement physique dans lequel ils se «réalisent», pendant que l'être humaine se libère largement de l'environnement (voir Chap. 8.4 et 9.1). Le principe de l'élévation dans le courant de l'évolution est ainsi désigné comme le principe de l'hominisation.

Le besoin fondamental pour l'homme, c'est d'abord la vie. La vie la plus primaire coule déjà dans le double courant du temps, elle est une expression externe de la croix temporelle. Cette structure apparaîtra plus tard dans la conscience cognitive de l'homme. Les cellules primitives se différencient en noyau, en plasma et en un système de membranes. Dès ce moment la différenciation tripartite fonctionnelle de l'homme est établie sous forme d'un pôle informatif, d'un pôle métabolique-membre, et d'un système médiateur, rythmique. Ensuite se déploieront successivement les facultés capables de réaliser une structure pluricellulaire générant un espace intérieur, une organisation physico-

---

[200] Schad, 1971.

psychique pour une orientation devant-derrière, puis des organes internes issus du mésoderme, des facultés qui assureront plus tard la base de l'existence physique de l'être humain, dans son intériorité et dans ses interactions avec le monde externe. Ensuite se développera un squelette de soutien apportant un maintien et des contre-boutants intérieurs, la base de redressement.

Figure 56 (page suivante): Le courant de l'évolution en tant qu'hominisation physique sous le signe d'une séparation des différentes structures animales. Pour plus de clarté, seules les formes animales actuelles ont été notées. Les catégories systématiques indiquées à gauche correspondent chaque fois aux innovations évolutionnistes de même niveau.[201]

---

[201] On pourrait émettre des objections contre la linéarité de ces représentations puisque, actuellement, on refuse souvent à la fois de considérer l'homme comme un but, et l'évolution comme une suite de développements organiques convaincante en soi. Je voudrais ici établir de manière succincte une liste d'arguments en faveur de cette vision des choses, des arguments déjà justifiés ci-devant, d'autres qui seront fondés en détail dans la suite de ce livre.

- L'histoire de la lignée évolutive ne peut être saisie que dans la perspective de la cognition actuelle, c'est-à-dire dans la rétrospective. Celui qui voudrait émettre des jugements sur les perspectives d'avenir de la phylogénie à partir du cambrien, s'oublierait lui-même en tant qu'être connaissant.

- Notre connaissance de l'évolution se construit en imprégnant de concepts des perceptions actuelles et en les reliant entre elles. Ce n'est que dans ce surcroit conceptuel que nous saisissons la temporalité de l'évolution. Seule une théorie de la connaissance, qui fournit le socle à un actualisme radical, est à même d'expliquer la relation entre le vide spirituel des organismes primitifs et le corporel psychique humain imprégné d'esprit.

- L'évolution, en tant que processus évolutif organique, doit être appréhendée dans le double courant temporel: la structuration coule depuis le futur, c'est-à-dire depuis l'homme lui-même.

- Que ce soit avec une ligne droite, ou avec de nombreuses ramifications entre les cellules archaïques et l'homme: ce fil rouge de l'hominisation trace aussi sa voie à travers ces ramifications.

- Cette présentation ne signifie évidemment pas que la phylogénie se serait déroulée quasi mécaniquement. Elle devra être appréhendée comme un processus évolutif organique progressant entre un continuel dépérissement et une continuelle néoformation.

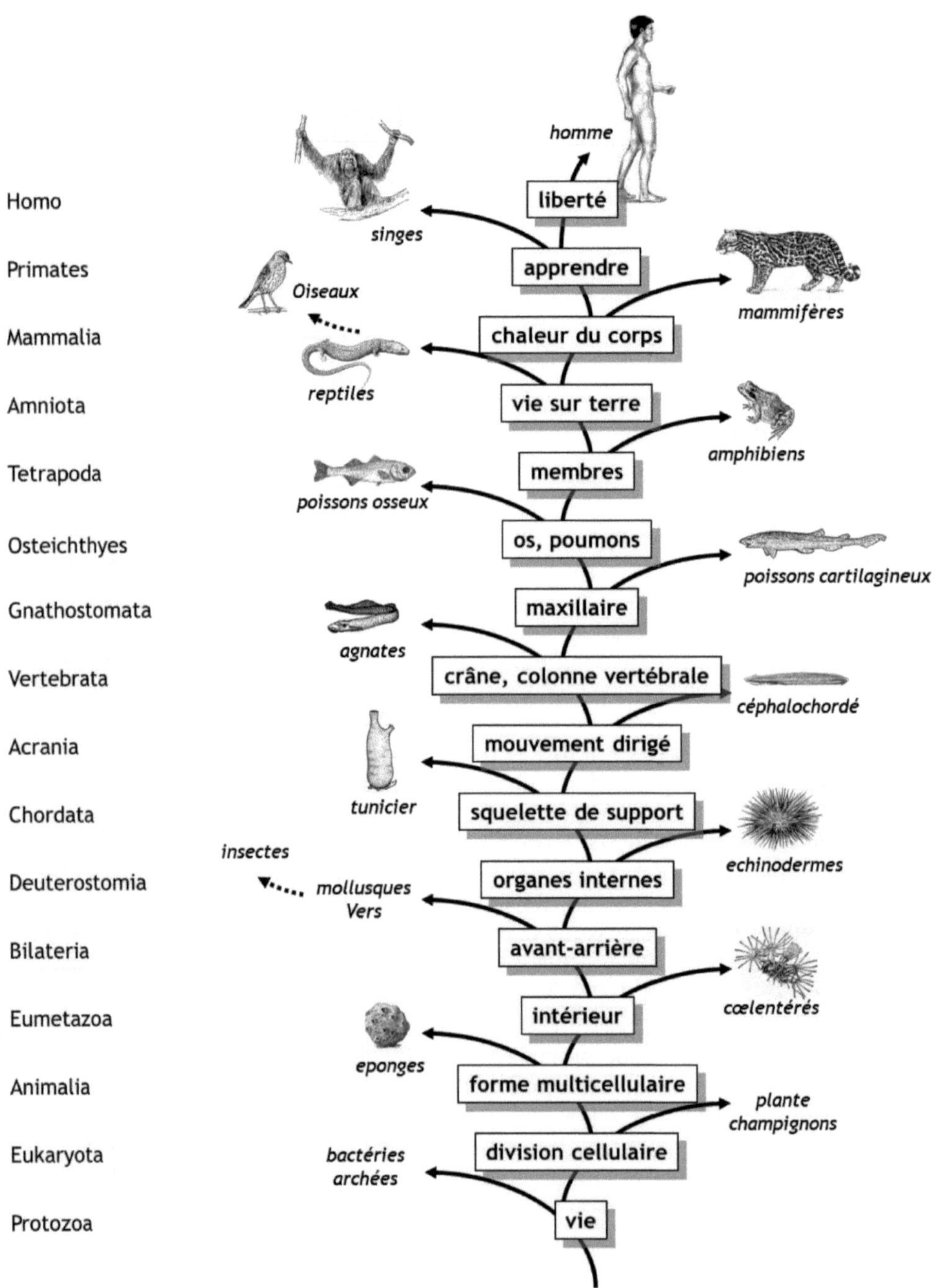

Homo
Primates
Mammalia
Amniota
Tetrapoda
Osteichthyes
Gnathostomata
Vertebrata
Acrania
Chordata
Deuterostomia
Bilateria
Eumetazoa
Animalia
Eukaryota
Protozoa
homme
liberté
singes
apprendre
Oiseaux
mammifères
chaleur du corps
reptiles
vie sur terre
amphibiens
membres
poissons osseux
os, poumons
poissons cartilagineux
maxillaire
agnates
crâne, colonne vertébrale
céphalochordé
mouvement dirigé
squelette de support
tunicier
echinodermes
insectes
organes internes
mollusques
Vers
avant-arrière
cœlentérés
intérieur
eponges
forme multicellulaire
plante
champignons
division cellulaire
bactéries
archées
vie

Nous sommes donc tout d'abord en présence de quatre grands pas évolutifs: [1] des cellules vivantes tripartites; [2] une structure élaborant un espace intérieur; [3] une orientation devant-derrière et des organes mésodermiques; [4] un squelette de soutien pour des mouvements directionnels. Cette forme d'organisation des cordés une fois établie, elle continuera de se modeler de façon tripartite en différenciant un premier lieu une tête, puis un tronc, et finalement les membres. La tête avec la concentration et l'enfermement d'un cerveau sera le futur socle pour la conscience cognitive; la corde dont la segmentation génèrera la colonne vertébrale et un appui solide mobile, la base future du redressement en lien avec les libres mouvements de la vie de l'âme. C'est au niveau céphalique que s'amorcera également le développement des membres par la formation d'une mâchoire. On a l'habitude d'expliquer l'évolution de la mâchoire par une plus grande efficience pour la prise de nourriture. Cependant le déploiement de la mâchoire est tout autant le préliminaire du développement de la parole, sans laquelle l'homme ne pourrait être ce qu'il est. Dans le développent de la mâchoire des poissons primitifs s'annonce déjà la future faculté du langage humain. Le grand pas évolutif qui va suivre ossifiera le squelette, qui deviendra capable de supporter une charge, la condition pour une marche sur le sol dur terrestre et le maintien droit de l'homme. Il se formera une ceinture scapulaire et une ceinture pelvienne auxquelles s'implanteront les bras et les jambes. Un organe creux rempli d'air apparaîtra, chez les poissons osseux sous forme de vessie natatoire, chez les poissons possédant un organe pulmonaire et chez les animaux terrestres devenant les poumons. L'air ainsi aspiré, sera la base des performances physiques de la vie psychique et de la parole humaine. Ensuite viendront les membres. C'est la manifestation du futur organisme locomoteur humain, le fondement et l'outil de sa volition.

L'homme n'aurait pas pu atteindre sa pleine conscience du monde et de lui-même s'il était resté dans le domaine aquatique, il lui fallut une existence sur la terre ferme. Pendant le passage des reptiles aux premiers mammifères se modèlera un palais osseux et le diaphragme, l'oreille moyenne se différenciera, passant de un à trois osselets ce qui apparaît à nouveau comme une phase préliminaire de la conquête du langage. Le niveau évolutif des mammifères correspond à une multiplicité de différenciations organiques qui sont avant tout liées à l'homéothermie. Sans chaleur propre l'homme ne pourrait déployer une vie intérieure continue, et ses possibilités d'action ne pourraient être libres, indépendantes des influences du milieu environnemental. D'ailleurs c'est seulement à cette époque que la cage thoracique et l'abdomen avec ses organes métaboliques, seront séparés par le diaphragme, une condition pour permettre plus tard au monde des sentiments et des sensations de générer une certaine indépendance par rapport au domaine volitif. Finalement, ce dont l'homme a besoin pour accéder à ce qu'il veut être, c'est la possibilité de modifier son comportement à partir d'une interaction et d'un apprentissage au sein d'une communauté, un pas évolutif signifié par la venue des primates.

L'élévation dans le développement des formes animales peut ainsi être comprise comme un chemin vers l'humanisation. A chaque étape de ce développement, des formes vont donner des rameaux secondaires qui, si leurs principes structuraux avaient seuls comptés, auraient rendus impossibles la suite du développement. Pendant que le courant central continuera de se déployer, les plans de construction des formes qui se sont isolées, se sont conservés jusqu'à maintenant, subissant souvent des radiations adaptatives (microévolution), ou bien continuant à évoluer telle la superclasse des agnates, qui aboutira aux insectes, ou bien la lignée qui, en passant par les reptiles ou les dinosaures, conduira aux oiseaux. Pour autant qu'ils ne se soient éteints, ils constituent encore aujourd'hui le monde animal qui environne l'homme. Les animaux qui entourent l'homme, peuvent être compris comme des produits de séparation, extraits de son évolution, et non pas comme quelque chose dont il est issu.[202, 203]

---

[202] Rudolf Steiner, 1923-1925, Chapitre XXX.

[203] Sous ce point de vue, l'ontogénèse et la phylogénèse sont, elles aussi comparables, car les deux représentent le développement humain, depuis les cellules primaires jusqu'à l'organisme adulte. L'ontogénie, telle qu'elle fut formulée par Ernst Haeckel (1834-1919) dans sa loi fondamentale de la biogénétique, récapitule donc la phylogénie. Cependant l'homme ne parcourt pas dans son développement embryologique les formes adultes de ses ancêtres phylogéniques, car celles-ci sont des voies latérales coagulées à partir du courant central gardant sa fluidité. De même ne parcourt-il pas forcément de manière exacte les stades embryonnaires de ses ancêtres, il récapitule leurs principes structuraux car ils représentant ses principes de développement. L'être des animaux est le miroir du devenir de l'homme. Ce sont les lois productrices à

$* * *$

Cette approche d'une tripartition permet d'avoir une vue d'ensemble sur toute l'évolution animale. Le système métabolique-moteur par exemple ne se différenciera pleinement que pendant les quatre dernières étapes du développement (amphibiens, reptiles, mammifères et primates). Les membres n'apparaîtront qu'à partir du stade des amphibiens, alors que le système métabolique ne sera pleinement élaboré que chez les mammifères. L'ensemble du système comprenant la prise de nourriture, la digestion, le stockage et la combustion des aliments, la régulation thermique par les cheveux, par la faculté de contraction des vaisseaux sanguins, par la production de sueur et par le grelottement etc... devient à ce point fiable qu'il permettra de maintenir constante la température corporelle face au monde extérieur. La reproduction (qui fait également partie du système métabolique-moteur), s'intériorisera pas à pas[204], l'organisme maternel développera des glandes mammaires etc...

Chez les poissons, c'est différent. La colonne vertébrale et la musculature seront segmentées rythmiquement. Il se formera une cage thoracique. Pour la première fois apparaîtra une respiration branchiale indépendante de la nutrition, un flux d'eau pénétrant puis s'échappant de manière rythmique (pour les formes primitives des tuniciers et des echinodermes, la respiration et la nutrition sont encore réunies dans le pharynx), et le système sanguin s'orientera vers une première étape de maturation du mouvement sanguin. Chez les poissons, ce sera l'organisation rythmique qui sera prépondérante.

Comparés aux poissons et aux vertébrés terrestres, les organismes des quatre embranchements inférieurs (unicellulaires/eponges, cœlentérés, echinodermes, tuniciers), sont des êtres «céphaliques», qui façonneront avant tout le système neuro-sensoriel. Ils développeront des espaces internes qui, dans beaucoup de cas, seront protégés et maintenus par un

---

travers lesquelles l'ontogénie et la phylogénie se ressemblent, et non les résultats qu'elles ont générées. Déjà le zoologue de Tübingen, Karl Friedrich Kielmeyer (1765-1844) formule: «... *que la force génératrice chez l'individu... dans ses lois [!] concorde à la force génératrice qui donne naissance à la série des différentes organisations apparaissant sur terre.*» (Cité d'après Schad, 1985, p.125).

[204] Schad, 1982.

squelette externe. Les sens seront déjà diversement différenciés (des récepteurs pour la lumière, le toucher, les substances chimiques, et pour la pesanteur); des systèmes nerveux apparaîtront.

Nous avons ainsi trois groupes d'organismes qui seront comme un chiffrage de l'évolution humaine:

- Tout d'abord des structures qui vivent préférentiellement sur les fonds marins, qui présentent une symétrie radiaire ou en forme de sphère (les animaux «tête»).

- Ensuite les animaux «tronc» qui nagent en apesanteur dans l'élément liquide, essentiellement cylindriques et segmentés rythmiquement; et,

- finalement des animaux «membre», vivant sur la terre ferme, dans l'air, et qui sont constamment soumis à la pesanteur.[205]

Le motif structural des animaux «tête» est leur différenciation entre dehors et dedans. Les animaux «tronc» y ajouteront l'orientation avant-arrière, et les animaux «membre» y joindront le haut et le bas. Seul l'homme sera organisé dans la direction verticale.

N'est-il pas significatif que ce soient justement les structures limitrophes au groupe médian, les tuniciers et les amphibiens, qui produisent des stades larvaires pisciformes? De même que le système rythmique est relié vers le haut au système neuro-sensoriel, et vers le bas au système métabolique-moteur, de même ces trois groupes animaux se chevauchent au niveau de leurs larves! (Ce faisant, et tout à fait dans le sens du double courant temporel, les larves «précoces» des tuniciers, qui se différencient nettement des structures adultes, anticipent le type «poisson», pendant que les larves «tardives» des amphibiens, qui possèdent déjà la plupart des systèmes organiques typiques des structures adultes, rappellent encore le type «poisson»…).

---

[205] Cette partition des animaux fut décrite pour la première fois par Rudolf Steiner. Si l'on ajoute le phylum des protostomiens, alors les mollusques (bivalves, escargots, pieuvres) appartiennent au groupe des animaux «tête», les annélides segmentées à la «poitrine», et les insectes aux «membres». (Steiner, 1922a, 1923a).

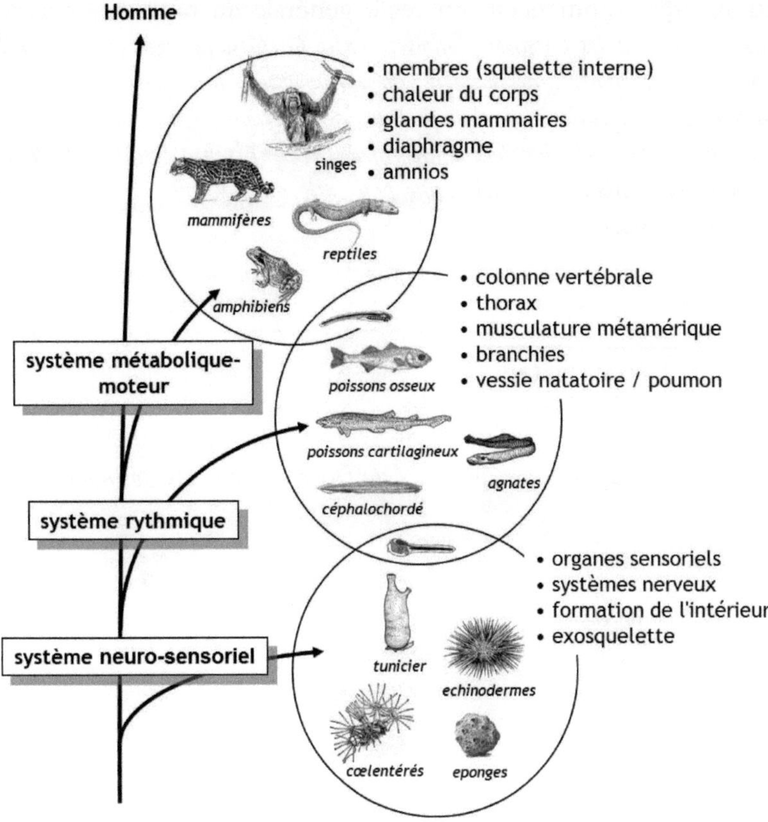

Figure 57: L'évolution sous l'aspect des trois systèmes organiques humains. Dans le chevauchement des cercles se trouvent, en bas une larve de tunicier, en haut une larve d'amphibien, (les aspects listés à droite ne comptent pas pour tous les groupes animaux contenus dans chaque cercle).

A la lumière du double courant temporel et depuis le futur, l'organisme métabolisme-membres flue en quelque sorte depuis le futur vers l'organisation «tête» des structures inférieures (Fig. 58). Ainsi, pour le type poisson, se structure tout d'abord la mâchoire telle une représentante des membres, avant que ne se différencie le tronc puis les membres. Wolfgang Schad a démontré que les grandes innovations évolutionnistes commencent en règle générale au pôle «membres» des organismes: «*Tous les passages étudiés… entre la classe des vertébrés et l'évolution humaine, se déroulèrent… de manière que l'innovation de la périphérie locomotrice précéda celle de l'intégration des organes centraux supérieurs. Cette «hétérochromie» en mosaïque se compose chaque fois d'un rajeunissement phylogénique essentiellement dans le domaine céphalique, suivi d'une poursuite du développement principalement dans le domaine moteur.*»[206]

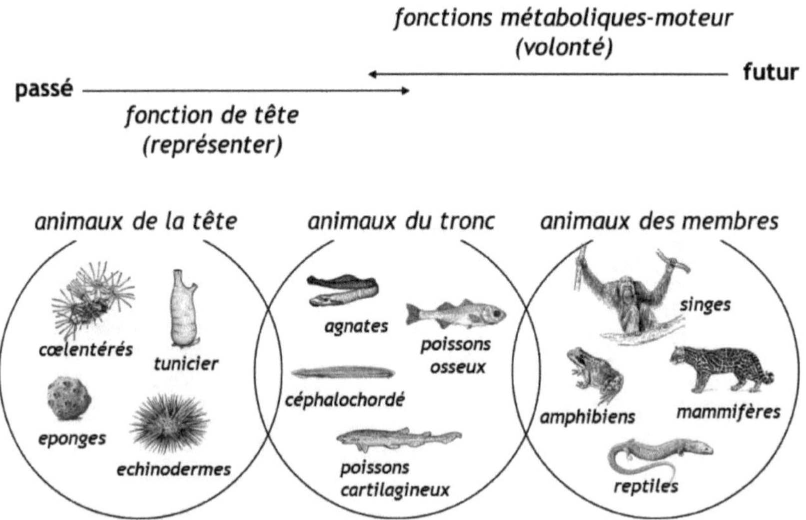

Figure 58: L'évolution des trois grands groupes zoologiques dans le double courant du temps.

La tête, en tant qu'organe de la représentation, appartient au courant temporel provenant du passé, alors que le métabolisme et les membres, liés à la volition, vivent dans le courant provenant du futur. C'est ça la relation basique que nous ne cessons de rencontrer d'une façon ou d'une autre. Les impulsions du développement issues du futur concernent de manière prépondérante l'élaboration de l'aspect «volitionnel-membres» des animaux, pendant que se réalise l'intentionnel-psychique en tant que motricité.[207]

---

[206] Schad, 1992; Schad, 1993.

[207] Une observation plus exacte indique que le pôle «tête» continue, lui aussi de

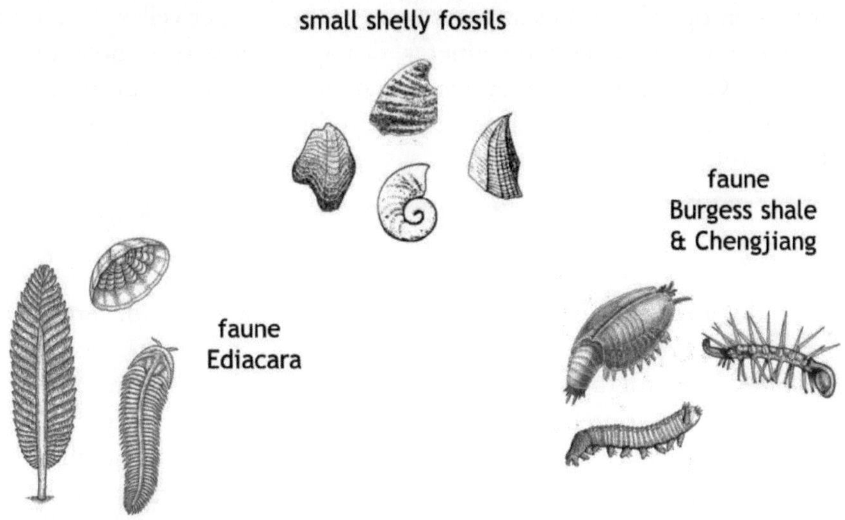

Figure 59: Les organismes pluricellulaires les plus précoces, par ordre de leur apparition (de gauche à droite).

Pour terminer ce chapitre, jetons encore un rapide regard sur les structures précambriennes déjà évoquées ci-dessus: sur la faune Ediacara du Sud de l'Australie (il y a 565 - 542 millions d'années), sur la faune de Chengjang du Sud de la Chine (525 millions d'années) et de Burgess-Shale (Canada, 515 millions d'années). Dans l'intervalle de ces groupes apparurent encore ce qu'on appelle les fossiles «small shelly» (partout dans le monde, 542 - 530 millions d'années, Fig. 59).

Les organismes d'Ediacara, avec leur pure structure métamérique, font encore penser à des plantes, alors que les «small shelly» fossiles donnent

---

se développer, que c'est préférentiellement l'aspect volitif qui se différencie lorsque, par exemple, les fonctions sensorielles se lient aux propriétés motrices musculaires. C'est ainsi que pour les poissons, le cristallin peut, dans une certaine mesure, être tiré vers l'arrière, mais ce n'est que chez les vertébrés terrestres que se développera la musculature pour une modification de la courbure du cristallin. Sur la terre ferme se développeront des paupières capables de se fermer activement, l'articulation de la mâchoire des amphibiens conduira aux osselets des mammifères, des pavillons auriculaires orientables apparaîtront, etc...

l'impression de «têtes». Les structures de Chengjang, et celles du Canada élaborent, en plus de leurs métamères, des appendices ressemblant à des membres. C'est comme si la vie résumait en prélude, avant de les déployer systématiquement à partir du Cambrien, les motifs structuraux de base.

$$* * *$$

Ainsi, globalement, un autre chemin est esquissé, différent du darwinisme et du créationnisme, qui ne recherche pas de causes extérieures à la structuration et au développement des phénomènes de la vie, mais qui les appréhende pour ce qu'ils sont en eux-mêmes. Nous portons notre regard sur les animaux et sur l'homme et recherchons au sein même du monde tel qu'il se manifeste à nous, les idées qui relient entre eux les phénomènes. Les animaux et l'homme n'auront alors plus besoin d'être considérés comme les produits achevés d'un «designer» divin tout puissant, ni comme des produits du hasard jetés pêle-mêle dans un univers insensé. Au contraire, tout le règne animal (et dans un sens plus élargi, que l'on ne peut développer ici, aussi tout le reste de la nature) pourra être considéré comme un reflet de l'humanisation. Depuis l'origine, et au sein de tous les êtres vivants, c'est l'homme qui se déploie vers un accord final qui se manifeste en pleine conscience dans sa structure physique.

L'homme apparaît ainsi comme le centre des cercles concentriques des animaux. Les cercles (de même que le centre lui-même) naissent d'une origine commune dans laquelle ils existaient, indivis. Par division, cette unité se fractionna en donnant le point et les cercles. Les cercles les plus proches du point sont ceux qui lui sont le plus apparentés. Pourtant l'homme apparut tout à fait en dernier, lui, l'être central, après que les animaux se soient déployés dans tous les espaces de la nature, car les animaux se spécialisèrent, alors que dès le départ l'homme demeura dans la zone de croissance non spécialisée de la nature. On rencontre ainsi une vieille idée qui fut toujours à nouveau exprimée dans l'histoire des sciences humaines, par exemple de manière classique par Johann Gottfried Herder, un contemporain et un ami de Goethe: *«L'homme ... semble être parmi les animaux terrestres... la fine créature médiane qui rassemble, pour autant que le permette la particularité de sa destinée, la plupart et les plus fins rayons des structures qui lui ressemblent. Il ne pouvait pas, dans la même mesure, tout réunir en lui, il fut donc obligé de céder la place à telle créature qui le dépassait par la finesse de ses sens, à telle autre qui le dépassait par la force musculaire, à telle autre encore, par l'élasticité de ses fibres: mais ce qui se laissait réunir, il le ramassa en lui… En comparant avec lui les espèces animales qui lui sont le plus proches, on pourrait même s'enhardir à déclarer: elles sont les rayons de son image, mais brisées et dispersées, par un miroir catoptrique. C'est donc ainsi que nous pouvons admettre que l'homme est une créature médiane parmi les animaux, la forme la plus accomplie qui réunit autour de lui les traits de tous les genres en une incarnation des plus fines.»*[208]

7.3.   *L'expérience intérieure, une clé pour saisir les forces créatrices de la nature*

Une ancienne conception de la nature avait fait une distinction entre la nature créée (*natura naturata*) et la nature créatrice (*natura naturans*); le terme «nature» vient du latin nasce (naître).[209] Nous sommes d'abord face à une nature qui nous apparaît comme créée (ou bien «devenue») et qui nous est énigmatique, parce que nous n'avons pas participé à sa création. Aussi longtemps que nous ne faisons que regarder ses aspects, nous n'appréhendons pas les forces qui l'on fait naître. Mais si nous faisons l'effort de reproduire intérieurement les différentes formes extérieures en les modulant avec nos propres forces volitives, et de nous identifier avec ses structures et ses «devenirs», alors nous pénétrons dans le domaine générateur de la nature. «*Lorsque la nature se déploie dans le vivant, elle crée des formes qui naissent en se développant les unes à partir des autres. Nos forces intérieures, artistiques et plastiques peuvent nous permettre de nous rapprocher de la nature lorsque, avec amour, nous partageons les métamorphoses dans lesquelles elle vit.*»[210]

L'histoire de la vie commence à parler lorsqu'on la conçoit, non pas seulement avançant depuis le passé vers le futur, mais aussi dans sa fonction structurante, depuis le futur vers le passé. D'où proviennent une corde, un cerveau, une mâchoire, un poumon, les membres,…? Ils apparaissent à un moment donné de l'évolution, et l'esprit humain

---

[208] Herder 1784, p. 34.

[209] Ainsi chez le théologien scolastique Johann Scotus Eriugena (810-877). (Eriugena, vers 850).

[210] Steiner, 1923, p. 9.

aimerait comprendre. A lui se présentent tout d'abord les idées d'un Darwin ou d'une «création divine». Les deux conceptions restent à l'extérieur des phénomènes, comme si l'homme n'était qu'un simple spectateur de l'histoire de l'évolution. Elles supposent que l'évolution, sans l'apparition de l'homme, se serait déroulée de la même manière. - Essayons de ressentir intérieurement le darwinisme et le créationnisme. Goûtons-le pour ainsi dire spirituellement, et faisons alors la comparaison avec les expériences qui surgissent en nous lorsque, dans les néoformations de l'évolution on y ajoute mentalement les facultés humaines qui apparaîtront plus tard. Prenons par exemple, l'histoire de la mâchoire inférieure chez les premiers poissons. Etait-ce un hasard qui les a produites, ou bien un créateur de l'au-delà? Peu importe quelle direction nous choisissons, nous resterons à l'extérieur, nous ne pourrons pas contempler «intérieurement» si c'est l'une ou l'autre conception qui est juste, nous ne pourrons que décider à partir de certaines considérations, de certaines vraisemblances, car nous ne sommes ni le créateur, ni le hasard. Par contre, si nous nous rapprochons de l'histoire de l'évolution de manière «reproductive», en l'expérimentant, en la vivant, intrinsèquement, alors nous constaterons: nous ne sommes ni dans le hasard, ni dans le «créateur», mais dans la mâchoire! Evidemment, à l'extérieur, je ne verrai que des os pétrifiés, mais je peux m'y glisser avec ma psyché, je peux partager - et les ressentir - les mouvements qui saisissent et dévorent, qu'utilisèrent jadis leur archaïque propriétaire; et je ne les partage pas seulement, je les accomplis aussi chaque fois que je me représente l'image des mâchoires de ces poissons archaïques. Sans cette expérience volitive, ce ressenti dans la représentation de ma propre activité masticatrice, l'expression «mâchoire de poissons primitifs» ne me dirait rien du tout. Ou bien prenons le passage des poissons à la conquête de la terre ferme. Ne le ressentons-nous pas dans toutes les fibres de notre corps? Comment les nageoires devenues des moignons de membres tirent de l'eau leur corps devenu pesant, comment la lumière crue aveugle, la peau se dessèche chez l'animal qui, se traînant sur la terre ferme, a hâte d'atteindre la flaque d'eau la plus proche… Nous nous identifions avec l'histoire du développement de toute la nature. Le ressenti volitif de tout mon propre corps me fournit les concepts grâce auxquels je pense les pas du déploiement de l'évolution.[211]

Neil Shubin, l'un des renommés biologistes de l'évolution américains intitula son important ouvrage paru en 2008: «Le poisson en nous». Shubin y relate son expérience avec un poisson fossile présentant un début de formation de main: *«Nous avions sous nos yeux un poisson âgé de 375 millions d'années, et fixâmes du regard l'origine de notre propre organe physique.»*[212] Ici est clairement exprimé ce qui se passe à chaque acte cognitif concernant l'évolution: nous la rapportons nécessairement à nous; nous ne pouvons faire autrement que de nous y impliquer, car c'est nous qui essayons de la comprendre (cela compte aussi lorsque nous le démentons parfois par respect devant l'animal, ou par humilité scientifique). L'homme est le fil rouge de l'évolution. C'est ainsi que je reconnais, non, que j'observe comment ma propre image, en tant qu'être humain structurant, représentant le courant temporel complémentaire venant du futur, brille à la rencontre des néoformations évolutives du courant temporel provenant du passé. L'organisation corporelle humaine, plus exactement, l'expérience intérieure de son activité corporelle commence déjà à briller chez les animaux de l'évolution terrestre. Devant mon regard apparaît un jeu magnifique d'états en équilibre et de poussés évolutionnistes dans le double courant temporel dans lequel se réalise en premier lieu l'image psychospirituelle ressentie, et vécue volitivement pour, progressivement, se réaliser aussi plus nettement sous son aspect physique.

Pour expliquer l'élévation dans le déroulement de l'histoire des embranchements, différents biologistes ont évoqué divers principes de développements tels qu'un gain en taille, un gain en matériel génétique «égoïste», une plus grande autonomie ou une plus forte «coopérativité» etc. Ces principes sont souvent pertinents (même si, la plupart du temps,

---

[211] Dans un sens proche, il y a par exemple Hans Jonas qui, dans son livre intitulé «Le principe de la vie» écrit: «Sans le corps et son élémentaire auto-expérience, sans ce point de départ de notre globale et générale extrapolation dans la totalité de la réalité, aucun concept de force et d'effet dans le monde, et de là aucune interaction entre les choses, donc aucun concept de la nature elle-même, ne pourraient être conçues.» (Jonas, 1973, p. 46).

[212] Shubin, 2008, p. 50.

ils décrivent le devenir évolutionniste de manière un peu unilatérale). Cependant ils ne détaillent pas de manière convaincante pourquoi l'évolution se déroula justement ainsi et pas autrement, puisque chacun de ces principes aurait pu se réaliser avec des organismes aux structures toutes différentes! L'une des solutions de l'énigme de l'évolution exige d'y inclure aussi le processus cognitif et son porteur humain. Nos explications montrent aussi clairement qu'en fin de compte ces principes sont dérivés de l'expérience humaine (ce qu'illustre par exemple le concept d'autonomie que je suis à même de concevoir parce que je puis, moi-même, ressentir mon autonomie). Aussi longtemps que l'homme veut trouver une explication à l'aide de principes qui lui sont étrangers, il n'avancera pas réellement. Jamais on ne pourra reconnaître chez l'homme comment apparut sa spiritualité à partir d'une évolution dépourvue d'esprit. C'est seulement lorsqu'on prendra la vie et l'essence de l'homme, vécus intérieurement, comme mesure et critère pour appréhender l'évolution que des solutions satisfaisantes pourront naître. Les concepts avec lesquels nous essayons de décrypter les énigmes, nous les pinsons en réalité de notre expérience intrinsèque. Nous impliquons au préalable notre Moi incorporé physiquement, notre Moi cognitif. La nouvelle théorie de l'évolution tiendra compte aussi de ce Moi à la recherche de connaissance.

Ce qui vient d'être exprimé fournira aussi un concept porteur de l'idée d'une évolution montante, une idée que les théoriciens de l'évolution incluent souvent dans leurs discussions.[213] Pour nous, l'élévation consiste en une humanisation progressive qui montre que le développement d'un être est d'autant plus élevé, plus il se sépare tardivement de la ligne de l'humanisation et plus il est apparenté à l'homme. Le point montrant que, sous bien des rapports, le développement des animaux conduira plus loin que celui des hommes, mais pas plus haut, sera discuté au chapitre 9.

7.4. *Le courant temporel provenant de l'avenir*

La faculté représentative de la tête nous permet de saisir les images provenant du passé, la faculté volitive des membres nous permet de saisir les forces du devenir. Les images représentées sont l'aboutissement

---

[213] Voir Rosslenbroich, 2002.

d'un processus qui trouve son achèvement dans l'image; elles proviennent du passé. Inversement, la volonté est cette force orientée vers le futur, en quelque sorte aspirée par lui. Le courant temporel provenant du futur ne pourra donc être saisi qu'à travers l'activité volitive; il ne pourra être appréhendé qu'aussi longtemps que la volonté s'active. En essayant de nous représenter le courant temporel provenant du futur, notre pensée sera vouée à rester obscure. Si, par contre, avec l'énergie volitive nous nous immergeons dans des processus de développement, ce courant deviendra expérience. La manière dont une chose en devenir nous parvient depuis l'avenir à la rencontre de notre propre force volitive et aspirante, est une expérience intime. On peut l'expérimenter dans sa propre activité créatrice mais aussi, en particulier, dans sa biographie. Cette attitude aspirante pourra, de plus en plus, se transformer en un geste d'accueil: on apprend à comprendre que la vraie volonté est un geste d'abandon créatif. Plus on se sent porté par ce qui vient de l'avenir, plus on développe intensément, vers elle, son propre abandon volitif.

La clé pour la compréhension du mystère de la vie, c'est la volonté. La pensée peut nous apprendre que cette clé est indispensable, mais seule la volonté peut véritablement nous ouvrir la porte. Cette volonté m'appartient, mais non le contenu que je donne à mon activité: celui-ci est le contenu du monde. Sous ce rapport, Rudolf Steiner évoque *«un retournement de la direction volitive»*. Ce qui est agissant, ce n'est pas une volonté issue de l'homme, mais une volonté qui vient à sa rencontre, lorsque par exemple *« nous contemplons la vie de la nature avec toute la sensibilité de notre être intime». «Nous ferons par exemple l'essai de contempler une plante, non seulement en accueillant sa forme dans notre pensée mais, dans un ressenti intrinsèque, de participer en quelque sorte à sa vie intime. Nous suivrons ainsi son activité vitale qui monte dans la tige, se déploie et s'étend dans les feuilles, qui, dans la fleur, ouvre son intimité vers l'extérieur, et ainsi de suite. Une telle activité cognitive est alors doucement imprégnée par la vibration de la volonté, une volonté se déployant dans un geste d'abandon et qui dirige l'âme, dont la source cependant n'est pas en elle, mais qui, vers elle, dirige son activité… Dans le vécu de ce processus, on reconnaît que par ce retournement de la volonté, quelque chose de spirituel, extérieur à l'âme, est saisi par elle.»*[214]

---

[214] Steiner, 1916, p. 163 s.

Nous avions attribué l'élaboration des motifs structurants des organismes au courant temporel provenant du futur. Cependant, en ce qui concerne leurs caractéristiques, il ne faudra pas imaginer ces marques distinctives tout simplement comme une suite en sens inverse d'évènements ou de processus provenant, certes, du futur, mais pourtant semblables à celle du passé. Les contenus de ce courant issu du futur n'apparaîtront plus les uns après les autres, telle une répétition (en tant que croissance et reproduction) comme dans ceux du passé. En tant que déroulement temporel, la structuration ne se manifestera que par le fait que les marques distinctives pénètreront dans le courant temporel arrivant du passé. «*La structuration se glisse ... dans le flot vital*» (Steiner).[215] Conséquemment à leur essence commune, les marques distinctives de cette structuration sont, quant à leur contenu, toutes présentes simultanément, et si elles apparaissent les unes à la suite des autres, c'est parce qu'elles s'incorporent dans un matériau qui s'élabore progressivement depuis le passé. Le temps, en tant qu'une suite d'évènements coule depuis le passé, mais leurs contenus, y compris leurs relations, les marques spécifiques structurantes d'une suite organique en développement, sont déterminées, non par le passé, mais par l'essence supratemporelle de la chose.[216]

7.5. *Déterminisme, utilitarisme, téléologie?*

Celui qui pense devoir suivre une autre voie que le darwinisme ou le créationnisme, devra affronter les objections de ceux qui s'opposent à l'idée que l'évolution poursuive un but. Les biologistes modernes semblent s'accorder pour affirmer que la pensée téléologique, qui comprenait l'évolution comme un évènement aboutissant à l'être humain, est dépassée. Ernst Mayr écrit: «*Une explication pour l'action ... d'un principe téléologique n'a jamais pu être découvert, et finalement les connaissances que nous livrent la génétique et la paléontologie la discréditent totalement. Willard Quine, le philosophe américain bien connu, me raconta un jour qu'il considérait que la performance la plus grande de Darwin était d'avoir réfuté l'idée de «cause finale»*

---

[215] Steiner et Wegman, 1925, p. 35.

[216] Comparer avec l'analyse de Herbert Witzenmann du double courant temporel dans l'acte cognitif (appendice p. 272).

d'Aristote, en montrant qu'un développement vers un objectif précis pouvait être expliqué par la sélection naturelle. Des processus, dont le déroulement semble être orienté vers un but, sont légions dans la nature, essentiellement en biologie, mais on ne continue pas de les interpréter en évoquant des forces occultes téléologiques, car à présent on peut les appréhender en faisant appel à des facteurs physico-chimiques révélés par la science».[217]

Ci-dessus nous avions largement débattu de ce qu'il en était de la capacité d'expliquer la vie en utilisant de tels facteurs physico-chimiques. Il sera devenu évident aussi qu'un principe téléologique de l'évolution ne peut être trouvé sous forme de connaissance objectale (et encore moins sous forme matérielle), et ne devra même pas être pensé en tant que tel.

Du point de vue de l'observation intime de la pensée évolutionniste, nous ne sommes pas seulement un produit final de l'évolution. Toute connaissance repose sur l'alternance entre perceptions et concepts, de sorte qu'il faudra nous demander: quelles sont les perceptions qui se présentent à nous lorsque nous pensons l'idée d'évolution, et quels sont les concepts que la soi-connaissance leur ajoute? Les contenus perçus, ce sont les organismes vivant actuellement et ceux qui sont fossilisés. Ce qui les relie (leur ordonnancement systématique, les conditions de leur ascendance commune), c'est le concept; mais en tant que tel celui-ci ne peut naître que d'une conscience cognitive. Dès le départ, lorsqu'il y a «évolution », le soi cognitif est partie prenante.

Mais l'évolution est-elle nécessairement dirigée vers l'homme? Son déroulement est-il déterminé à l'avance?

Ecoutons tout d'abord l'opinion contradictoire d'Otto Heinrich Schindewolf (1896-1971), le paléontologue de Tübingen qui, de sa voix prégnante nous a dit: «*Le déroulement structural phylogénique est dû à des modifications de facteurs génétiques en relation avec la sélection et avec les conditions environnementales des différentes époques. Les lois causales sont donc élucidées. Mais quelles gamètes seront par hasard fécondées, quand et où apparaîtront ... les mutations ... quel sera l'effet de la sélection dans des cas spécifiques, tout cela n'est pas fixé d'emblée, et n'est pas indéniablement prévisible.*

C'est pour ces raisons que, considéré scientifiquement, il est invraisemblable que déjà dès les plus anciens et les plus primitifs des unicellulaires, l'ensemble du développement

---

[217] Mayr, 2002.

généalogique, tel qu'il s'est poursuivi au cours des milliards d'années qui ont suivis, aurait dû être tout tracé et entièrement orienté vers l'objectif du développement des mammifères, et donc aussi vers celui de l'être humain. Même le si prodigieux entrelacement du réseau des routes potentiellement disponibles pour l'évolution, avait été fixé dès le départ d'une quelconque façon mystique, il serait incroyable qu'à chacune des croisées de chemin, cette route ait été réellement prise, et l'objectif atteint. Un unique ‹faux-pas› aurait, le cas échéant, détruit toute la planification. Ou bien il faudrait supposer l'intervention constante de mécanismes sûrs qui, pour tous les chemins possibles, auraient montré la direction; mais pour cela il n'existe aucun indice et rien qui se puisse concevoir.

D'ailleurs, si le développement généalogique était planifié à l'avance et orienté vers l'homme, on ne pourrait pas prétendre qu'il se serait déroulé avec beaucoup de détermination et de manière économique. Il a produit beaucoup de rebut, puisque de loin le plus grand nombre d'embranchements animaux n'appartiennent pas aux ancêtres de l'homme. L'arbre généalogique humain ne montre pas de coraux, ni de crustacés, d'insectes, de mollusques, de carnivores, d'éléphants, etc… Tous ces groupes animaux» devraient être considérés comme des déraillements.»[218]

On voit clairement ici de quoi il retourne. On ne pourra accepter la possibilité de «faux-pas» apparaissant au croisement des différents processus évolutionnistes tant qu'on ne tiendra pas compte du fait que l'on constitue soi-même la «scène» sur laquelle se déroule le processus de cognition, lorsque *«le penseur oublie l'acte pensant pendant qu'il l'accomplit»*.[219] Dans l'étude de l'évolution, on ne peut réfléchir qu'à partir de l'observation des phénomènes qui se présentent à nous. Ceux-ci montrent l'apparition de l'homme. Il se peut que l'évolution ait été riche en obstacles, mais ceux-ci ne pourront être déduits qu'à partir des phénomènes, et non admis en principe. Nous ne pouvons pas nous transposer jusqu'au temps des poissons primitifs sans nous y emmener nous-mêmes en tant que «connaissants»! Dans cette conscience où l'homme se place lui-même comme participant sur la scène de l'évolution, il se reconnaît comme prenant part, dès le début, à cette évolution. Cette évolution, il faudra la repenser à partir du Moi qui se fonde sur lui-même spirituellement, du «Soi-archétype» (Chapitre 9).

---

[218] Schindewolf, 1972, p. 259 s.

[219] Steiner, 1894, p. 42.

Il en va autrement pour la question téléologique dès lors que l'on dirige son regard vers l'avenir. Considéré depuis le «aujourd'hui», le «demain» apparaît non déterminé! La concrétisation des impulsions qui, dans le courant temporel, viennent à ma rencontre depuis le futur, est évidemment liée à mon activité actuelle (ou à son absence). Se considérer comme le but de l'évolution ne dispense en rien l'être humain de sa responsabilité pour la poursuite de son propre développement, de sa culture et du monde.

7.6. *Les animaux: nos «compagnons d'âme»*

On pourrait encore soulever la question de la nécessité ou de l'utilité de l'apparition des différentes structures animales dans le courant de l'humanisation. Etait-ce nécessaire? Et si oui, pourquoi? Une réponse est probablement introuvable aussi longtemps que l'on ne s'en tiendra qu'aux phénomènes observables de l'extérieur. On ne peut que constater que des animaux existent et que, dans leur globalité, ils incorporent les principes structuraux de l'organisation humaine, mais on ne peut dire pourquoi. Des spéculations concernant finalement une «volonté créatrice divine» ou bien de soi-disant «processus d'apprentissage» au cours de l'évolution restent de simples spéculations. Le concept de hasard (= je ne le sais pas) serait ici plus conséquent. Mais on peut, en passant par l'observation de soi, essayer de saisir la signification que pourrait avoir, pour la vie psychique humaine, l'existence des animaux. Cette piste est suivie entre autre par Andreas Weber lorsqu'il écrit: «*Les animaux sont comme nous, et ne sont pas comme nous. C'est pourquoi qu'en eux nous pouvons devenir mature et prendre de la distance envers nous-mêmes... Les animaux transforment le monde intime de nos ressentis et de nos émotions en une vie de l'âme visible extérieurement.*»[220] Rudolf Steiner décrit encore plus concrètement ce que signifient les animaux pour l'évolution humaine. Une contemplation intime de la conscience cognitive souligne une parenté entre les modes psychiques des animaux et certains «recoins» de la vie animique humaine. Nous portons en nous un certain condensé psychique du monde animal. Autrement dit: le monde psychique incorporé dans les animaux et ainsi «découpé» en formes singulières (voir ci-dessus le Chapitre 5.2) reste

---

[220] Voir Weber, 2007, p. 163 s.

cohérent et libre dans l'intériorité humaine. Rudolf Steiner décrit comment l'être humain, au cours de son chemin de développement ascendant, projeta hors de lui les structures animales, afin de s'amender, de se libérer de certains caractères d'âme trop excessifs. Pour terminer, on peut encore ajouter que, pour Rudolf Steiner, celui qui s'éveille pleinement à ses propres mouvements d'âme faits de désirs, d'avidité et de pulsions, les rencontrera sous forme d'images, dans les figures animales. A la page 266 s.s. de l'appendice on trouvera quelques explications au sujet de ce thème.

8. «COMME TOUTE CHOSE AGIT ET VIT EN SYMBIOSE» - L'EVOLUTION EN TANT QU'ORGANISME

«Cher ami, grise est toute théorie
et verte est la vie de l'arbre d'or.»[221]

(Goethe)

La phylogénèse se présente comme un ordonnancement successif d'innombrables ontogénèses; les ontogénèses, quant à elles, sont soumises au continuel changement phylogénique. Considéré déjà de l'extérieur, une génération fait suite à l'autre, les parents meurent, les enfants continuent de se perpétuer. Pourtant le vivant maintient son passé dans le présent. Sous l'aspect morphologique, dans le processus de procréation, les organismes particuliers retournent toujours à nouveau à l'origine de tous les organismes: à la première cellule capable de se diviser; sous l'aspect morphologique, chaque ontogénèse est une représentation de la phylogénèse.

8.1. *Ontogénèse et phylogénèse*

Pour ce qui concerne l'évolution des grands groupes animaux, on est souvent confronté à une série discontinue de types de plans de constructions qu'il n'est parfois pas facile d'amener dans un rapport évolutionniste (en comparant par exemple la suite des eponges, cœlentérés, echinodermes, tuniciers). On est alors souvent poussé à se poser la question comment une forme pourrait naître d'une forme différente. Il est vrai que les stades embryonnaires et larvaires se différencient nettement moins entre eux que les animaux adultes et fournissent une suite beaucoup plus homogène. Un cordé ne pourrait jamais provenir d'un tunicier adulte, alors que ça paraîtrait déjà plus vraisemblable si l'on se référait à sa larve (à maturité précoce). La larve des echinodermes montre une symétrie bilatérale (de même que celle des tuniciers), et ne se transformera en une forme à cinq rayons que dans la métamorphose vers l'oursin ou l'étoile de mer. Il faut donc transposer

---

[221] Goethe, 1808.

l'évolution ascendante dans les stades embryonnaires, respectivement larvaires, de sorte que les formes adultes ne seront que des déviations latérales du cours de l'évolution.[222]

La recherche récente sur l'évolution a montré que l'organisation de base du plan de construction des différents groupes animaux est influencée par les mêmes gènes du développement. C'est ainsi que l'on trouve des gènes du plan de construction corporel semblables chez tous les echinodermes, les tuniciers, le lancelet et chez tous les cordés.[223] Parmi les différents groupes animaux, c'est moins le stock génétique qui varie, que la régulation de ces gènes structurant le développement embryonnaire. De complexes réseaux régulateurs de gènes influencent la différenciation successive de l'embryon au cours de ses différentes phases de développement. On peut donc facilement imaginer que de faibles modifications, à certains endroits de ce réseau, peuvent entraîner d'assez importants changements dans le développement. Au sujet des changements régulateurs du plan de construction, il est clair qu'ils sont bien plus importants s'ils se manifestent précocement dans l'embryogénèse.

---

[222] Cela touche le rôle des micro- ou des macromutations, de même que les concepts d'une évolution progressive des structures, ou par bonds; et aussi le rôle de la sélection: celle-ci agit-elle en tant que force directionnelle (ce qui ne serait pensable qu'à partir d'une modification graduelle); ou bien agit-elle seulement en éliminant des structures inadéquates, ce qui ne peut probablement se faire que par des changements discontinus? Les représentants de la théorie de l'évolution synthétique, longtemps prédominante, persistent sur l'idée darwiniste d'un changement graduel et d'une vraie sélection, alors que d'autres biologistes discutent sur d'autres facteurs de développement tels que les contraintes génétiques ou physiologiques («contraints») qui diminuent fortement le spectre des variations possibles. Il me semble qu'en principe ces deux points de vue se complètent mutuellement, la gradualisation continue comptant pour le vivant courant de l'hérédité issu du passé, le courant discontinu concernant le courant structurant issu de l'avenir.

[223] Voir Swalla, 2006; Davidson, 2006; Carroll, 2008.

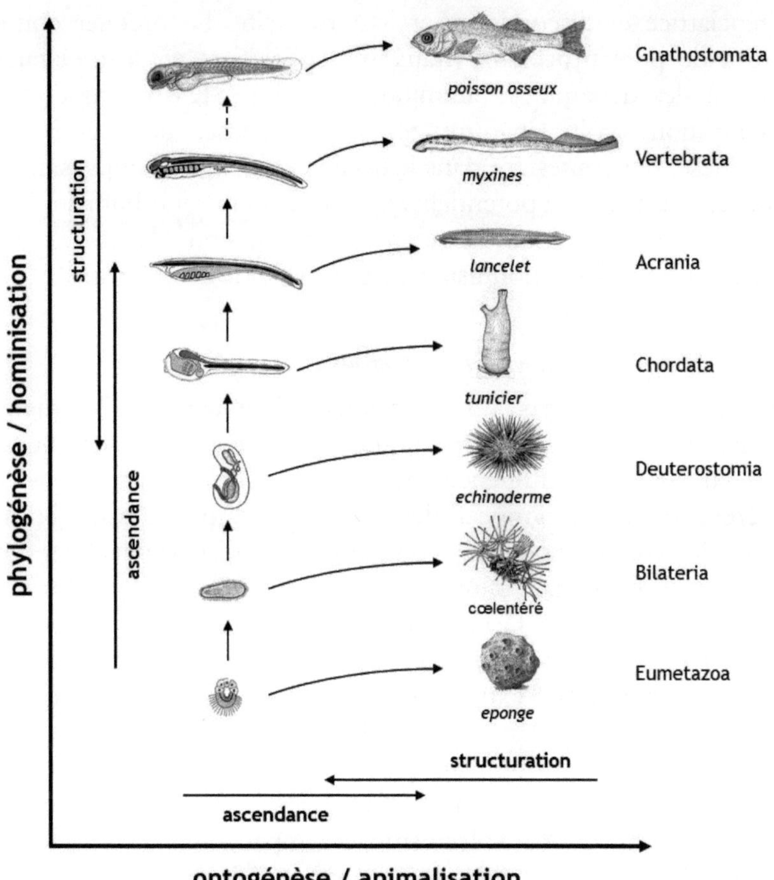

Figure 60: Le double courant temporel dans l'ontogénèse et la phylogénèse. Evolution ascendante des stades larvaires (gauche) et déviations latérales des formes adultes (droite). Les catégories systématiques sont indiquées à droite (on remarquera que les traits foncés représentent, pour la larve des echinodermes, l'intestin, pour celle des tuniciers et des poissons, la corde dorsale).

La ligne de la transmission héréditaire élabore un processus vital continu, alors que les formes adultes présentent des séries discontinues. Le courant temporel provenant du passé signifie l'ascendance commune et continue des organismes, celui provenant de l'avenir, leur structuration différenciatrice et discontinue, et leur diversité. Le premier courant a affaire à de purs processus vitaux multiplicateurs et de croissance, le dernier, à des dynamiques animiques de mort, de structuration et de différenciation (voir Chapitre 5). L'ontogénèse, de même que la phylogénèse, se manifestent dans le double courant du temps, sauf que la phylogénèse exprime la potentialité agissante du devenir humain. La ligne de l'évolution des animaux est une succession d'états «coagulés» provenant du flot évolutionniste demeurant fluide de l'homme.

8.2. *L'effet exercé par l'environnement: meurs et deviens!*

L'évolution ne fut pas un processus s'écoulant régulièrement, au contraire, elle fut souvent dramatique, entrecoupée d'évènements qui la mirent en péril. Des influences géologiques, écologiques et cosmiques amenèrent toujours à nouveau des catastrophes, avec des modifications globales des conditions de vie conduisant à la disparition d'une grande partie du monde animal (souvent entre 50 et 80 % de toutes les espèces marines et terrestres).[224] Cette disparition était néanmoins accompagnée de renouveau. On découvre un étonnant synchronisme lorsqu'on compare des périodes d'extinction massives avec d'autres, touchant des périodes innovatrices. Un exemple bien connu est la disparition des dinosaures (et de beaucoup d'autres espèces animales à la fin du Crétacé, il y a environ 65 millions d'années). Cette catastrophe est mise en relation avec un puissant et global volcanisme, et l'impact d'une météorite dans le golfe de Mexico. Les dinosaures étaient poïkilothermes et ne purent résister à l'abaissement général de la température. Cependant, dans les environs de l'impact, se trouve aussi l'origine des primates.[225] Le même phénomène se reproduisit avec l'accompagnement d'autres innovations évolutionnistes. La première apparition des mammifères par exemple, à la fin du Trias il y a 200 à 220 millions d'années[226], fut accompagnée de

---

[224] Voir Stanley, 1989; en.wikipedia.org/wiki/Extinction_event.

[225] Si l'on détermine l'origine des primates comme le temps de séparation entre les haplorrhiniens et les cathariniens, calculé à partir des comparaisons de leur séquence d'ADN, alors on aboutit à 78 millions d'années. Le plus vieux primate fossile connu actuellement (*Purgatorius*) a 65 millions d'années. en.wikipedia.org/wiki/Primate.

[226] en.wikipedia.org/wiki/Mammal.

deux fortes hécatombes avant 199 millions d'années (lors du passage du Trias au Jurassique) et avant 252 millions d'années (lors du passage du Permien au Trias). Pour ces catastrophes, les causes sont moins claires que pour la mort des dinosaures, mais on pense entre autre à une intense activité volcanique. Les reptiles vivipares apparurent après une catastrophe au milieu du Permien (270 millions d'années). Un autre évènement caractéristique est la naissance des vertébrés terrestres quadrupèdes à la fin du Dévonien, accompagnée de grands évènements létaux (il y a environ 360 millions d'années). D'autres disparitions en masse correspondent à l'apparition des poissons à nageoires charnues, il y a 420 millions d'années à la fin du Silurien, puis des poissons osseux lors du passage vers le Silurien il y a 450 millions d'années, des animaux pourvus de mâchoire il y a 530 millions d'années et des vertébrés il y a 550 millions d'années, au début du Cambrien (Fig. 61).[227] La disparition des mammifères géants (mammouths, tigres à sabre, cerfs géants) à la fin du Pléistocène, il y a environ 10 000 ans avant la dernière période glaciaire, est particulièrement intéressante, puisque c'est à cette période que les hommes commencèrent à se sédentariser et à cultiver la terre. A l'instar de tout développement, l'évolution montre un rythme constant entre mort et devenir: «*Et aussi longtemps que tu n'es pas cela, cette mort et ce devenir, tu ne seras qu'un sombre hôte, sur la terre obscure.*» (Goethe)

Les différents groupes d'organismes ne peuvent naître et persister qu'au sein de certains environnements. C'est ainsi, par exemple, que l'atmosphère dut s'enrichir suffisamment en oxygène avant que ne puissent se développer des animaux capables d'inspirer ce gaz. La transformation des conditions vitales extérieures, qui a été d'une grande importance et, de plus soumise à des influences cosmiques, apparaît donc aussi comme l'un des éléments faisant partie du phénomène général d'évolution. Il est probable qu'il y a là une clé pour comprendre pourquoi l'évolution, depuis les premiers unicellulaires jusqu'à l'homme, avait duré si longtemps, justement parce que les animaux et l'environnement devaient se développer de concert.

---

[227] Voir Wikipdedia et www.timetree.org.

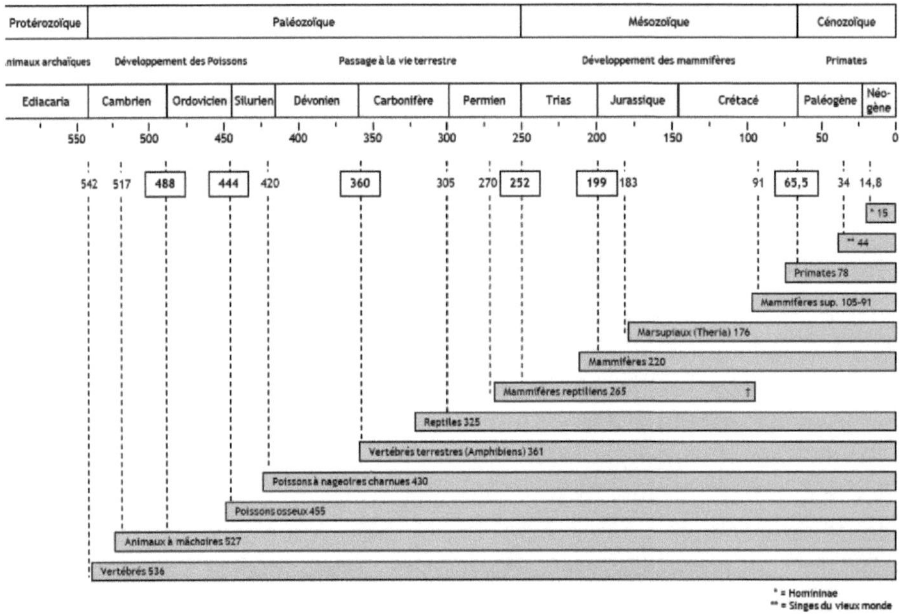

Figure 61: L'histoire de la terre avec ses moments d'évènements massifs destructeurs, petits ou grands (les évènements importants en gras, où plus de 50 % des animaux disparurent; à la limite entre le Permien et le Trias, il y en eut même plus de 95 % de toutes les espèces marines, et 70 % des espèces terrestres).[228] En haut: les périodes terrestres. En bas: l'apparition d'innovations dans l'histoire de la terre. Les moments de l'apparition d'innovations sont, à l'exception des reptiles vivipares qui ne sont détectables que grâce aux fossiles, déterminées selon www.timetree.org, par la comparaison avec la séquence d'ADN de représentants de groupes d'animaux actuels (voir aussi le tableau 49).

8.3. L'évolution: un organisme de rang supérieur

Goethe avait un jour noté: «*La nature ne recèle aucun secret qu'elle ne présente pas, quelque part, au regard d'un observateur attentif.*»[229] Dans la transformation

---

[228] Stanley, 1989; en.wikipedia.org/wiki/Extinction_event.

[229] Goethe, 1790b, p. 436.

de l'aspect foliaire des plantes annuelles on découvre une relation de développement cohérente entre un déploiement continu dans une ascendance commune qui va de pair avec une suite discontinue d'aspects foliaires. De même qu'au tronc de l'évolution apparaissent les structures animales, ainsi la tige, dans son élan ascendant, réunit à sa suite les différentes silhouettes foliaires; et de même que les structures animales ne se transforment pas en passant l'une dans l'autre, une forme foliaire ne passe pas dans la suivante. Entre les feuilles se créent des lacunes spatiales, entre les structures animales, des lacunes temporelles. Celles-ci apparaissent entre autre comme un effet des éléments destructeurs de masse.

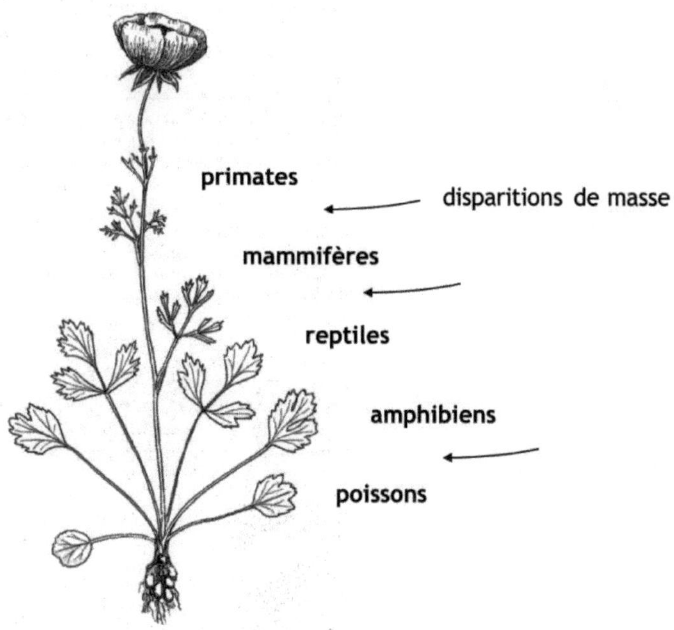

Figure 62: Une plante annuelle en guise d'image pour illustrer l'évolution. Plus les feuilles s'élèvent, plus elles se rapprochent de la tige. Voir les explications dans le texte (*Ranunculus asiaticus* dans une présentation de Andreas Suchantke[230] qui montre de manière particulièrement claire les métamorphoses foliaires).

---

[230] Suchantke, 2002.

La transformation successive des feuilles peut illustrer des aspects importants de l'évolution. Jocken Bockemühl a découvert que ces transformations foliaires, que parcourt chaque feuille dans son ontogenèse depuis sa première ébauche jusqu'à son stade terminal, correspondent à la suite, mais inversée, que les feuilles, le long de la tige, montrent dans leur phylogenèse (Fig. 63). La forme qui apparaît en premier dans le développement individuel, se retrouve en dernier au niveau de la tige. Cela est valable pour chaque feuille puisque toutes partent d'une forme de base simple, plutôt en pointe, sans pétiole et non divisée. Plus une feuille apparaît tardivement sur la tige, plus elle est ressemblante, dans son stade adulte, à la forme générale juvénile de toutes les feuilles.[231]

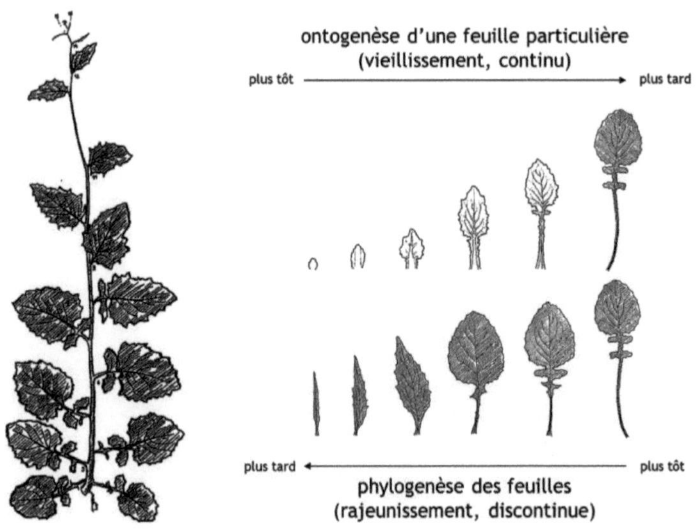

Figure 63: Développement d'une plante à fleurs annuelle (*Lapsana communis* - Lapsane). Gauche: rameau axial; droite en haut: stades de développement d'une feuille particulière; droite en bas: la suite des feuilles adultes depuis la feuille primaire jusqu'à la bractée (de droite à gauche). Selon Bockemühl, modifié.[232]

---

[231] On peut ressentir en soi la parole de Jean le Baptiste: «*Après moi viendra celui qui était avant moi, car il est plus grand que moi*». (Jean 1, 16).

[232] Bockemühl, 1995.

Jocken Bockemühl range la suite foliaire de telle sorte à en donner une vue d'ensemble au premier coup d'œil : il projette sur un plan ce qui, en réalité se déroule dans les 3 dimensions de l'espace, et dans le temps. La figure 64 donne une vue de la tige comme si on la regardait d'en-haut, avec la croissance successive en spirales des feuilles.

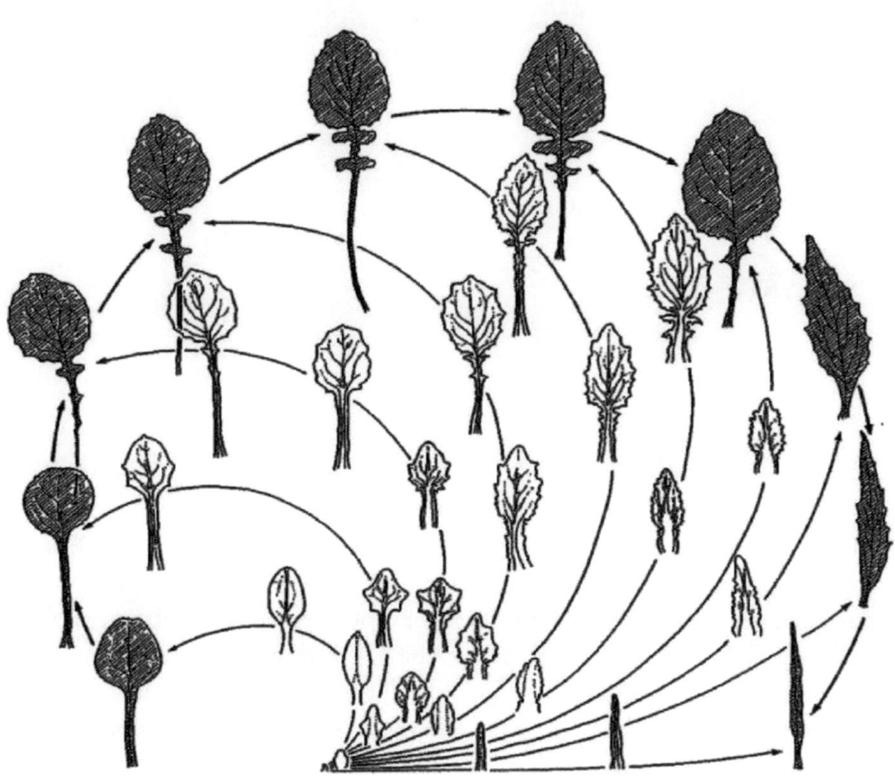

Figure 64: Vue d'ensemble de la métamorphose foliaire de la lampsane. En foncé: la série des feuilles adultes montant le long de la tige; en clair: développement ontologique de chaque feuille particulière (Bockemühl).[233]

---

[233] Bockemühl, 1995.

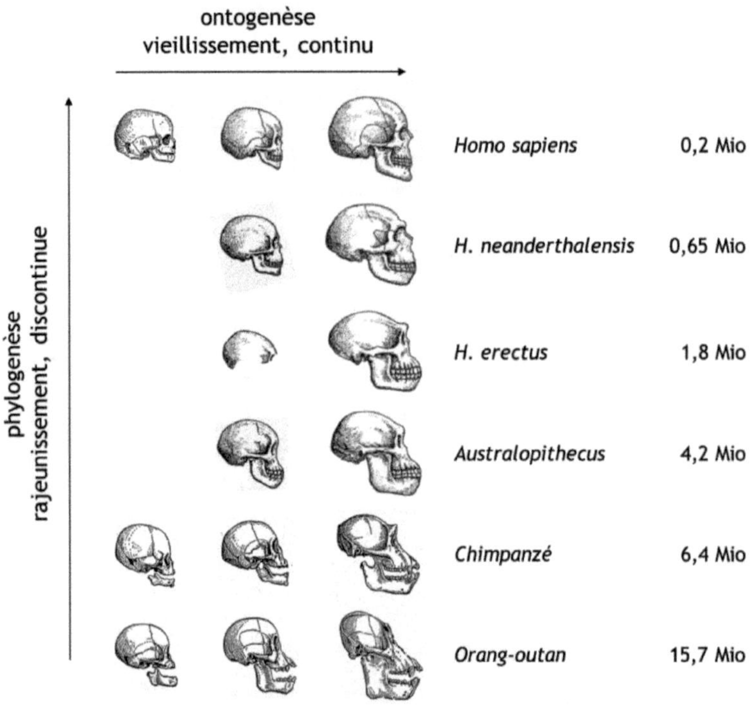

Figure 65: Crânes d'hominidés (l'échelle n'est pas respectée). Formes fœtales, juvéniles, adultes (selon Schindewolff[234], Schultz[235]). On pourra par exemple comparer chaque fois le rapport entre la calotte céphalique et le squelette du visage en tirant une ligne depuis l'arcade sourcilière supérieure jusqu'à la partie arrière de l'articulation de la mâchoire. Les membres indiquent les temps actuellement supposés de la séparation au cours de l'évolution des différentes structures (selon Robson et Wood[236]; pour l'Homme de Neandertal[237], le Chimpanzé et l'Orang-outan[238], ce sont les résultats comparatifs de l'ADN avec Homo sapiens qui sont indiqués).

---

[234] Schindewolf, 1972.

[235] Schultz, 1940, 1942.

[236] Robson et Wood, 2008.

[237] Green et al., 2010.

[238] Voir www.timetree.org.

Wolfgang Schad montra qu'un cadre indiquant des lignes inverses pouvait, lui aussi, décrire la transformation des structures céphaliques chez l'homme et ses ancêtres dans l'évolution.[239] Un crâne simiesque embryonnaire ne se différencie que difficilement de celui d'un embryon humain; mais alors que le crâne simiesque, au cours de sa croissance, affirmera alors rapidement sa nature animale, celui de l'être humain conservera beaucoup plus l'aspect général embryonnaire (Fig. 65). De nombreux auteurs avaient relevé cet étonnant phénomène.[240] C'est l'anatomiste néerlandais Louis Bolk (1866-1930) qui résuma ce phénomène dans sa théorie de la «foetalisation». Cependant, cette théorie prétendant que l'être humain serait «un fœtus simiesque devenu adulte», est fausse, car l'homme n'est pas un singe; sa tête ne ressemble pas à un singe en gestation. Ce qui est juste, c'est qu'un être humain est plus juvénile, car l'homme adulte montre des signes caractéristiques plus originels que le singe adulte. On pourrait dire exactement l'inverse: le singe est comme un être humain qui, dans son développement trop rapide, aurait dépassé le but humain, qu'il s'en serait trop éloigné.

La figure 66 montre les ontogenèses et la phylogenèse des structures céphaliques. Là aussi on voit, comme pour les feuilles, la dynamique inversée du développement se composant du vieillissement des structures individuelles (de l'intérieur vers l'extérieur) et de leur rajeunissement phylogénique (courbe extérieure, de la gauche vers la droite). Là aussi, il ne faudra pas oublier que «la source originelle médiane» ne reste constante que dans sa structure, mais que dans la phylogenèse elle se modèle toujours à nouveau de manière inédite à partir du germe hérité.

Une représentation graphique semblable pourra être choisie pour l'évolution d'organismes entiers, comme par exemple le tableau d'Ernst Haeckel: à l'instar des crânes des primates qui, tous, naissent d'une «structure originelle» identique, tous les vertébrés se constituent à partir d'une structure embryonnaire basale commune (Fig. 67). Il est vrai qu'il s'agit là principalement du développement progressif et ascendant du

---

[239] Schad, 1985.

[240] Jos Verhulst démontra que le phénomène de «rajeunissement» par rapport aux singes, s'applique à de nombreuses caractéristiques corporelles chez l'homme. Verhulst (1999, traduction parue chez Triades).

pôle métabolisme-membres! En tant qu'être céphalique l'homme reste plus proche que les animaux de l'origine embryonnaire commune, en tant qu'être métabolisme-membres, il s'en éloigne davantage que ces derniers. Il convient de mettre ce tableau en rapport avec l'idée du double courant temporel dans lequel le développement du pôle céphalique correspond au courant de l'ascendance, provenant du passé, alors que le pôle métabolisme-membres est issu du courant structurel venant du futur.

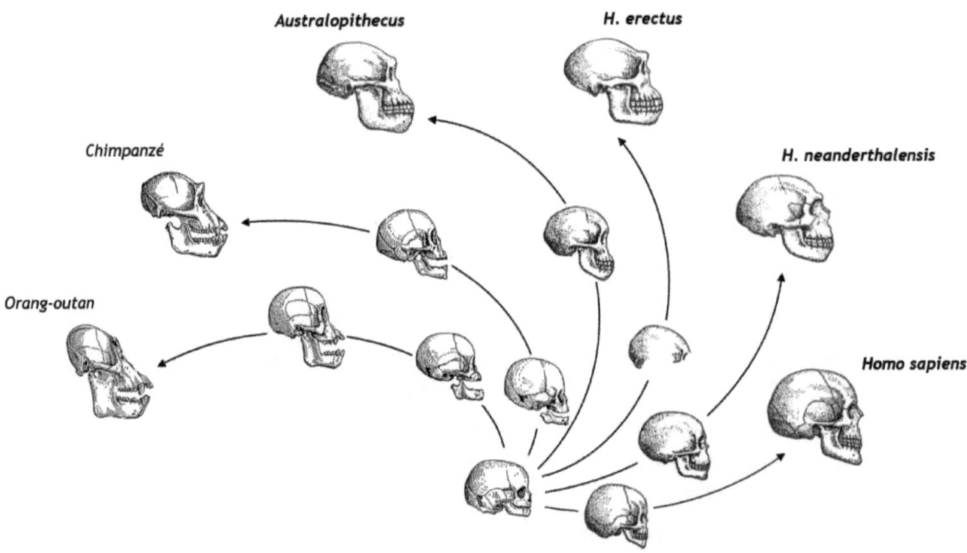

Figure 66: Vue d'ensemble montrant les séries ontologiques et la ligne phylogénique de structures céphaliques anthropomorphes.

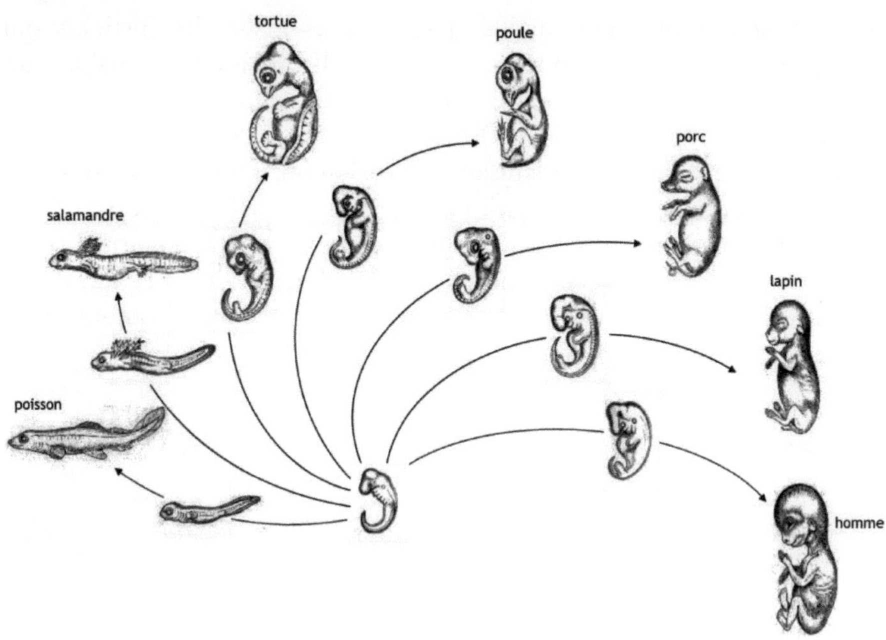

Figure 67: Dynamique développementale inversée de l'ontogenèse et de la phylogénèse, illustrée par la représentation embryologique de Haeckel.

8.4. *Accroissement de l'autonomie - la croix temporelle de l'évolution*

L'évolution ascendante est caractérisée par une «intériorisation» progressive, aussi bien sur le plan organique que sur le plan psychique.[241] Ce qui est établi organiquement, se manifestera de plus en plus comme un domaine psychique intérieur, une capacité de ressentir, de se comporter et de s'exprimer et qui ne cessera de se différencier, pour finalement s'exprimer de manière intrinsèque chez l'homme. Celui-ci se libèrera de tout assujettissement instinctif environnemental, ce qui fournira le fondement du libre esprit de la soi-conscience. L'esprit humain est libre parce qu'il possède la capacité d'user de ses facultés de l'âme selon sa convenance (il ne le réalisera pas toujours et deviendra alors dépendant, mais cela n'altère pas ce principe). Cette libération de l'esprit humain ne deviendra possible que lorsque ses intentions et ses

---

[241] Schad, 1982.

actes ne seront plus commandés par les pulsions et les instincts qui remontent depuis les supports corporels. Il faudra qu'il habite un organisme qui aura atteint physiologiquement un haut degré d'indépendance par rapport à l'environnement. C'est la raison pour laquelle, puisqu'elle est humanisation, l'évolution, pour les organismes, va de pair avec une émancipation progressive des influences de leurs milieux. Ce développement ascendant ne conduit pas, comme pourrait le supposer Darwin, vers une toujours meilleure adaptation à l'environnement, mais à son inverse, vers une autonomie toujours plus affirmée.

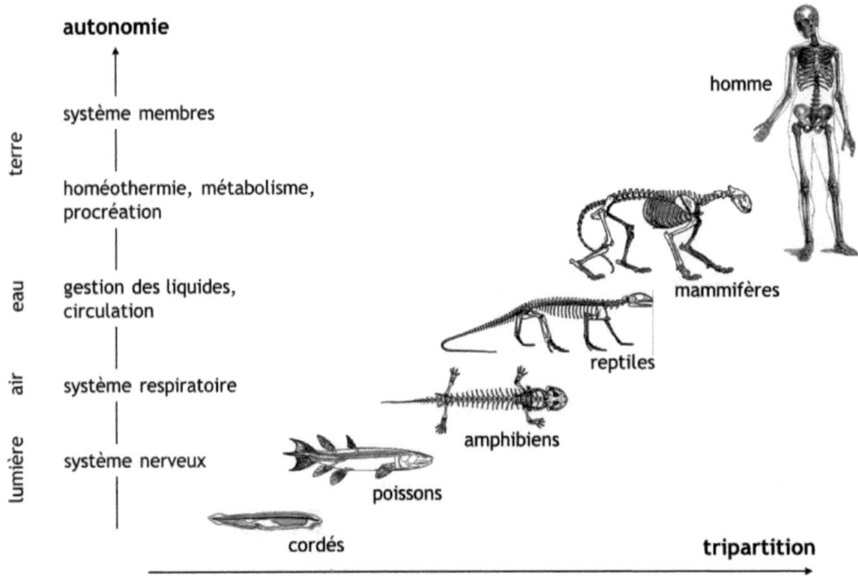

Figure 68: Evolution de la différenciation structurelle tripartite et émancipation progressive de l'environnement pour les mammifères.

Bernd Rosslenbroich a décrit en détail cette tendance vers un accroissement de l'autonomie, comme étant le motif qui traverse l'évolution générale de la vie.[242] A la lumière de l'expérience intime de

---

[242] Rosslenbroich, 2007; Kipp, 1948; Schad, 1971.

l'acte cognitif, il apparaît que le concept «d'autonomie» ne peut pas être pensé s'il n'est pas devenu un vécu intrinsèque. Le contenu de ce concept, sa substance, comme d'ailleurs ceux de tous les concepts, naissent d'une expérience intérieure. L'autonomie est l'expression du vécu intime de l'essence ultime, celui du Moi. Si nous revenons vers les animaux qui nous ont précédés dans l'évolution, nous rencontrerons dans la progressive autonomie de leur organisation les étapes qui préparent, au niveau du corps physique, l'autonomie de notre propre Moi. Nous apercevons en eux une part de nous-mêmes.[243]

Au cours de l'évolution, différents systèmes organiques atteindront une autonomie selon un ordre déterminé. Cette tendance évolutive fut décrite de manière classique par Wolfgang Schad (Fig. 68):

«Ceux des animaux qui sont de purs être sensoriels, sont en fait les invertébrés. ... Les organes sensoriels montrent une haute spécialisation. Il nous suffit de songer aux yeux à facettes des insectes et à leur faculté de perception qui dépassent de loin celles des vertébrés. Nous pouvons les considérer comme possédant le meilleur système sensoriel. Mais c'est justement parce que, grâce à ce système sensoriel ils s'ouvrent totalement à leur environnement, qu'ils y vivent pleinement, qu'il leur manque par contre tout ce qui est accordé aux animaux plus élevés, aux vertébrés: ceux-là sont capables de se distinguer davantage de leur environnement; ils affirment une émancipation, une individualisation, une autonomie et une indépendance plus fortes par rapport aux influences directes de l'environnement. Chez les poissons apparaît pour la première fois un système nerveux pleinement centré qui s'isole des parties molles par une enveloppe osseuse. Il est vrai que la plupart des invertébrés présentent, eux aussi, un système nerveux, mais qui se compose ou bien de réseaux nerveux diffus, de boucles nerveuses, ou de faisceaux nerveux en échelle de corde, contrairement aux poissons qui montrent un unique canal neural centré [avec un cerveau comme organe central]. Pour les batraciens, c'est le système respiratoire qui se dégage lentement du milieu: ils sont déjà capables d'aller à la conquête de la terre ferme; un poumon est constitué. Un organe correspondant existe bien déjà chez les poissons, mais il ne se met pas encore au service d'une respiration intériorisée, il ne fonctionne que comme une vessie natatoire. Ce sont seulement les batraciens qui gagnent un système respiratoire établi dans une cavité corporelle antérieure et qui permet une respiration intériorisée. Les reptiles font un pas en plus vers une plus grande autonomie par

---

[243] Voir aussi la captivante présentation de Schad montrant les traits anthropomorphes des grands mammifères africains. (Schad, 1992a).

rapport à leur milieu. La surface de leur peau se couvre d'écailles cornées. Lézards et serpents sont capables de vivre dans des zones sèches, pauvres en eau, tout en maintenant leur équilibre aqueux. Leur système liquide est ainsi pleinement émancipé. Les oiseaux, grâce à leur système calorique indépendant feront un pas en plus en renforçant leur autonomie avec un développement embryonnaire qui, cependant, se déroulera encore dans un nid, à l'extérieur de l'organisme maternel. Seuls les mammifères incorporeront totalement les processus de la procréation. Ont-ils ainsi atteint le degré supérieur de l'émancipation? Ils conservent un dernier lieu intime avec leur environnement respectif par l'intermédiaire de leurs membres: un cheval est incapable de se mouvoir dans l'eau telle une loutre; celle-ci ne peut pas grimper à un arbre tel un écureuil; une chauve-souris, elle aussi, possède des membres spécifiques à son propre environnement. Ce n'est que chez l'homme que le dernier système organique s'émancipera d'un milieu trop spécialisé. L'organisation humaine atteint la plus grande indépendance physique. Cette autonomie fut conquise étape après étape, permettant aux processus vitaux d'abord dépendants, de gagner leur indépendance. …

Où se trouvent les organes centraux de ces systèmes organiques? Le système sensoriel se rencontre partout où apparaissent des surfaces. Le centre du système nerveux se trouve dans le cerveau, celui de la respiration dans les poumons, celui de la circulation des liquides, et en particulier la circulation sanguine, dans le cœur. Pour ce qui est de l'organisation de la chaleur, elle relie tous les organes internes par ce que l'on appelle le centre calorique. Les organes de la procréation se retirent au sein de l'utérus. Pour l'organe particulièrement spécifique de l'émancipation des membres, il est permis de le trouver dans le pied: le petit orteil manifeste la plus grande retenue. Dans quelle direction l'évolution s'est-elle manifestement déroulée? Depuis l'organisation des sens, jusqu'à celle des membres, depuis la tête jusqu'au pied. Les étapes de l'émancipation sont parties du système neurosensoriel, pour passer ensuite par le système médian, et aboutir dans le système métabolisme-membres. Cela nous permet, une fois de plus, de pressentir que dans la série des archétypes animaux, la phylogénie, en tant que déploiement des ancêtres de l'homme, se déroula dans la même direction qui, chaque fois, se reproduit dans le développement physique de chaque individu.»[244]

Il nous faudra donc, en plus du double courant temporel originel et structural, considérer une autre dimension de l'évolution que j'aimerais caractériser par l'expression «impulsion vers l'autonomie». Il agit orthogonalement sur le double courant temporel (Fig. 69).[245]

---

[244] Schad, 1985a.

[245] L'impulsion vers l'autonomie et la progressive différenciation se développent

Finalement, pour avoir une image complète de l'évolution, il faudra encore prendre en compte l'interaction des organismes avec leur environnement (dans le dessin de la croix temporelle de l'évolution, cette interaction est représentée par une flèche partant du bas). Tout être vivant est obligé de vivre dans un rapport intime avec son environnement physique et biologique; de toute façon, il ne peut être appréhendé qu'en relation avec celui-ci.

L'évolution des structures vivantes s'explique donc par une combinaison des quatre aspects: descendance, structuration, spécialisation (adaptation à certaines conditions environnementales) et émancipation. Leur jeu d'ensemble devra être saisi de manière dynamique en plaçant descendance, structuration, spécialisation et émancipation les unes faces aux autres. L'influence de la descendance prédominera-t-elle, l'être vivant ressemblera à ses anciennes étapes de développement, tels les êtres primitifs ; si ce sont les forces structurantes qui prédominent, alors se réalisera une différenciation prégnante au niveau structurel. Certains êtres vivants, tels les bactéries et d'autres organismes inférieurs, présentent une dépendance très accusée des influences environnementales, alors que les mammifères montrent un haut degré d'émancipation. Chaque structure organique, jusque dans les détails de sa formation, est une résultante de ces quatre effets. Il faudra donc les prendre en compte si l'on veut éviter un terrible désarroi conceptuel et une dispute sans fin.

La plante annuelle donne une image de l'évolution (Fig. 70). La ligne ascendante de sa tige qu'elle érige spatialement, illustre ce qui dans l'évolution unit les organismes dans la lignée temporelle de l'évolution. L'hérédité est continue, alors que la structuration, et toute la différenciation divisent le courant héréditaire de manière discontinue. Le courant héréditaire flue depuis le passé, les différenciations organiques et les structurations agissent depuis le futur. C'est la structuration qui, au

---

de concert, mais devront être distinguées l'une de l'autre. L'expérience intime le montre. Alors que pour la tripartition il s'agit du message structurant de certaines marques distinctives que l'on peut «contempler», l'émancipation progressive du milieu basée sur l'impulsion vers l'autonomie est un principe «non contemplatif», de pure proportionnalité. C'est un trait du spirituel, contrairement au psychique (droite), de ne pouvoir être saisi que par la pensée pure sous forme d'impulsion volitive non imagée.

cours de l'évolution, développera une organisation corporelle tripartite dans laquelle pourra s'exprimer progressivement une vie de l'âme. Dans le courant héréditaire se manifestera également une autonomie de plus en plus forte par rapport aux influences du milieu et qui atteindra son sommet chez l'homme. Le Moi humain y ajoutera comme effet, au profit de sa liberté spirituelle, ainsi que nous le verrons plus en détail dans le chapitre suivant, un endiguement, une action retardataire de la tendance structurante animale.

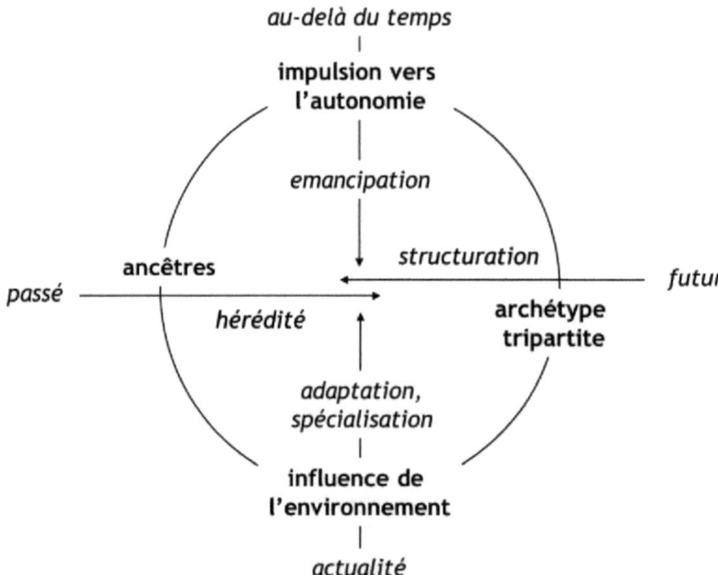

Figure 69: La croix temporelle de l'évolution: quatre forces qui, dans leur jeu d'ensemble, déterminent l'évolution.

En concevant la phylogenèse comme un organisme d'ordre supérieur, rien ne nous oblige plus de l'interpréter dans le sens d'un quelconque darwinisme ou du créationnisme, ni d'un évènement aléatoire ou planifié se dirigeant inéluctablement vers un but. De même qu'un organisme se développe aussi bien en respectant son ordonnancement intime, que dans une constante interaction avec son environnement, de même qu'il se déploie en tendant vers son objectif tout en s'appuyant sur ce qui a déjà été atteint, ainsi l'évolution elle-même nous apparaît-elle comme un processus de développement organique. A l'image même de l'existence d'un organisme individuel, elle aura été de maintes façons mise en danger, modifiée, et influencée par des évènements auxquels elle se sera confrontée. Cependant le résultat atteint n'aurait pu, ni comprendre des structures totalement différentes, ni être un simple déroulement pour ainsi dire automatique d'un but final assuré. L'avenir n'aura probablement jamais été totalement ouvert, ni pleinement déterminé.

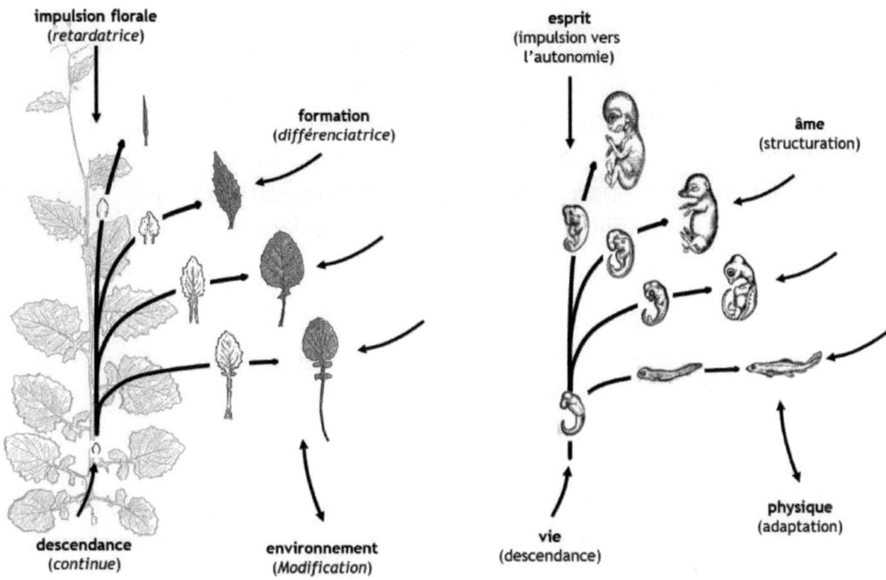

Figure 70: Rapports et facteurs de structures organiques: plante à fleurs et évolution (On notera que les différentes structures animales, contrairement aux différentes familles, vivent dans des milieux différenciés).

Des quatre aspects de la croix temporelle, Darwin en avait distingué deux: la descendance et l'adaptation aux influences de l'environnement. Les créationnistes, eux, insistent sur les deux autres aspects: Dieu (le principe spirituel agissant depuis le haut, la «cause formatrice» d'Aristote), et l'être humain, cette idée divine, objectif et fin de l'évolution. Le darwinisme ne peut dire pourquoi l'homme apparut sur terre, le créationnisme ne peut expliquer la raison de la diversité des animaux (pourquoi par exemple la plus grande part de toutes les espèces a disparu). Le darwinisme décrit un mécanisme de diversification où il manque un principe organique intrinsèque; il ne peut pas vraiment expliquer le développement ascendant de l'évolution; pour lui toute structuration est «happenstance» (Stephan J. Gould). Le créationnisme voit bien le principe, mais il ne peut expliquer la multiplicité des structures. Les deux points de vue n'approfondissent pas assez les choses.

Par contre, si l'on considère la phylogenèse en tant qu'organisme d'un rang supérieur, alors l'homme apparaît comme son motif évolutif central et son but, et les animaux comme une dérivation et une séparation tout à fait nécessaires à son développement. Chaque espèce animale réalise unilatéralement une part humaine, alors que dans chaque stade de l'évolution c'est la totalité de l'homme qui est présente.

8.5. *Questions ouvertes*

Il est évident que la vision de l'évolution qui est présentée ici laisse ouverte certaines questions. En premier lieu elle ne peut expliquer de manière précise l'origine du vivant, c'est-à-dire comment la vie apparut sur terre. La réponse ne peut être qu'esquissée, ce qui ressort d'ailleurs des descriptions montrant que c'est le vivant qui a dû naître en premier, et que l'inanimé, le minéral, ne peut être considéré que comme un produit excrété final. Mais alors la vie devra être reconsidérée sous une forme spirituelle. Le chapitre final ouvrira des perspectives pour une telle conception.

Une autre question restée en suspend est celle de la détermination de l'âge géologique et paléontologique. Jusqu'à quel point les millions d'années dont nous parle le paléontologue reposent-elles sur une réalité? La réponse n'est pas simple.[246] Une approche pourrait se dessiner en ne comprenant pas seulement le concept de temps comme déterminé extérieurement (de manière radiométrique), mais en le saisissant aussi comme un phénomène psycho-spirituel.

---

[246] Voir Bosse, 2002; Schad, 2003; Kötter, 1993.

9. «Et ce que le centre cache, est manifeste» - L'homme, image archétype de l'évolution

«Les sciences de la nature, toujours elles présument l'homme; et, ainsi que l'avait exprimé Niels Bohr, nous devons être conscients que nous ne sommes pas seulement spectateurs, mais que nous aussi, nous participons au théâtre de l'existence.»[247]

(Werner Heisenberg)

La vie, ainsi que les causes du développement dans l'évolution, ne sont pas saisissables avec les moyens de la pensée scientifique objectale. Il faut élargir le champ de la connaissance, non pas en spéculant sur de quelconques «facteurs actifs» suprasensibles mais, au contraire, en prêtant une attention claire et empirique aux vécus et aux processus qui se déroulent au tréfonds de notre propre acte cognitif pendant que cette attention est dirigée, à sa surface sur la nature. Il est vrai que les observations dont il s'agit ne peuvent être prouvées (de même que l'on ne peut prouver l'existence de l'écureuil). C'est le chemin en soi y conduisant qui en est déjà la démonstration.[248] Ce faisant, on découvre cependant que vie et évolution deviennent intelligibles lorsqu'on y inclut l'homme connaissant. Pour résoudre l'énigme de l'évolution, c'est au plus profond de l'âme qu'il faut trouver le socle qui, de soi-même crée son fondement, ce fondement qui imprègne aussi toute l'évolution.

9.1. *L'homme dans l'espace - la démarche debout et l'essence autonome du Moi*

En automne 2009 il y eut la publication, par une équipe de chercheurs américains, d'une découverte remarquable, celle d'un squelette féminin de *Ardipithecus ramidus* (singe terrestre aux racines de l'humanité, Fig. 71), un précurseur de l'humanité. Cet être, dont le volume encéphalique correspondait à celui d'un singe, possédait des mains ressemblant aux mains humaines, sans les traits simiesques de spécialisation pour la location arboricole ou sur terre en s'aidant de leurs doigts (par exemple en posture de «knuckle walking», sur le dos des 2èmes phalanges, N. du T.),

---

[247] Heisenberg, 1976, p. 12.

[248] Steiner (1910) au chapitre «Caractéristiques de la science de l'occulte».

et des dents ressemblant à celles des hommes, avec, par exemple des canines de petite taille à la place des crocs animaux. Le bassin, les jambes et les pieds indiquent que «Ardi» marchait redressée. Elle vécut il y a 4,4 millions d'années (voir note 142) en Afrique de l'Est.[249] Ce qui est étonnant, c'est que *Ardipithecus ramidus* vivait dans une contrée forestière, ce qui contredit une conception darwiniste toujours encore actuelle de la marche debout, prétendant que les singes furent obligés de se redresser lors du passage de la vie arboricole à celle d'une existence dans la savane (afin d'apercevoir les ennemis plus tôt, de mieux communiquer sur des distances plus vastes, d'avoir une meilleure protection contre la chaleur, etc...). Ce ne fut pas une impulsion extérieure, mais une motivation intérieure qui amena l'homme à se tenir dans la verticalité.[250]

Figure 71: Prédécesseurs de l'homme avec marche debout. Gauche: reconstitution de *Ardipithecus ramidus* (4,4 millions d'années) découvert en Ethiopie. Milieu gauche: traces de pas de *Australipithecus afarensis* dans de la cendre volcanique minéralisée à Laetolie en Tanzanie (environ 3,6 millions d'années). Milieu droite: reconstitution de *Homo erectus* (environ 1,5 millions d'années) découvert en Afrique et en Asie. Les crânes restent encore simiesques. Droite: comparaison des pieds entre un pied humain actuel et celui de ses prédécesseurs dont les traces furent découvertes à Laetolie - Ces traces proviennent de trois individus, d'un adulte et de deux enfants. L'un avait marché dans les traces de l'adulte en imitant sa démarche, l'autre probablement à côte de l'adulte, lui tenant la main, ainsi que le laissent supposer les traces légèrement en biais: un ancien tableau d'une communauté humaine!

---

[249] Les plus anciennes découvertes anthropomorphes du genre *Oreopithecus*, qui probablement marchait déjà debout, proviennent d'Europe du Sud et datent d'il y a 7 à 9 millions d'années. Pour avoir une vue d'ensemble de l'état actuel des recherches, voir par ex. (Crompton et al., 2008).

[250] Des études biologiques et paléoanthropologiques conduisent en fait à considérer la station debout comme inutile. C'est ainsi que Deloison écrit: «En dépit de tout ce que l'on peut en penser, la station redressée ne présente pas suffisamment d'atouts pour avoir pu se conserver selon les critères classiques de la sélection.» (Cité d'après Niemitz, 2010).

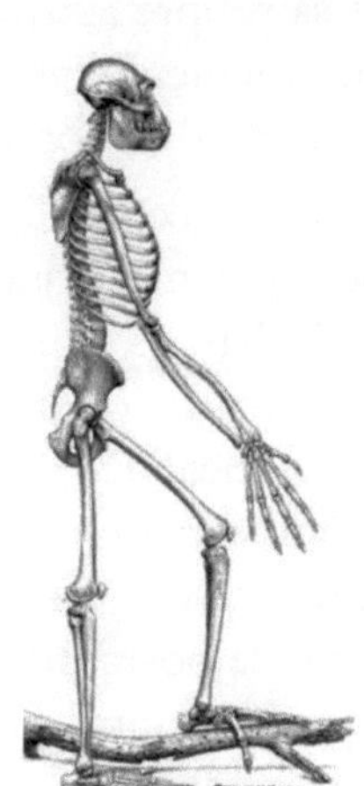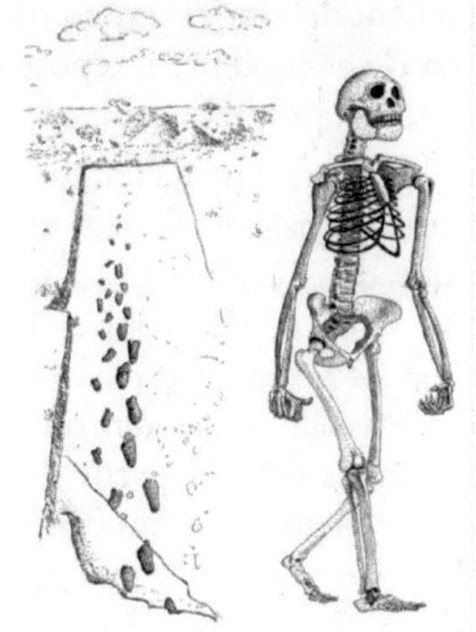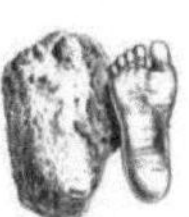

Ardipithecus ramidus   Australopithecus afarensis   Homo erectus   homme actuel hominidé de Laétolie

L'explication darwiniste réduit la grâce et la dignité de la station debout, cette expression et cette image de la liberté de l'homme, à une pesante condition pour la survie. De telles pensées, combien n'ont-elles pas contribué à une dégradation, une sclérose et un appauvrissement de la culture humaine! C'est une atmosphère toute différente chez Gottfried Herder: «*Tourne ton regard vers le ciel, ô homme, et réjouis-toi en frémissant de ton incommensurable avantage que le créateur du monde lia à un principe aussi simple que la marche debout. Si tu te déplaçais, baissé tel un animal, ta tête serait dirigée par cette même direction invitant à la voracité, à l'avidité de la bouche et du nez, et qui auraient généré la structure de tes membres: où serait passés la force de ton esprit, le reflet de la divinité, invisiblement ancrés en ton sein?*»[251]

Par son maintien vertical, c'est l'essence autonome du Moi qui s'exprime. Celui-ci doit s'ériger de par sa propre force et, dans une statique souple, maintenir activement son équilibre. «*La station verticale est toujours dirigée en sens inverse des forces qui tirent vers le bas; celles-ci sont toujours à l'œuvre, sans elles la station debout ne serait pas ce qu'elle est, elle les surmonte sans cesse.*»[252] Dès que l'activité volitive s'engourdit, le corps se recroqueville sur lui-même, ou

---

[251] Herder, 1794, p. 56.

[252] Straus, 1980, p. 439.

tombe à terre. En marchant debout l'homme ressent sa propre activité et en même temps, que dans cet équilibre il repose en lui-même. Dans cette verticalité il retrouve, dans sa propre essence, le point central de son être.

 Lorsqu'au cours de sa première année l'enfant se relève, il accomplit une performance qui ne ressort pas de la nature biologique mais qui, en quelque sorte, s'implique dans celle-ci du haut vers le bas. Les enfants qui ne se mettent pas debout, développent une structure corporelle nettement différente que les hommes qui adoptent la verticalité: la voûte plantaire reste aplatie, le talon ne se renforce pas aussi nettement, la légère disposition des jambes en X à partir du genou ne se réalise pas, l'angle entre le fémur et le bassin reste plus important et la position de ce bassin reste relativement haute, la colonne vertébrale ne montre pas sa typique double cambrure et ne pénètre pas aussi résolument dans la cage thoracique, les vertèbres cervicales, dorsales et lombaires ne se différencient pas aussi nettement les unes des autres, etc... Tous ces remaniements corporels ne sont que le résultat de la confrontation active de l'homme avec les forces de la pesanteur.[253]

La station debout libère les bras et les mains de la nécessité de la locomotion. La tête elle-même se dégage du contact direct avec l'environnement, permettant à la conscience d'examiner le monde (Comparons le lien intime qui s'établit entre la tête d'un animal et son milieu. L'odorat par exemple, le flair, est bien plus efficace que chez l'homme; dans beaucoup de cas la langue constitue un organe tactile et préhensile, et la gueule reste un outil. Avec sa partie faciale, l'animal va à la rencontre du sol. Le cerveau reste petit, avec ses fonctions qui se restreignent à servir la vie instinctive).[254] Le fait que dans l'évolution, le redressement de l'homme précéda la structuration du crâne et de l'encéphale, correspond à une logique intrinsèque: redressé, il pouvait contempler l'activité de ses mains et la conduire ainsi, progressivement, d'un comportement dicté par l'instinct, vers des mouvements et un apprentissage plus conscients. Grâce à une rétroaction entre le mouvement et l'apprentissage, il affina à vue d'œil ces deux activités

---

[253] Holdrege, 1999.

[254] Il est par conséquent compréhensible que, dans la lignée évolutive de l'homme, presque la moitié des gènes qui dans la muqueuse nasale des animaux codent pour divers récepteurs de l'odorat, soient devenus inactifs.

(ainsi qu'on peut le constater dans l'utilisation rapidement différenciée d'outils et d'autres productions culturelles), et sur la même lancée il développa son cerveau.

L'érection était la condition préalable permettant à la vie de l'âme de ne plus être commandée de l'extérieur comme pour les animaux, mais déterminée de l'intérieur; et ceci constituait à nouveau le préalable à la structuration du langage et de la pensée. Cette suite évolutive entre redressement, habileté manuelle, langage et cognition, fut résumée par Wolfgang Schad de la manière suivante: «*Il y a 7 millions d'années, l'humanité possédait déjà la verticalité comme sa première marque distinctive. A partir de 2,5 millions d'années apparaissaient les premiers artefacts en pierre, aboutissement d'une habileté manuelle plus éveillée. A partir de 350 000 années, les premiers Homo sapiens archaïques montrèrent un palais à la voûte haute, premier signe de l'apparition du langage (Homo de Steinheim); mais ce ne fût qu'à la naissance de l'ère de la culture des lames et à l'apparition d'outils aux manches permutables de multiples façons, que nous rencontrons à partir de la dernière époque glaciaire finissante et au cours du mésolithique, des traces d'un enrichissement des facultés combinatoires et planificatrices. C'est le temps où l'on fabriquait de petits objets d'orfèvrerie et de parure, et aussi celui des peintures rupestres, de même que la sculpture de figurines représentant des symboles ou exprimant des représentations intérieures. Ensuite, à partir du néolithique, grâce à l'agriculture, l'humanité se sédentarisa, d'abord en Asie mineure, et peu à peu partout dans le monde. Chacun défendra son cadre vital contre les autres, les premières scènes de guerre vont apparaître (peintures rupestres en Espagne): la séparation entre le «mien» et le «tien» est consommée; la soi-conscience s'éveille.*»[255]

En paléontologie, lorsqu'on évoque les premières formes de bipédie, on ne parle pas d'humains, mais de singes (Pithecus); le statut d'hommes n'a été conféré qu'à partir de l'existence d'un certain volume encéphalique. Cela constitue une erreur fondamentale, car on transfère l'humain dans le domaine de la consciente et non dans celui de l'activité volitive qui doit toujours devancer la faculté de réflexion. La différence essentielle entre l'homme et l'animal réside dans l'origine de l'activité volitive - chez l'homme elle est libre, venant de l'intérieur, chez l'animal elle est instinctive, déclenchée de l'extérieur - et ce n'est qu'ensuite que viennent les facultés cognitives! Dans le chapitre 3.2, nous avions clairement

---

[255] Schad, 2009.

montré qu'à la base de la pensée existait aussi une activité intérieure et intuitive. Ce n'est pas seulement au niveau du redressement et dans l'activité physique, mais aussi dans l'activité cognitive, que la volition vient en premier, mais elle échappe facilement à notre attention, car nous vivons dans notre propre activité volitive, nous l'accomplissons sans y prendre garde. Lorsqu'on y prête attention, on est conduit à une nouvelle conception de l'évolution, de toute façon à une meilleure et plus réaliste connaissance de l'homme et du monde. Dans l'activité consciemment accomplie, on s'aperçoit que la volonté est une réalité spirituelle qui possède son propre support. Le matérialisme (de même que le créationnisme), ne se maintient que parce qu'on ne veut pas reconnaître l'autonomie de la volition, et elle restera, alors, invisible.

La marche debout, le langage et la pensée sont l'expression du Moi qui se donne ainsi un support. Pour approfondir ce fait, il faudrait l'observer. Mais comment cela serait-il possible? Comment le Moi, le sujet de la connaissance objectale, pourrait-il se connaître lui-même? Pour qu'il puisse se contempler, il faudrait qu'il se trouve face à lui-même. Ce face à face est impossible car il se situe toujours à l'endroit de l'observation et ne peut donc être l'endroit où il peut être observé.

La soi-connaissance exige du Moi de dépasser la connaissance habituelle. Rudolf Steiner écrit: «*Le chemin le plus facile pour se représenter ce ‹dépassement›, c'est de prendre en compte un fait simple, mais qu'il faut apprécier à sa juste valeur: dans toute l'étendue du langage il n'existe qu'un seul nom qui, dans sa nature propre, se distingue de tous les autres noms, c'est justement le nom ‹Moi›. Chaque autre nom désignant un objet ou un être peut être donné par n'importe qui. Le nom ‹Moi› pour désigner un être n'a de sens que si c'est cet être lui-même qui se le confère; jamais le nom ‹Moi› ne peut parvenir à une oreille humaine étrangère en tant que désignation, seul le sujet lui-même peut l'utiliser pour se désigner. Je suis un ‹Moi› pour moi, pour tout autre je suis un ‹toi›, et chaque autre est pour moi un ‹toi›. Ce fait est l'expression d'une vérité profondément significative. L'être réel du Moi est indépendant de tout ce qui est extérieur, c'est pourquoi ce nom ne pourra lui parvenir de l'extérieur.*»[256]

«*Alors que l'âme, pendant qu'elle ressent et utilise sa raison se perd dans ce qui n'est pas elle, elle saisit (dans sa soi-conscience) sa propre essence. C'est pourquoi ce Moi ...*

---

[256] Steiner, 1910, p.66 s.s.

ne peut pas non plus être perçu autrement que grâce à une certaine activité intérieure. Les représentations d'objets extérieurs s'élaborent selon que ceux-ci viennent et repartent, et ces représentations continueront de travailler dans la raison de par leurs propres forces. Par contre, si le Moi doit se percevoir lui-même, il ne pourra pas simplement s'adonner, il lui faudra d'abord, grâce à une activité interne, faire remonter son essence depuis ses propres profondeurs, pour en prendre conscience.»[257] C'est la volonté consciente qui, en tant que force spirituelle en l'homme, fait qu'il se contemple lui-même dans une vraie soi-conscience.[258]

Celui qui se saisit en tant que Moi, découvre une réalité qui est plus vraie et plus irréfutable qu'aucune autre dans le monde. Pour toutes les autres connaissances il faudra au préalable utiliser les méthodes empiriques et théoriques. Ce faisant, il restera toujours un reliquat d'incertitude lors de leur synthèse. Dans la soi-connaissance, cette incertitude est totalement surmontée, l'empirisme et la théorisation sont unes. Le Moi se génère pendant qu'il se connaît et se connaît pendant qu'il se génère. Il est en soi une vraie réalité spirituelle. *«Le Moi ne peut être ébranlé.»*[259]

Afin d'éviter une confusion aisément concevable, il faut expressément souligner que lorsqu'il est question du Moi, on ne parle pas de l'égo humain. Le Moi n'est pas non plus l'éventuelle représentation que l'on s'en fait, celle-ci n'en est qu'une image, non la réalité elle-même. Le Moi vit dans l'activité, c'est un être volitif et en tant que tel il est tout d'abord exempt d'une réflexion sur lui-même. Le Moi véritable est action attentive, attention active. C'est justement parce qu'il vit avant sa

---

[257] Ibid. Ce que Rudolf Steiner décrit ici, devra être travaillé à fond. Une lecture superficielle ne pourra saisir que les glumes qui s'envolent, qui avaient caché les grains rebondis et dorés. Celui qui creuse cette présentation, commence à lui donner vie. «La connaissance devient vie», c'est ainsi que l'on pourrait caractériser la méthode anthroposophique. Celui qui s'active ainsi découvre la réalité telle qu'il ne l'avait pas comprise auparavant. A partir de cette réalité, toute connaissance apparaîtra alors dans une nouvelle lumière. Dès le moment où l'on saisit sa vie intime, on n'aura plus affaire à des pensées étrangères, mais à sa propre activité et sa propre expérience.

[258] Ici Rudolf Steiner renoue avec Gottfried Fichte qui, dans son «Système d'une connaissance éthique» posthume formula: *«La force qui est insérée dans l'œil est le caractère réel du Moi, de la liberté, de la spiritualité.»* (Fichte, 1812, p. 17).

[259] Steiner, 1923-25, p. 85.

réflexion que, dans la conscience habituelle, sa nature spirituelle reste inaperçue car *«activité et contemplation sont antinomiques»* (Rudolf Steiner).

Le Moi est l'être autonome absolu, sans cependant être coupé du monde. Son secret le plus intime est le fait que dans ses intuitions volitives (ainsi qu'elles furent décrites au chapitre 3.2) l'essence intime du monde s'éclaire. Dans l'intuition, le Moi s'unit au contenu de l'univers, le point central du Moi s'étend jusqu'à la périphérie de l'univers, le «Moi» et le «Père» deviennent un.

Celui qui se découvre soi-même en tant que Moi (on pourrait dire aussi qui s'éveille), celui-là ne pourra plus jamais penser qu'il serait issu d'un non-Moi, de la nature ou d'organismes inférieurs. Il sera obligé de revoir différemment toute l'évolution. Il découvrira tout d'abord le fait étonnant que l'organisation physique humaine est aussi bien une expression du Moi (par la station debout, le langage, la faculté cognitive), qu'elle sert en même temps (par l'intermédiaire du cerveau) la prise de la soi-conscience. Le cerveau est une espèce d'appareil réflecteur pour la vie psycho-spirituelle du Moi. A travers cette réflexion, le flot de la vie volitive de l'esprit sera en quelque sorte endigué et rendu conscient dans la représentation du Moi.[260] Ces deux aspects de l'idée du Moi doivent être saisis clairement et de manière différenciée: l'essence volitive spirituelle et active du Moi, existant avant toute parole et toute conscience, et puis la représentation exprimable du Moi, réfléchie par le corps et devenue ainsi consciente. Le premier aspect est la force réelle, fluente mais inconsciente, l'autre aspect est l'image irréelle, coagulée, mais devenue consciente. Celui qui comprend cela, verra en même temps comment le Moi, avant la réflexion, vit indifférencié au sein de l'essence spirituelle du monde, alors qu'à travers la réflexion, il semble séparé des choses du monde.

9.2.　*L'Anthroposophie et le concept d'«esprit»*

L'évolution a produit le corps humain qui sert de base à sa compréhension. Alors qu'est-ce qui est le plus important? La connaissance de la réalité de l'évolution ou l'étude du corps né de cette évolution et qui rend possible une telle connaissance?

---

[260] Voir Steiner, 1911, 1916.

L'affirmation de la priorité de l'esprit restera du domaine de la croyance, ou une simple conviction théorique, aussi longtemps que l'esprit ne sera pas devenu une expérience intime et que sa relation au physique ne sera pas déterminée empiriquement. J'avais déjà eu l'occasion de souligner que l'anthroposophie ne se fondait pas sur une construction théorique, mais que pourtant elle se basait sur l'expérience, ce qui lui permet d'être considérée comme science de l'esprit. Il s'agit donc de découvrir la réalité de l'esprit.

Pour l'homme actuel, le monde perçu par les sens semble réel, alors que les pensées sont considérées tout au plus comme de vagues reproductions de la réalité physique. Le sujet se voit face au monde, son regard est porté vers l'extérieur et non vers ce qui est vécu intrinsèquement, cognitivement. Cette attitude de la conscience est celle du spectateur. Elle ne permet pas de faire l'expérience de la «réalité de l'esprit».

La soi-connaissance permet une autre sorte de vécu: la réalité du «Je suis» ne se trouve pas à l'extérieur, mais à l'intérieur de son concept. Elle se distingue de la connaissance habituelle par le fait que «*pour toutes les autres sortes de connaissances l'objet se trouve hors de nous, pour la soi-connaissance nous nous tenons au sein de l'objet; nous voyons chaque autre objet venir vers nous en tant qu'objet terminé, abouti, alors que notre propre soi, cet objet nous l'observons en tant qu'entité active, créative tissant le soi.*»[261]

A cause de notre habitude de ne concevoir de réel que ce que nous avons en face de nous, en règle générale; pour ce qui concerne le Moi, nous ne pensons pas vraiment à notre propre être, mais plutôt à notre corps, notre psyché, probablement aussi nos capacités intellectuelles telles que l'intelligence, le sens de la vérité, etc… A regarder de près, tout cela ne constitue que ce que nous possédons, non pas ce que nous sommes. Qui donc alors suis-je? «*[Par conséquent] si le Moi veut se percevoir lui-même, il ne pourra pas seulement paraître, il lui faudra par son activité intrinsèque faire remonter son essence de ses propres profondeurs, pour en obtenir une conscience.*»[262] Le Moi en tant qu'être volitif ne peut faire l'expérience de sa propre réalité, (ne peut la percevoir) que par une activité volitive qu'il s'impose à lui-même. Pour

---

[261] Steiner, 1901, p. 18.

[262] Steiner, 1910, p. 70.

saisir la particularité de la soi-connaissance, il faudra donc clairement différencier activité et contenu, processus et résultat, de l'acte cognitif.

Au chapitre 3, j'avais évoqué le fait que l'activité volitive du sujet (du Moi) formait le socle de toute connaissance. Le Moi saisit les contenus de la connaissance, tout d'abord en les produisant intuitivement, pour ensuite les «présenter» devant lui. C'est seulement grâce à cette «représentation» que les contenus apparaissent. Cette distinction entre activité et contenu n'est pas valable seulement pour une science cognitive mais aussi pour les perceptions sensorielles: on dirige son active attention sur le contenu d'un objet perceptible, pour finalement faire l'expérience, dans les mouvements de son propre corps, d'une activité volitive dont les résultats seront aussitôt perçus comme contenus objectifs.

Tous les contenus de la connaissance (pensées, perceptions sensibles, expériences et perceptions corporelles) ont cette caractéristique commune d'apparaître dans notre conscience sous forme de représentations. Peu importe ce que nous considérons, que ce soit notre corps, nos sensations ou nos pensées, ce dont nous prenons conscience, ce sont des images, et non pas une réalité immédiate.[263] Un acte volontaire, par contre, signifie efficacité et réalité. C'est à travers notre volonté que nous mouvons notre corps, que nous saisissons et donnons forme aux impressions sensibles du monde extérieur, que nous élaborons nos pensées. La volonté est une réelle force créative. Cependant, ainsi que nous l'avons vu, la volonté est tout d'abord inconsciente. Dans la représentation et dans la volonté se font face un monde imagé conscient mais irréel, et l'apparition du réel impulsée par une source inconsciente.[264]

A l'origine de l'activité volitive, je me ressens moi-même et me désigne ainsi comme sujet, comme sujet confronté aux objets. Dans la soi-connaissance, cela se présente différemment. Dans un premier temps, c'est moi qui me fais apparaître et me contemple moi-même, pourtant je

---

[263] Il est important d'arriver à se rendre clairement compte que tout ce qui vit dans la conscience habituelle ne représente aucune réalité, mais seulement un reflet irréel de celle-ci. Lorsqu'on fait l'expérience du néant des contenus de la conscience commune, on pourra aussi découvrir et apprécier la véritable réalité spirituelle.

[264] Heusser, 2011, p. 175 s.s.

ne peux pas me représenter mon Moi véritable, mais qui est-il vraiment? Comment quelque chose qui ne serait qu'une activité pure (donc, du point de vue objectal, rien) pourrait-il être contemplé malgré tout?

Ici nous nous heurtons à la frontière de la conscience habituelle, que Rudolf Steiner désigna de manière imaginative comme «le seuil du monde spirituel». Au-delà de cette limite, il n'existe plus de représentation, mais seulement des productions volitives, en fait un sommeil extrêmement profond. Pourtant, lorsque la volonté est véritablement dirigée par le Moi, celui-ci s'éveille en elle, même sans obligation de représentation.

Dans la soi-connaissance on fait une expérience singulière: bien que pour la conscience objectale le Moi est un «rien», un «vide», il existe malgré tout, il vit, il ressent, pense et connaît. Il est, sans nécessité de devoir s'accrocher à autre chose. Il se sait un être réel, purement spirituel. S'il n'était qu'une image représentée, il pourrait douter de lui-même. S'il n'était que volonté pure, il ne pourrait développer de soi-conscience. Mais dans la soi-conscience, représentation et volonté fusionnent, ce qui donne réalité à la représentation et conscience à la volonté: le Moi se ressent comme un être spirituel se conférant son propre fondement.[265] Dans le «je suis», la conception est en même temps connaissance, et

---

[265] Du point de vue philosophique, se trouve ici l'issue pour sortir du «trilemme de Münchhausen». Celui qui prétend qu'il ne puisse exister aucune explication aux justifications d'un fait, car dans une première hypothèse on aboutit à un recul à l'infini (qui était le précurseur de l'homme? - Le singe. Qui était le précurseur du singe? - D'autres animaux. Qui les avaient précédés? - Des organismes inférieurs. Quels étaient leurs prédécesseurs? - Des cellules vivantes. Et de celles-ci? etc...), dans la deuxième à un cercle vicieux (Qui a donné naissance à la vie? - La vie), ou on finit par édicter un dogme (l'homme fut créé par Dieu par une décision insondable). Le «Je suis» permet de sortir de ce trilemme. Il permet d'aboutir à une justification dernière: finalement Münchhausen arrive à se tirer de ce bourbier. Le nom de «Je suis» est aussi identique au nom de Dieu. A regarder de près on reconnaît sans peine que l'on a affaire ici aux quatre plans déjà souvent caractérisés (Chapitre 3.3): si l'on veut fonder un phénomène physique, cela n'est possible que par un recours à l'infinitude; le cercle vicieux concerne le vivant; dans le psychisme règne l'affirmation dogmatique; dans le spirituel par contre les justifications se portent elles-mêmes.

celle-ci en même temps conception. «*Lorsque nous saisissons le Moi dans la pensée pure, alors nous nous trouvons dans un centre où la pensée pure produit en même temps «essentiellement», son être matériel [dans le sens aristotélicien].*»[266]

Il est vrai que l'on pourrait objecter que la conscience du Moi montre la plus grande dépendance au corps. Là-dessus Rudolf Steiner répondit: «*Il faut soigneusement se garder de voir dans la conscience habituelle que l'on a de ce Moi, le Moi véritable. Lorsque, séduits par une telle confusion, à l'instar du philosophe Descartes, nous voulions dire «je pense, donc je suis», alors nous serions démentis par la réalité chaque fois que nous dormons, car alors nous «sommes» sans que nous pensions. La pensée ne se porte pas garante de la réalité du Moi. Cependant il est tout aussi certain que le Moi réel ne peut être vécu que par la pensée pure, et par rien d'autre. Le Moi véritable pénètre justement dans la pensée pure, et pour la conscience humaine habituelle, seulement dans celle-ci. Celui qui ne fait que penser, ne parvient que jusqu'à l'idée du Moi. Celui qui ‹vit› ce qui peut être vécu dans la pensée pure, pendant qu'il saisit le Moi par la pensée pure, confère une réalité au contenu de sa conscience… Lorsque, dans la pensée pure, on fait l'expérience du Moi véritable, on apprend à connaître ce qu'est une pleine réalité; et depuis ce vécu, on peut pénétrer plus avant dans d'autres domaines de la réalité véritable.*»[267] Ainsi la soi-connaissance est, de toute façon, un exemple pour la connaissance de l'esprit: «*Celui qui [dans la soi-connaissance] pénètre dans l'âme telle une goutte, la science de l'occulte le désigne par le terme ‹esprit›… Ici l'homme doit commencer par appréhender cette spiritualité; il doit la reconnaître en lui-même, alors il pourra aussi la reconnaître dans ses manifestations [c'est-à-dire dans le reste du monde], à l'extérieur de lui.*»[268] Que devra-t-il alors faire? «*Lorsque l'homme … veut appréhender l'esprit dans chacune de ses manifestations, il devra le faire de la manière dont il avait déjà appréhendé le Moi dans l'âme de conscience. Cette activité, qui l'avait conduit à la perception de ce Moi, il devra la diriger vers le monde manifesté.*»[269]

On découvre l'esprit dans le monde de la même manière que l'on découvre le Moi: grâce à une activité créative! Cela signifie qu'il faut imiter les processus du monde, remodeler, pour ainsi dire «transpénétrer» d'une volition consciente les phénomènes du monde afin, pour ainsi dire,

---

[266] Steiner, 1908, p. 102.

[267] Steiner, 1908, p. 103.

[268] Steiner, 1910, p. 71.

[269] idem.

de s'y glisser. Il faut les recréer en soi. Cette forme de connaissance fut désignée par Rudolf Steiner selon le terme d'«intuition»: «*Ce qui, à présent, vit dans l'âme, c'est réellement l'objet lui-même... Le Moi s'est répandu sur tous les êtres, il a conflué avec eux. La vie des choses dans l'âme, c'est l'intuition. Lorsqu'on dit de l'intuition que grâce à elle on «coule» dans toutes les choses, c'est tout à fait à prendre au mot. Dans la vie habituelle, l'homme n'a qu'une seule intuition, c'est celle du Moi lui-même. Le Moi ne peut être perçu par aucune manière extérieure, il ne peut être saisi qu'intrinsèquement... Ainsi, grâce à l'intuition, on vit dans les choses. La perception de son propre Moi est le modèle pour toute connaissance intuitive. Il est vrai que pour parvenir à pénétrer ainsi dans les choses, il faut au préalable sortir de soi-même, il faut s'oublier soi-même, devenir altruiste, afin qu'avec ce «soi», le Moi, on puisse se fondre dans un autre être.*»[270] (L'exemple de l'exercice de méditation du chapitre 3.2 a montré comment s'était possible.) Lorsqu'ainsi le Moi s'immerge dans les couleurs et les formes, dans les mouvements, les phénomènes de la vie et les manifestations des êtres du monde de l'âme, lorsqu'il les recrée intrinsèquement, alors ils lui dévoileront leurs qualités psychiques et spirituelles, et l'on comprendra: «*Les mondes de l'âme et de l'esprit n'existent pas séparés du monde physique; ils ne sont pas écartés spatialement de celui-ci. De même que pour l'aveugle-né, son monde tout d'abord ténébreux, rayonnera de lumière et de couleurs après l'opération, ainsi pour celui qui s'éveille au monde de l'âme et de l'esprit, les choses lui révèleront leur caractère psychique et spirituel qui, auparavant, ne lui avaient montré que leur côté physique.*»[271] La connaissance spirituelle anthroposophique est issue d'une activité empathique-spirituelle, orientée vers les phénomènes (ouverte au monde).[272]

Cette séparation entre la vie représentative et la vie volitive, et leur réunion dans la connaissance spirituelle, s'exprime concrètement de manière tout à fait extraordinaire dans la structure humaine! Tête et membres, passé et avenir, représentent les pôles entre lesquels l'homme démonte la réalité unie et fluente, alors que dans l'interpénétration

---

[270] Steiner, 1905, p. 23.

[271] Steiner, 1904, p. 94.

[272] On crée par exemple l'impression «rouge» sous forme de représentation, et cela avec la même intensité et la même vivacité avec lesquelles nous les avons accueillis à travers l'œil. On arrivera assez rapidement à sa qualité psychique, et finalement spirituelle.

«respirante» et pulsative des polarités, le temps présent est toujours à nouveau créé et vécu en tant que réalité vivante, jamais définitivement établie, dans la rencontre entre l'homme et le monde.

Ce livre a esquissé une relation entre les phénomènes de l'évolution (de l'être humain, des fossiles et des espèces animales récentes), les lois selon lesquelles on peut les ordonner, et les forces qui on fait avancer cette évolution. Les phénomènes et les lois sont appréhendés sous forme de représentations, de contenus cognitifs, alors que pour les forces agissantes, on en fait l'expérience dans, et grâce à notre propre volonté, altruiste et capable de se fondre dans les phénomènes. La relation ainsi vécue entre les deux pôles dévoile l'évolution comme un évènement spirituel qui se façonne sur le théâtre de la conscience de manière toujours nouvelle pour aboutir à la réalité vécue actuellement.

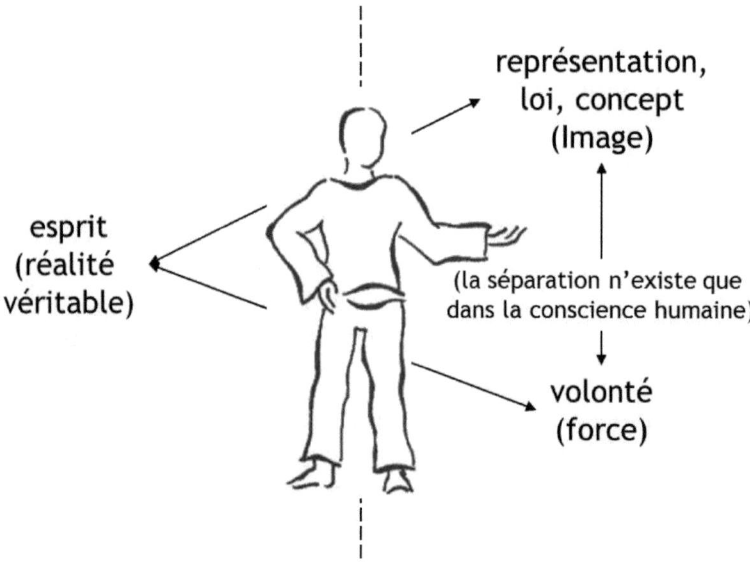

Figure 72: Le concept d'esprit dans l'Anthroposophie.

9.3. *La découverte de la lenteur - l'homme dans le temps*

De tous les primates, l'homme est l'être qui se développe le plus lentement et qui vit le plus longtemps. Chez lui, les mêmes phases du développement physique sont beaucoup plus longues que pour les singes

(Fig. 73) et pour d'autres animaux. La période juvénile qui est très large, fait que chez l'être humain l'apprentissage instinctif des animaux sera remplacé par l'imitation sociale et l'apprentissage culturel, une réalité acceptée actuellement par la science et qu'en 1980 déjà Friedrich Kipp avait largement vérifiée.[273]

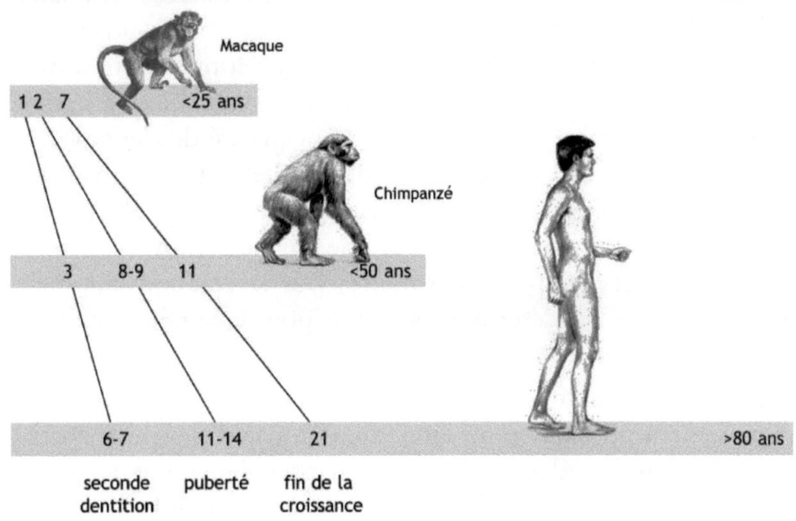

Figure 73: Les différences dans la durée des étapes de développement comparables chez l'homme, le chimpanzé et le macaque.[274]

Ce qui est frappant, c'est que les formes précoces apparentées à l'homme, elles aussi (*Australopithecus*, *Homo erectus*, *Homo neanderthaleusis*), ont eu un développement bien plus rapide que l'homme actuel.[275]

On découvre donc une relation entre espérance de vie, ralentissement temporel du développement, et hominisation: plus un primate se développe lentement, plus grande sera sa ressemblance avec l'homme actuel (Fig. 74). Considéré dans le temps, il est donc particulièrement vrai

---

[273] Kipp, 1980.

[274] Voir Robson et Wood, 2008. L'espérance de vie pour le chimpanzé vivant à l'état sauvage n'est que de 15 ans ; Hill, 2001.

[275] Voir appendice, p. 257 ss.

que le développement de l'homme est retardé: hominisation signifie un temps qui se ralentit, qui s'étale. Le rajeunissement de la structure crânienne, présentée ci-dessus, souligne aussi ce fait: un retardement dans la morphologie en lien avec une ontogénèse étalée dans le temps.

Une vitesse de développement accélérée signifie pour l'animal (comme aussi pour les premiers Homo) que des caractères semblables se succèdent dans des intervalles plus courts, ou bien, pour l'homme moderne, qu'il a plus de temps pour son développement, son espace temporel étant moins dense. Du point de vue psychique cela signifie que l'être humain, contrairement à l'animal, a la capacité de s'ennuyer, et que pour l'animal, sa vie intérieure étant totalement absorbée par les impressions (corporelles) de son environnement, il y est étroitement imbriqué. Chez l'homme, on constate une émancipation. L'ennui n'est-il pas l'un des motifs les plus importants pour la création culturelle, dès lors qu'on est invité à passer plus de temps pour le jeu, les contes, l'art et bien d'autres choses?

De même que l'homme, grâce au redressement, prend ses distances avec l'environnement physique pour atteindre une vue d'ensemble spatiale, de même, grâce au retardement, s'élève-t-il psychiquement au-dessus du temps qui courre pour atteindre une libre vue d'ensemble sur le passé, le présent et l'avenir. Le fait qu'il développe une conscience de son origine et des traditions, et aussi celle de la mort qui vient à sa rencontre, est tout à fait caractéristique.[276]

La croix temporelle permet de résumer sous forme d'images ces relations. L'origine de l'homme, ainsi que celle des singes, proviennent de la vivante répétition de la lignée héréditaire. Dans le développement vers l'animalité se glisse dans ce torrent de vie quelque chose de psychique issu de l'avenir et qui s'incarne dans la structure corporelle animale. Chez l'homme, cette incarnation sera partiellement endiguée; la psyché conservera une libre mobilité et pourra se mettre à la disposition du

---

[276] Au cours de l'évolution de l'humanité, les rites mortuaires, qui annoncent une vie après la mort, ne sont connus que chez les néandertaliens, et chez les *Homo sapiens*, il y a au plus tôt 120 000 ans. Il est probable que l'*Homo Erectus*, qui les avait précédé et dont le développement était encore accéléré, ne pouvait pas encore se forger une perspective d'avenir.

Moi.[277] La présence du Moi dans le corps montre un effet spatial de redressement, un effet temporel de retardement, et un effet morphologique de rajeunissement. L'évolution des hominidés et des formes précoces humaines avait préparé l'entrée du Moi dans le corps physique, et déjà annoncé sa venue.

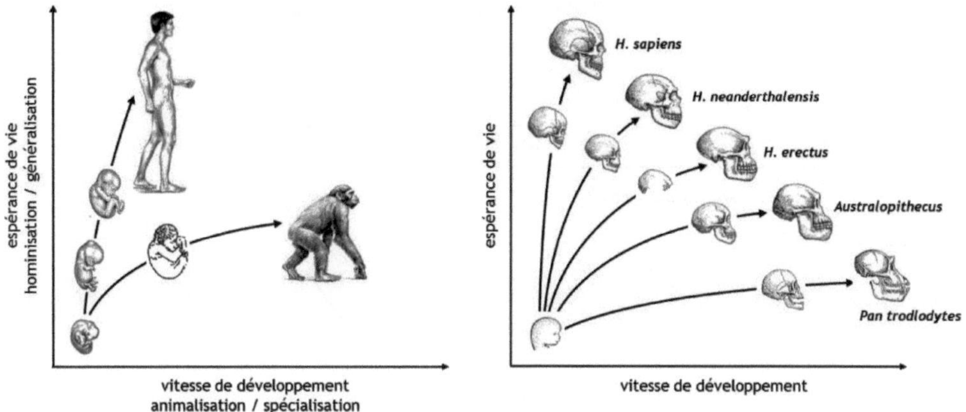

Figure 74: Relation entre la vitesse de développement et l'espérance de vie chez l'homme actuel, l'homme ancien et le chimpanzé (*Pan troglodytes*). Le chimpanzé prêt à naître, ressemble à l'homme adulte; les formes crâniennes juvéniles ressemblent chaque fois aux formes adultes d'un rang supérieur.

---

[277] Rudolf Steiner écrivit: «*Dans le corps astral* (voir Chapitre 4.6 et la note 147), la *structuration animale naît vers l'extérieur dans la totalité de la structure, et vers l'intérieur dans la structuration des organes. … Lorsque la structuration est conduite jusqu'à son aboutissement, alors se forme l'animalité. Chez l'homme, elle n'est pas conduite jusqu'à son aboutissement. A un certain moment de son cheminement elle est endiguée. … Elle sera attirée dans le domaine d'une autre organisation On peut la désigner comme l'organisation du Moi.*» (Steiner, 1925, p. 35 s.s.).

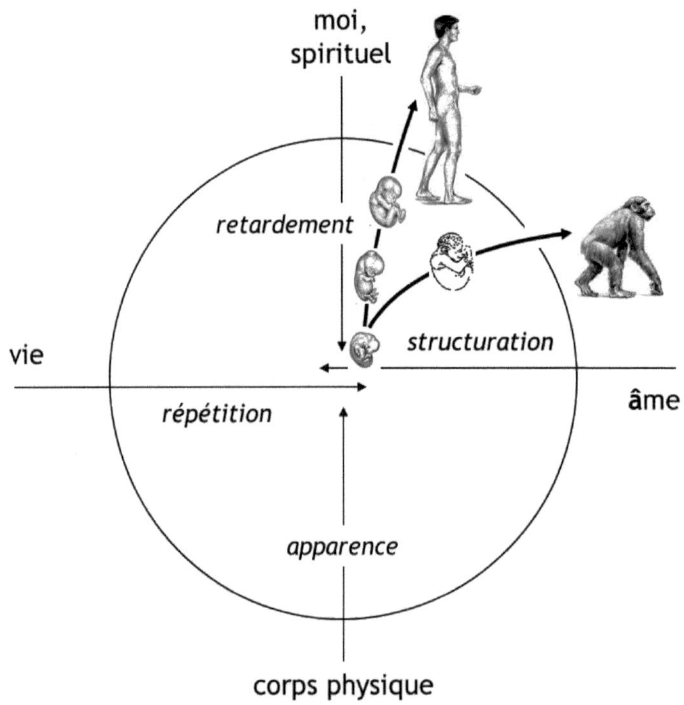

Figure 75: Humain et animal en croix temporelle.

9.4. *La réalité spirituelle de l'évolution …*

L'évolution est un processus de diversification progressive. Dans notre manière d'envisager les choses, les animaux apparaissent comme des dérivations collatérales, pendant que le courant central conduit à l'homme. Un problème déconcertant se présente cependant à l'étude de l'évolution, qui est l'absence de structures correspondant exactement aux endroits où l'évolution de l'arbre généalogique bifurque, où deux lignées se séparent; ces endroits restent «striés». On peut toujours prétendre que l'une des formes serait le précurseur de l'autre, car elle montre des caractéristiques qui réapparaissent dans la descendance, mais à y regarder de près, chaque précurseur représente à nouveau une bifurcation, simplement à un stade plus précoce. Si l'on s'imagine avoir découvert une forme qui représenterait une bifurcation, elle s'avère régulièrement être, après une analyse plus précise, trop spécialisée dans l'une ou l'autre direction pour représenter le point de départ de deux lignées divergentes.[278] Il est vrai qu'il est possible, à partir d'une comparaison typologique, d'extrapoler les caractéristiques de précurseurs communs, mais on ne les trouve pas sous forme fossilisée.

Au chapitre 1, nous avions déjà évoqué ce problème lors de la discussion concernant les homologies: les membres des quadrupèdes sont tous modelés selon un même type. Le darwinisme le voit comme un précurseur physique, mais les pieds des formes fossiles sont trop spécialisés pour représenter cet archétype. Les formes «bifurcatrices» de l'arbre généalogique, celles qui sont à la base de deux lignées qui se séparent, ne peuvent être représentées matériellement. Elles ne sont rien d'autre que leur type commun, qui ne peut être saisi qu'idéellement.

Avec quoi donc l'évolutionnisme est-il confronté? Quelles sont les données observables que la pensée reliera? Il n'y aura jamais autre chose que les données actuelles qui se présentent à lui en tant que phénomènes: les animaux vivants ou ceux qui sont conservés sous forme fossile, ensuite on les rassemblera dans un système hiérarchique. Ensuite on posera ces structures dans une relation considérée comme réelle en les interprétant comme étant le résultat d'une origine commune. Ce faisant, on incorpore dans les phénomènes perceptibles, l'idée de temps. A proprement parlé, le concept d'évolution n'est rien d'autre que le vivant mouvement typologique de la pensée à travers lequel les structures observables sont réunies en une relation d'ensemble. Le temps, et c'est un fait fondamental, on ne peut le voir, il n'est pas une réalité objectale, il ne peut être saisi qu'au sein de la conscience cognitive. Les énigmes de

---

[278] Un exemple nous est donné dans la description publiée d'un fossile de primate découvert en 2009 dans la mine Messel près de Darmstadt et qui fit la une dans les journaux. L'animal, devenu célèbre, sous le nom d' «Ida», de l'espèce *Darwinius massillae* ressemble de part tout son habitus à un singe inférieur du groupe des strepsirrhiniens auquel appartiennent les lémuriens, mais par l'absence de caractères appartenant à ces derniers, devrait faire partie du groupe des haplorrhiniens les prédécesseurs des singes supérieurs, et finalement de l'homme. Une vraie bifurcation alors? - Une analyse plus poussée montra cependant que «Ida» était un strepsirrhinien dont les caractères manquants se sont probablement perdus.

l'évolution se résoudront lorsqu'on ne recherchera pas les ancêtres communs et les structures bifurquées sous l'aspect physique tels des objets, mais en transcendant l'idée d'évolution de telle façon que la réalité de la transformation structurale typologique soit appréhendée dans le temps, dans une contemplation intérieure spirituelle.

Armés de cette pensée, revenons à la figure 56, page 180 Le courant central de l'hominisation ne se manifeste alors non pas sous la forme d'un processus physique, mais sous celle d'un processus spirituel! Seules les branches collatérales apparaissent en tant qu'organismes vivants ou fossiles. La descendance commune est une relation d'ordre spirituel. Les manifestations matérielles des organismes ne sont que des «extraits» captés (pour les retenir) par la conscience objectale à partir du courant continu du temps.

Ainsi l'homme tourne-t-il son regard vers les animaux qui l'entourent et il reconnaît entre eux, en tant qu'ordonnancement et lien commun, la réalité du temps, ce temps qui l'a fait naître lui-même. Avec son regard rétrospectif sur l'évolution, l'homme s'aperçoit lui-même dans son essence temporelle et spirituelle. *«Les parties, je les tiens en main et je suis le lien spirituel entre elles!»* Lorsqu'on revient jusqu'au tréfonds de la couche volitive de l'intuition dans laquelle la connaissance du sujet spirituel, son corps et les animaux, sont reliés entre eux, dans lequel sujet et objet(s) ne font plus qu'un, alors on ne reconnaît plus seulement la phylogenèse dans le double courant du temps, mais on ressent intrinsèquement: «Je suis l'évolution».[279]

---

[279] Il n'y a pas longtemps fut fêté le jubilé d'une conférence que Rudolf Steiner avait tenue en 1911, lors d'un congrès international de philosophie à Bologne. Il y avait posé la question de la localisation du Moi humain: il ne fallait pas le chercher dans le corps, mais le transposer dans l'ordonnancement des choses, le corps, et en particulier le cerveau, ne fonctionnant que comme un vivant appareil de réflexion permettant une prise de conscience: *«On arrivera ... à une meilleure représentation du Moi dans le contexte d'une Théorie de la connaissance, lorsqu'on ne l'imagine pas localisé dans l'organisation corporelle, recevant ainsi les impressions depuis l'extérieur, mais en transposant ce Moi dans les choses elles-mêmes, et en ne regardant l'organisation corporelle que comme une espèce de miroir qui réfléchirait vers le Moi le travail de tissage du Moi à l'extérieur du corps, de la transcendance, à l'activité organique du corps.»* (Steiner, 1911, p. 111 s.s.) - Cette idée est appliquée ici dans le but de comprendre la relation du Moi avec l'histoire du développement organique.

Herder envisageait les animaux sous forme d'un homme démonté; Darwin reconnut la réalité du temps reliant tous les organismes. La pensée herdérienne devient compréhensible lorsque le psychisme des animaux (l'impression de «grâce» qu'il nous donne) qui, toujours, accompagne l'observateur, imperceptiblement, s'éveille à l'auto-contemplation: alors l'être humain se montre être un condensé du règne animal: la force et le calme du lion, l'émotivité du cheval, l'entêtement du l'âne, l'être joueur du chimpanzé (atténué), vivent aussi en lui. De même que la pensée de Herder s'anime dans l'éveil de son âme, ainsi celle de Darwin devient concrète, spirituellement, dès lors le Moi cognitif parvient à l'auto-contemplation. Alors il se trouve être la réalité spirituelle commune coulant dans le temps de toute vie terrestre.

Il faut évidemment toujours à nouveau tenir compte que le courant spirituel de l'évolution, dans sa réalité, ne peut devenir expérience que dans le vécu de la pensée. L'esprit n'est pas à chercher dans un quelconque au-delà, à l'extérieur du Moi! Le Moi n'est pas spectateur du monde, il donne la scène sur laquelle, dans le double courant du temps, les impressions perçues par les sens et les contenus spirituels vécus par la pensée se rencontrent et s'interpénètrent. La cognition ne reproduit pas la réalité, celle-ci est créée de manière neuve d'instant à instant.

9.5.   *... se manifeste en l'homme dans sa structure physique*

Grâce à la verticalité, les membres supérieurs chez l'homme ne sont plus liés à un environnement spécifique. Ils ne montrent plus aucune spécialisation, comme par exemple chez le singe, la brachiation ou le déplacement sur le mode du «knuckle-walking» (sur le dos des phalanges). Le bras et la main de l'homme restent primaires; ainsi incorporent-ils la structure archétypale des membres des vertébrés, et ceci dans un double sens: les membres se modèlent à partir d'un bourgeon embryonnaire qui est semblable chez tous les vertébrés quadrupèdes, et alors que les membres des animaux divergent plus ou moins fortement à partir de cette origine commune, la main humaine est celle qui lui reste le plus fidèle. Le fait de rester primaire lui confère en même temps un caractère universel: à l'aide de sa main l'être humain est capable de faire tout ce que font les animaux et même bien davantage (grâce aux outils qu'il fabrique à nouveau de ses mains). C'est justement parce que la main évite de se spécialiser qu'elle devient l'outil par excellence de la création culturelle et se met au service des hommes, non seulement dans le commerce, dans le donnant et le recevant, mais aussi dans le message des signes, dans la symbolique et la gestualité pour exprimer sa vie intérieure, émotionnelle et spirituelle. La main constitue peut-être l'organe qui exprime le mieux le Moi humain.[280]

D'un autre côté la main correspond à l'archétype des membres des Tétrapodes (voir Fig. 1, p. 25): en recherchant la forme originelle on aboutit au schéma représenté au milieu de la figure 76. Celle-ci constitue tout d'abord une abstraction, mais voilà qu'elle se dévoile dans la forme humaine! Cette main ne réunit-elle pas tout en elle, n'est-elle pas l'origine commune qui s'est déversée dans le monde animal tout en se spécialisant, pour s'incorporer dans différents cadres de vie? Par le processus d'adaptation aux différents milieux, la main peut conduire aux membres spécialisés des animaux; mais aussi, en sens inverse, la «déspécialisation», de retrouver l'universalité humaine.[281, 282]

Figure 76 (page suviante): Le bras et la main de l'homme s'approchent le plus de l'archétype idéel des membres des vertébrés.

---

[280] On se réjouit lorsque, par une activité de recherche personnelle on s'approche d'une telle conception et qu'ensuite on se trouve face à une remarque de Rudolf Steiner: «*Il n'existe pas de plus beau symbole de la liberté humaine que ses bras et ses mains.*» (Steiner, 1919c, p. 104. Voir aussi Schmalenbach, 2008).

[281] Voir Poppelbaum, 1928.

[282] C'est aussi sous l'aspect de la proportionnalité que la main et le bras de l'homme présentent une forme archétypale, puisque la longueur de leurs éléments respectifs se comportent entre eux selon le nombre d'or, ainsi le bras par rapport au corps, mais aussi la main par rapport à ses éléments. György Doczi indiqua dans son bel ouvrage que «*Toutes les parties du corps humain ont entre elles des relations harmonieuses (le nombre d'or: annotation C. H.). C'est ainsi que la longueur de la main par rapport au bras et au torse correspondent aux rapports de la tête à la nuque, au torse, aux jambes et aux pieds. ... Ainsi peut-on considérer la main comme un microcosme, qui reflète le macrocosme du corps.*» (Doczi, 1981).

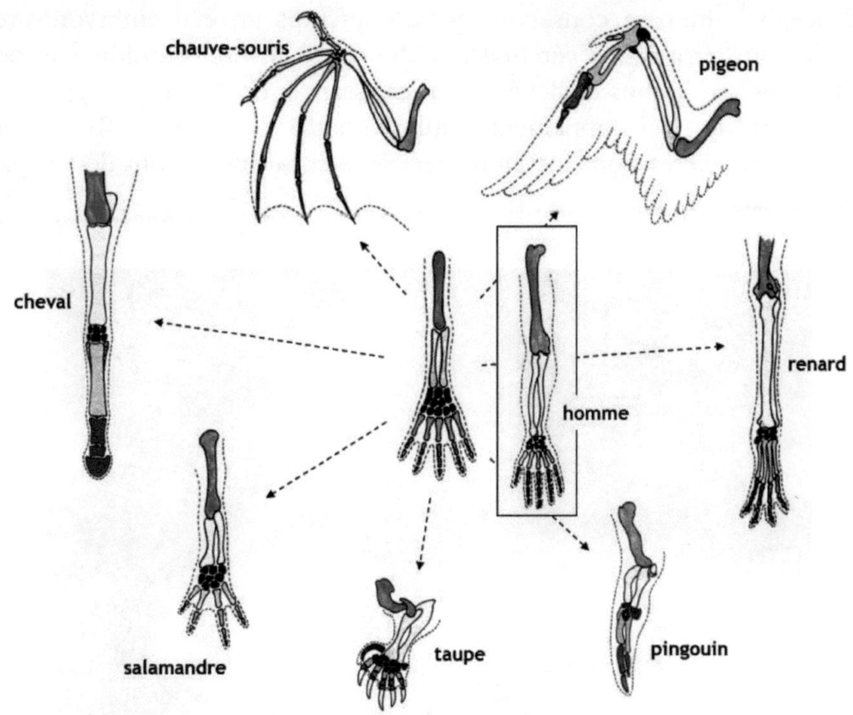

Si le type se manifeste au niveau de la main, c'est que celle-ci s'est arrêtée à un stade précoce de son développement. Ce rapport entre retardement et image typologique dévoile un motif de base de l'hominisation. C'est parce que la main, grâce justement au redressement, ne dirige pas son développement vers une spécialisation physique, qu'elle peut incorporer la structure originelle, une structure qui n'est pas déterminée par des circonstances externes, mais uniquement par des principes formateurs internes. Ces principes sont inscrits dans l'évolution: mais les animaux restent subjugués par la plongée dans le milieu physique, alors que l'homme ne fait que les manifester.

La tête, elle aussi, grâce encore au redressement, sera libérée de l'emprise de l'environnement immédiat. La partie faciale, ainsi que la région maxillaire, seront endiguées dans leur croissance, ce qui permettra au cerveau, cet organe de la vie intérieure, d'être exempt de toute spécialisation et de se déployer fortement. Comme pour la main, le crâne se soumettra à un retardement au profit d'une généralisation.

L'encéphale humain conservera plus longtemps un état embryonnaire, car la forte croissance cérébrale, et l'interconnexion neurologique, qui sont plus ou moins achevés à la croissance de l'animal, dépassent largement le développement embryonnaire humain.[283] (Beaucoup d'autres caractères humains, non spécialisés et juvéniles, sont décrits par Jos Verhulst[284]).

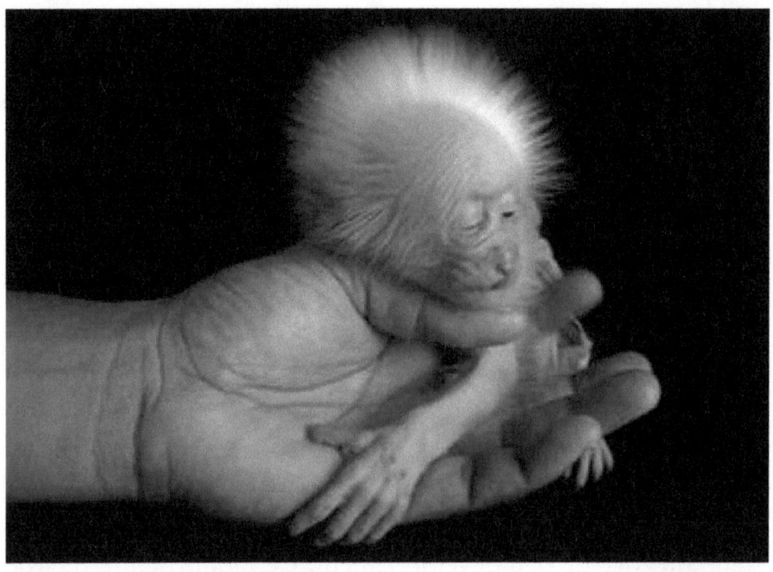

Figure 77: Un macaque nouveau-né dans la main d'un homme. On est frappé par l'aspect vieillot de la face et de la ressemblance de la main avec une main humaine (Wikipédia[285]).

Dans la littérature on rencontre souvent le terme de «juvénilité» (néoténie), ou retardation, appliquée à la formation de la structure humaine. L'homme ne reste cependant pas seulement plus longtemps jeune que le singe, c'est-à-dire plus plastique, avec une meilleure capacité

---

[283] Voir par ex. B. Somel et al., 2009; Lui et al., 2012.

[284] Verhulst, 1999, traduit en français.

[285] en.wikipedia.org/wiki/catarrhini.

d'apprentissage, mais aussi, dans toute sa structuration, plus proche de la forme archétypale commune. On pourrait aussi, à l'exemple de Richard Owen, parler d'une incarnation du type dans la structure humaine: les animaux se développent «*dirigés par la lumière archétypale, jusqu'au point où cette idée se manifestera dans le splendide vêtement de la forme humaine*».[286] L'archétype n'est pas un schéma abstrait, mais une réalité, une idée vivante, dont on peut faire l'expérience! Dieu est devenu homme.

Finalement se seront aussi les jambes et les pieds qui montrent qu'ils sont modelés par des forces intérieures, et non par des forces d'adaptation.[287] Ecoutons ce qu'en dit W. Schad: «*Il est tout de même époustouflant que l'homme se dévoile tel un être possédant une membrure spécifique. … Ce n'est pas seulement dans la fonction cérébrale, qui existe évidemment, … mais justement c'est dans l'organisation de ses membres que l'on découvre quelque chose d'éminemment humain. Il est significatif que les membres supérieurs soient totalement libérés de la fonction locomotrice; mais quel est le trait significatif de cette organisation des membres pour ce qui concerne la jambe et le pied? Chez la plupart des animaux, nous observons que les membres qui servent à la locomotion sont à ce point spécialisés que les parties proximales restent relativement brèves, par contre les distales s'avèrent particulièrement étirées. Un membre de cheval montre une cuisse assez courte, une jambe déjà un peu plus longue. Le talon se trouve tout à fait en haut, auquel s'attache un puissant métatarse, dont la plupart des rayons sont raccourcis. Pour le cheval il ne reste qu'un seul rayon dont la phalange est également particulièrement épaisse et étirée, se terminant par un sabot vigoureux. Ce membre est hautement spécialisé pour la posture immobile et la course, et ceci justement dans ses parties voisines de l'environnement. Dans les membres servant à mouvoir l'organisme dans l'espace environnemental, l'organisme et l'environnement se rencontrent et s'imbriquent fonctionnellement, de telle sorte que chez l'animal, la part fonctionnelle de cet environnement s'impose dans les éléments distaux des membres jusque dans la morphologie de la structuration. Chez la chauve-souris aussi, les éléments proches du corps sont relativement courts, alors que les métatarses s'étirent démesurément, entre lesquels se tend alors une peau servant au vol.*

---

[286] Owen, 1849.

[287] On peut discuter du fait que la jambe et le pied de l'homme seraient une adaptation pour la marche debout, ou bien représenterait une forme embryonnaire retardée, donc généralisée. (Voir par ex. Verhulst, 1999). Pourtant la démarche verticale n'est pas, en soi, une adaptation!

A l'inverse, le membre inférieur humain présente dans le fémur l'os long le plus étiré du corps. Le tibia et le péroné restent encore assez allongés, alors que les éléments voisins de l'environnement sont très brefs et ramassés, de sorte que les orteils sont «retenus» de manière tout à fait inhabituelle. Le gros orteil se trouve serré contre le reste du pied. - Le singe possède un fémur raccourci et des orteils opposables, c'est-à-dire un pied ressemblant à une main: son système locomoteur est encore davantage lié au biotope. L'ours, quant à lui, bien qu'il se déplace sur des plantes des pieds bien développées, possède pourtant des fémurs relativement courts, et de longues griffes, ce qui montre à nouveau un manque d'autonomie. - Chez l'homme, c'est justement grâce au fort endiguement des parties distales du pied que naît chez lui une fonction locomotrice qui indique qu'elle n'a pas été structurée par l'environnement, mais à partir de l'organisme lui-même. Dans la longueur particulièrement importante de la jambe et dans la brièveté du pied s'exprime, de par la stature, cette émancipation qui nous permet de nous déplacer, libérés de conditions du milieu trop contraignantes.»[288]

La structure du corps humain est élaborée selon des principes internes et non à partir d'une adaptation à des circonstances vitales extérieures. L'imbrication avec le monde physique est endiguée. Ernst Michael Kranich formule cela de manière géniale: *«Le corps des animaux est adapté à l'environnement, celui de l'homme, au Moi.»*[289]

Richard Owen avait recherché l'origine de l'archétype des vertébrés dans la pensée d'un dieu créateur dans un mystérieux au-delà (Chapitre 1.2). Cet idéalisme platonicien détourne l'homme de la terre et de soi-même. Il rend «voyant», mais ce que l'on «voit» n'est qu'une illusion abstraite. Charles Darwin voulait rester «sur la solide base des faits»; mais lui, avait perdu le sens de la forme originelle humaine. Elle n'était qu'une forme parmi d'autres, issue physiquement d'un ancêtre commun, à la manière de toutes les autres. Il s'était tout à fait oublié soi-même en tant qu'être spirituel. L'image matérialiste du monde rend aveugle.

Quant à nous, nous voyons par contre la source originelle et l'archétype de l'évolution, non pas dans un lointain passé, non pas en imaginant des intentions issues d'un dieu créateur hors de portée de notre compréhension, et pas non plus dans une inexplicable et aveugle conjoncture, mais dans l'homme lui-même dont l'être intime et

---

[288] Schad, 1985a.

[289] Kranich, 1999, p. 84.

autonome se manifeste extérieurement dans son corps et dans les principes formateurs qui l'ont modelé. La tête, la main, la jambe et le pied, oui toute son apparence, ne sont pas l'expression d'une nécessité extérieure, mais d'une liberté intérieure se fondant sur elle-même. L'homme n'est pas celui des vertébrés qui s'est adapté le plus, mais le moins. Son image archétypale, c'est la liberté. Charles Darwin avait raison de penser l'évolution, il avait tort de négliger l'homme.

Nous sommes à présent prêts à concevoir la phylogénèse de la même manière qu'au chapitre 3 nous l'avons conçue pour l'ontogenèse: dans une pensée vivante qui, dans une activité intérieure, soit à même de passer d'une forme à la suivante, qui soit capable de saisir activement, dans leurs mouvements même, les forces transformatrices entre ces formes; nous pouvons rendre fluide notre conception du devenir évolutif et plonger intérieurement dans les processus temporels qui se réalisèrent au cours de l'évolution, sous l'aspect de métamorphoses. Alors nous accomplissons pour l'évolution ce que Goethe avait accompli pour les transformations végétales (voir Fig. 17, p. ...), et nous aurons le schéma suivant qui nous montre:

- les structures particulières (fossiles ou récentes) apparaissant physiquement, «objectalement».

- Ces structures nous les suivons, grâce à une activité interne, dans une relation de métamorphose depuis le passé vers le futur.

- Cette activité s'appuie sur une connaissance de l'ensemble des différents stades d'évolution et de leurs rapports de sorte que les stades ultérieurs sont chaque fois déjà connus implicitement avant qu'ils ne soient atteints, grâce à une activité progressive, interne, «métamorphosante»: nous sommes dans le courant temporel issu du futur.

- Toute cette recherche est interpénétrée et adombrée d'un vif éclat par une idée du tout, d'un ordre supérieur, qui se manifeste physiquement de plus en plus fortement; une idée que nous ressentons intrinsèquement comme notre Moi spirituel incorporé physiquement.

Pour l'ontogenèse d'un être particulier, cette idée d'un ordre supérieur, c'est l'espèce. Elle est présente dans tous les stades de développement, mais s'exprime le plus fortement chez l'adulte. L'idée supérieure de l'évolution, qui interpénètre toutes les structures particulières, c'est l'homme. Il est l'alpha et l'oméga de l'évolution, manifestant dès le départ son principe spirituel qu'il amène jusqu'à la forme physique.

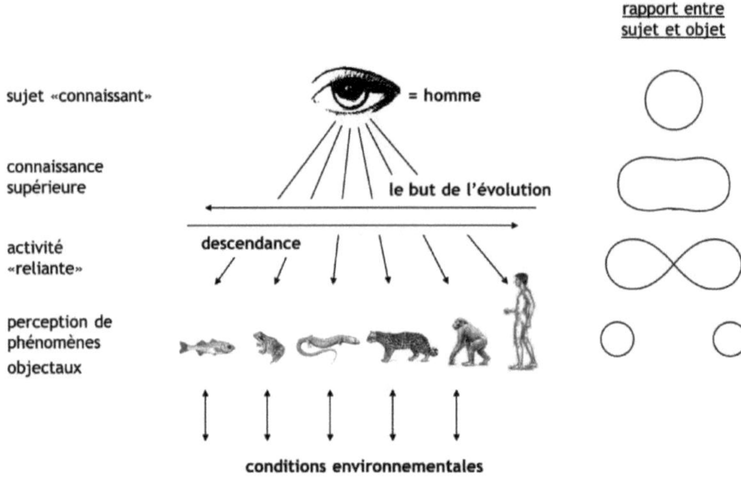

Figure 78: La structure de l'idée évolutionniste dans le double courant du temps.

Il existe cependant une objection facile à imaginer contre cette comparaison entre ontogenèse et phylogenèse puisque, pour la première, c'est l'expérience qui nous indique comment se fait la progression d'un stade de développement au prochain, ce qui n'est pas le cas pour la phylogénèse, puisque celle-ci ne se reproduit pas. On sait qu'un têtard pourra donner une grenouille, mais on ne pourra jamais, à partir de l'observation d'un poisson primitif, prédire qu'il représente une étape sur le chemin vers l'homme.

Mais je voudrais le redire: je ne pourrai jamais me transposer dans un poisson primitif sans, pour le moins, savoir implicitement qu'il incorpore un pas vers l'hominisation, puisque c'est moi-même qui, ici, est actif. Prétendre qu'à partir du stade poisson on ne peut prédire l'homme, ça c'est juste, comme il est juste aussi que cette affirmation repose sur une méconnaissance du processus réel sur lequel repose cette pensée. Lorsque je pense «évolution», alors c'est Moi qui la pense. En tant qu'être humain «pensant», je fais partie de l'évolution et ne puis jamais la considérer que dans la rétrospective, à partir de la perspective de ma propre connaissance, et en considérant celle-ci. Les sciences de la nature retrouveraient un lien entre la nature et l'homme (et pourraient résoudre nombre de leurs énigmes) si elles cessaient d'ignorer leur capital essentiel: l'homme «connaissant».

Je suis un fruit de l'évolution et en même temps la scène sur laquelle elle se déroule; je participe à la création du monde, tout en reflétant aussi son image. L'homme est en même temps point et circonférence; celui qui appréhende l'homme, saisit le principe intime du monde.[290]

Voilà comment Rudolf Steiner résume sa conception de l'évolution: «*La contemplation imaginative,* [c'est-à-dire une appréhension des phénomènes du monde par une identification volitive et en même temps compréhensive] *m'apporta la connaissance que dans la réalité spirituelle des premiers temps existait quelque chose dont l'essence était très différente des organismes les plus primitifs, que l'homme en tant qu'être spirituel était plus âgé que tous les autres êtres vivants et que, pour revêtir sa structure physique actuelle, il fut obligé de s'extraire d'un être universel qui le contenait, lui et les autres organismes. Ces derniers sont ainsi des retombées de l'évolution humaine; ils ne sont pas quelque chose dont l'homme est issu, mais qu'il a laissé derrière lui, qu'il a ‹excrété›, afin d'adapter sa structure physique à l'image de sa spiritualité. L'homme, en tant que macrocosme, portant en lui tout le reste du monde physique, pour devenir un microcosme en évacuant le reste, cela fut pour moi une connaissance... que j'acquis durant les premières années du nouveau siècle.»[291]

---

[290] Chez Friedrich Wilhelm Joseph Schelling se trouve une conception de la vie et de l'évolution, apparentée à celle qui est soutenue ici. C'est ainsi qu'il écrivit: «*On ne peut éviter de supposer que l'être humain soit la finalité de la création organique, c'est-à-dire de l'activité productrice qui planait déjà au-dessus des premières étapes.*» Par ailleurs, il dit: «*La nature n'atteint le but suprême de devenir elle-même totalement objet qu'à travers la plus haute et ultime réflexion, qui aboutit à l'homme, ou, plus généralement, à ce que nous appelons entendement à travers lequel, premièrement, la nature retourne totalement vers elle-même, et qui manifeste que, originellement, elle soit identique à ce qui est reconnu en nous comme étant l'intelligence et la conscience.*» (Schelling, 1861, tome III, p. 341). On pourrait dire aussi que l'essence volitive transpénétrée d'esprit du Moi universel se manifeste intérieurement en tant que Moi humain, et extérieurement, dans la nature qui entoure l'homme.

[291] Steiner, 1923-25, Chapitre XXX.

Il se pourrait qu'advienne un temps où ce qui, ici, se trouve placée à la fin, constituera le commencement de toute présentation de l'évolution. A partir de ce point de la véritable réalité de l'essence du Moi humain saisi spirituellement, l'évolution sera appréhendée de manière neuve. Tout ce qui fut présenté ici pourra être reconsidéré à partir de l'angle de vue de la connaissance de l'esprit.

9.6. *Résumé*

Dans sa «Critique de la raison pure», Kant écrivit que l'homme, s'il voulait comprendre les organismes, devait admettre que la nature répondait à une finalité, mais qu'il ne pouvait la déterminer comme partie constituante du monde perceptible sensoriellement. Aussi longtemps que l'on persiste à garder la conscience du spectateur, on ne pourra découvrir comment la nature aurait des objectifs, c'est-à-dire des causes agissant depuis le futur. Il faudra alors nécessairement, soit accepter un fondement métaphysique de l'univers, un dieu dans l'au-delà dans l'esprit duquel ces causes seraient issues (comment?!), ou bien argumenter avec le hasard et la sélection à la manière de Darwin. Mais alors on présuppose la vie en tant que principe téléologique, ce qui nécessitera finalement l'existence d'une base matérielle (les gènes) qui, en fin de compte, devra signifier dans quel but agissent les processus vitaux. J'ai déjà démontré que ce concept n'était pas pertinent (Entre temps, il a aussi été réfuté par l'épigénétique, qui ne cesse de montrer toujours plus clairement, que ce ne sont pas seulement les gènes qui dirigent et structurent l'organisme, mais que celui-ci dirige et structure aussi les gènes).[292] Il est vrai qu'en conservant la position du spectateur, et à condition de présupposer la vie, on ne peut pas totalement écarter d'un revers de main l'explication de Darwin sur la structuration et le développement vers le haut des organismes. Pourtant toute notion d'élévation implique en même temps l'existence d'une conscience cognitive. Il suffit de s'en rendre compte pour être bientôt renvoyé à son porteur spirituel et physique, au «Moi» et à l'organisation corporelle humaine. Laquelle des deux est-elle primaire? Une analyse conséquente montre que jamais l'esprit ne nait de la matière, mais qu'il est aisé de

---

[292] Voir par ex. Bauer, 2008; Kegel, 2009.

considérer que ce qui est physique, n'est qu'une autre manifestation de l'esprit. Dès lors que la conscience sera comprise et vue comme étant la scène sur laquelle apparaît le monde, cette pensée se transformera pour devenir «contemplation». Lorsqu'on aura ainsi progressé jusqu'au primat de la conscience cognitive (et en reconnaissant le Moi réflexif comme une réalité spirituelle générant son propre support), alors toute la problématique apparaîtra sous un nouvel éclairage. A présent, le principe téléologique de l'évolution n'aura plus besoin d'être recherché à l'extérieur de l'«être-cognitif-Moi», mais en lui et dans la conscience du monde qu'il embrasse. Alors on constatera que l'organisation corporelle humaine pourra être comprise comme une expression du Moi: dans son organisation tripartite (tête, tronc, membres), comme l'expression psychique de la pensée, du sentiment et du «vouloir», c'est-à-dire de la faculté psycho-spirituelle, dans la rencontre actuelle (ressentie) d'aboutir à une vue d'ensemble du passé (cognitive) et du futur (volitive), et celle-ci à nouveau comme l'expression de l'intériorité conceptuelle, consciente et intuitive du Moi. Dans ses perceptions, le Moi se trouve face à l'aspect extérieur du monde, dans ses concepts, ce Moi s'unit à son côté intérieur. C'est ainsi que l'on retrouve l'être humain en tant que microcosme, et l'évolution, depuis les cellules primitives jusqu'à l'homme, comme la manifestation toujours plus évidente de l'être humain spirituel sous l'apparence de sa structure physique, sécrété de l'«être universel» et qui, à présent, apparaît physiquement. Les animaux apparaissent alors comme des «éliminations», des sécrétions physico-sensorielles prématurées, non encore totalement interpénétrées d'esprit, de l'évolution humaine.

9.7. *Liberté et amour dans le double courant du temps*

L'idée du double courant du temps pourrait faire croire que l'avenir serait prédéterminé. Une telle opinion déchargerait l'homme de sa responsabilité pour la poursuite de son propre développement et de celui du monde, et ce n'est pas du tout cette vision qui est soutenue ici. Elle ne découle pas non plus de ce qui a été présenté. L'actuel vécu du Moi montre que l'avenir est ouvert (du moins partiellement), nos actes, nos inactions influencent de manière décisive l'évolution du monde. Inversement, le fait de la liberté humaine pourrait conduire à supposer que, déjà dans l'évolution, certains degrés de liberté auraient déjà régné, que son cours n'aurait pas été prédéterminé. Je suis d'avis que ces deux suppositions reposent sur une fausse délimitation de l'origine de la liberté. Il est vrai que dans la lignée évolutive des animaux, on reconnaît la tendance vers la liberté, mais la possibilité ne se manifestera que lorsque l'homme se placera face au monde et que son état de conscience se dégagera du flux général du devenir du monde. Ce n'est qu'à ce moment qu'apparaitra la séparation entre perception et concept, entre volonté et représentation qui, elles, génèreront la possibilité de leur nouvelle union, libre et responsable.

A la lumière de l'expérience intérieure, les animaux apparaissent comme des incorporations instinctives de désirs. En l'homme, cette incorporation est contenue et attirée vers le domaine de l'essence de son Moi liée à l'esprit. La tête deviendra l'organe capable de s'élever à une vue d'ensemble spirituelle et à la connaissance; les membres resteront non spécialisés et permettront le libre choix, la démarche libre et la libre action. Dans le champ de tension entre esprit et matière, et dans la prise de conscience de son existence, l'être humain est l'incorporation de la faculté d'être libre. Le courant vital provenant du passé se transforme en lui en lumière de connaissance, le courant structurant issu du futur génèrera l'amour pour l'acte accompli dans l'abnégation. - Considéré dans ce sens, l'amour ne pourra naître que dans la liberté. La terre est pour l'homme le Golgotha, son calvaire, lui permettant, puisque cet endroit est totalement mort, de générer une vie nouvelle, librement conçue. Dans la séparation et la mort, le Moi se réveille et, lorsqu'il est capable de surmonter paralysie et douleur, il appellera à un renouveau que lui-même fixera, dans un acte qui renouvellera la vie.

9.8. *La structure commune de la vie et de la conscience*

Les biologistes se penchent sur le problème de la vie. Qu'ils soient spécialistes en morphologie, systématiciens, éthologues, écologues, physiologistes, généticiens ou biologistes de l'évolution, tous ont affaire à la vie. Chaque biologiste connait l'exaltation qui s'empare de lui lorsqu'elle lui révèle un nouvel aspect de la vie, ce qu'il exprimera le plus souvent par des termes plus ou moins heureux tels que «interconnexion», «système», «complexité», «évolution», car la langue n'est pas tout à fait à la hauteur pour en saisir le mouvement interne.

J'ai essayé ici de montrer ce qui établit la base de notre compréhension de la vie: c'est le vivant en nous. Atteindre une prise de conscience de la vie signifie rendre vivante la vie en nous-mêmes. Nous nous ressentons comme desséchés lorsque nous restons collés aux particularismes figés de la réalité, mais par contre lorsque les connexions vitales commencent à s'animer en nous, nous nous ressentons comme revivifiés et rafraîchis. Actuellement, au temps de l'intellectualisme et du matérialisme, la pensée morte et l'étude de la mort ont à ce point pris le dessus, qu'un nombre toujours plus élevé d'humains sont à la recherche d'une échappatoire à cette sclérose intérieure qui s'est emparée d'eux. C'est à eux que ce livre s'adresse.

Les sorties de secours peuvent être trouvées, mais pour cela il sera nécessaire de revenir aux phénomènes, ceux qui sont extérieurs, comme ceux qui sont intérieurs. Aussi longtemps que dès l'abord on considère le monde seulement comme un produit de la matière, la vie comme un effet de gènes, et la conscience comme le résultat de courant cérébraux, on se barrera soi-même le chemin vers la réalité. Beaucoup recherchent alors une issue de manière nébuleuse et extatique. Rudolf Steiner par contre a montré comment on pouvait atteindre la réalité de la vie de manière pleinement consciente, réfléchie, plausible et systématique.

Dans les détails il est possible que certains points de vue présentés ici pourraient être sujets à caution, mais globalement le chemin indiqué est à même de conduire à une spiritualisation de la recherche scientifique et à la découverte des liens spirituels unissant les phénomènes à condition que l'on tienne compte de ce qui peut fonder ces rapports, c'est-à-dire la conscience cognitive: les phénomènes vitaux externes seront saisis par la vie intrinsèque. La conscience permet d'observer la vie de l'intérieur. Nous ne sommes pas les simples spectateurs d'un cosmos fini, mécanique et matériel, mais les participants à son être vivant et à son devenir. Cette création, nous l'accomplissons sous le signe de la croix qui, tel un symbole de l'unicité, est entouré d'un cercle.

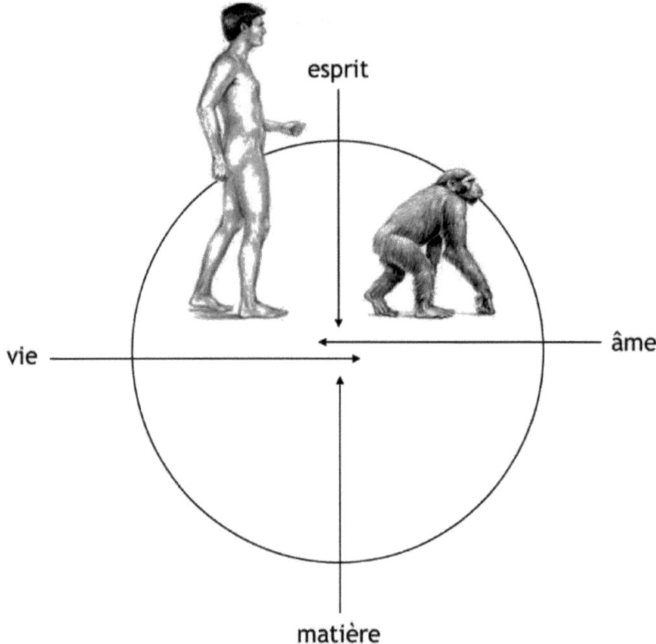

Figure 79: L'homme et l'animal dans la croix temporelle.

C'est ainsi que nous réaliserons ce que Friedrich Wilhelm Joseph Schelling avait réclamé dans son programme: «*La nature devra être l'esprit visible, et l'esprit, la nature invisible. Ce sera donc ici, dans l'absolue identité de l'esprit en nous et de la nature extérieure à nous, que le problème devra se résoudre, à savoir comment une nature à nous extérieure, soit possible. Le but dernier de la poursuite de notre recherche sera donc l'idée de la nature. Le système de la nature est en même temps celui de notre esprit.*»[293]

---

[293] Schelling, 1797, p. 706.

PARTIE III

Appendice

Le Chapitre 3.3 avait évoqué l'idée que pour une appréhension totale d'un organisme, il ne fallait pas seulement inclure quatre aspects (sur lesquels nous avions souvent insisté), mais tenir compte de sept. Le tableau ci-dessous donnera une vue d'ensemble, étape par étape. Tous les aspects sont toujours présents simultanément; chaque étape supérieure implique celle qui précède, et l'intègre. L'aspect pris lors d'une étape supérieure ne peut être expliqué et provenir d'étapes inférieures, et aucune des étapes inférieures de la vie ne peut exister sans les étapes supérieures.

Ces sept aspects forment eux-mêmes une continuité systématique qui devient évidente dès lors que l'on tient compte de la position du «connaissant» face à eux. C'est ainsi que les étapes 5, 6 et 7 représentent chaque fois des images réfléchies, de la transformation des étapes 3, 2 et 1. La 2ème étape par exemple montre l'observateur reproduisant activement les transformations d'un organisme. Il fera le même exercice au cours de la 6ème étape avec les variations que montre un groupement de sujets apparentés subissant différentes influences environnementales: il exerce la même activité comparative, transformatrice, une première fois pour les stades de développement d'un seul organisme, une deuxième fois pour les variantes d'une espèce, d'une famille, d'un genre etc... Et de même qu'à la 3ème étape, l'observateur revit intérieurement les structurations de l'organisme et les saisit fonctionnellement, de même le fera-t-il à la 5ème étape, pour les entrelacements existentiels de l'espèce avec le milieu. A côté du rôle fonctionnel de la structure, il faut aussi, à la 3ème étape, prendre en compte les motifs de la structuration (3.3 et 5.1), ce qui vaut aussi à la 5ème étape, pour la réflexion expressive du milieu dans la structure des organismes.[294] La réflexion du milieu, comme pour

---

[294] On peut évoquer ici les colorations et les livrées des animaux (papillons de jour, multicolores, comparés aux teintes ternes des papillons de nuit), que l'on peut comprendre, à la fois comme une adaptation sur le mode darwiniste, et aussi comme une expression structurelle psychique. L'ensemble de nos débats a montré que ces deux aspects de l'organique, la fonctionnalité pleine de sagesse, de même que l'expression psychique de la structure, sont à relier ensemble, car les deux font partie de l'aspect structurel de l'organique qui agit depuis le

les motifs de la structure, sera éprouvée intérieurement. Les étapes 1 et 7 représentent en quelque sorte deux limites de l'organique: la structure particulière, spatiale, matérielle d'une part, et d'autre part, ce qui relie globalement l'ensemble de l'évolution. Cela nous permet de découvrir une relation entre les étapes 1 et 7, 2 et 6, 3 et 5. Au milieu se place alors l'étape 4, le centre de toute approche biologique: l'autonomie de la force organique de croissance et du comportement psychique (chez l'homme, aussi son attitude par rapport au spirituel).

---

courant temporel partant du futur. (Voir par exemple Poppelbaum, 1928; Suchantke, 1983).

Caractéristiques du vivant	Aspects	Gestes et mouvements cognitifs de l'observateur
1. *Aspect matériel*: «objectalité», dimensions, poids, emplissage, spatial, substance avec ses caractéristiques spécifiques perceptibles sensoriellement	Manifestation dans l'espace	Contemplation de ce qui se trouve en face
2. *Aspect vital*: organisation temporelle des processus, métamorphose	Développement dans le double courant temporel	Compréhension par une participation active des mouvements
3. *Structuration et fonctionnalité*: couleur, forme, grandeur, structure et ses fonctions	Adaptation fonctionnelle, tripartition et expression psychique de la structure	Vécu contemplatif de la forme, vécu «compréhensif» de la fonction
4. *Agent actif*: d'une part la force formative, d'autre part le comportement (actions, réactions)	L'être autonome agissant	Identification
5. *Aspect écologique*: relation spécifique de l'espèce avec l'environnement; reflet de l'environnement dans l'expression de la structure	Relation fonctionnelle et structurelle avec son milieu	Compréhension et appréhension de la relation organisme-milieu
6. *Aspect typologique et systématique*: micro-évolution, relation de l'espèce avec ses variantes (dans des milieux identiques ou différents)	(Temporels) Variation de groupes organiques dans différents milieux	Regroupement comparatif et compréhension active de la variation
7. *Aspect macro-évolutif*: rapport avec tous les autres êtres vivants (à différentes périodes et dans différents environnements)	Rapport global spatial et temporel	Assemblement global; vue d'ensemble

11. Temps de développement chez l'homme et les singes

Au chapitre 9.3, nous avions évoqué le fait que l'Homo sapiens se développait plus lentement que ses prédécesseurs. Le tableau qui suit réunit les données vitales pour différents singes et hominiens.[295]

	Durée de la gestation#	Début de la seconde dentition	Maturité sexuelle	Percée des molaires+			Fin de la croissance	Durée de vie
				M1	M2	M3		
Lémurien	139		2				3	14
Macaque *	170	1,8	2	1	3,5	5,5	7	24
Gibbon	210		6 - 8				9	30
Orang-Outan	260	3,5	6 -11				11	59
Chimpanzé *	225	2,9	8 - 9	4	6,5	10,5	11	53
Gorille	255	3	9				11	54
Australopithecus africanus **				4				
Homo erectus ***				4	7,6			
H. neanderthalensis ****				5	8		15†	
Homme *	270	6,2	12 - 13	6	12	18	20	85

---

[295] # Durée de la gestation en jours, toutes les autres données sont en années. + Le moment de la percée des molaires est en corrélation avec le développement physiologique, c'est-à-dire M1 avec la fin de la croissance cérébrale, M2 avec la maturité sexuelle et M3 avec la fin de la croissance en longueur. - Pour l'interprétation de ces rapports, voir le chapitre 9.3. Toutes les données à l'exception de la percée des molaires d'après Robson et Wood, 2008; et http://pin.primate.wisc. edu/factsheets/entry/orangutan/taxon. Les données pour la percée des molaires: *Dean, 2006; **Dean et Lucas, 2009; ***Dean et al., 2001; ****Smith et al., 2010; Smith et al., 2007. Voir en autre: Bromage et Dean, 1985; Lacruz et Ramirez, 2010. †Estimation selon Ramirez Rozzi et Bermudez de Castro, 2004.

12. Description mathématique de la dynamique inversée entre l'ontogenèse et la phylogenèse (en coopération avec Dieter Kötter)

Dans le chapitre 8.3, nous avions vu comment le développement des formes crâniennes de l'homme et de ses ancêtres ressemblait au déploiement des feuilles d'une plante à fleurs annuelle dans un tableau présentant des spirales inversées. Cette disposition révèle un rapport conforme à des lois mathématiques entre un «vieillissement» individuel et un «rajeunissement» des formes dû à l'évolution.

Les crânes se différencient entre autre dans leur rapport entre la boîte crânienne et le squelette facial. Cette relation, dans le débat global qui nous occupe, est plus significative que la masse cérébrale absolue, car dans le retardement des os de la face (la partie «membres» de la tête), c'est l'hominisation qui s'exprime. Dans la file menant de l'orang-outan à l'homme, ce rapport augmente clairement. Si l'on ordonne les crânes d'après leur similitude, comme dans la Fig. 80, on obtient un entrelacs dans lequel les formes ressemblantes (une similitude entre boîte crânienne et squelette facial) viennent s'ordonner entre elles.

Ce réseau est connu à partir de la géométrie projective.[296] C'est ainsi par exemple que les droites partant de U forment une échelle graduée multiplicative (progression géométrique): … d^{-2}, d^{-1}, 1, d^1, d^2, d^3… Les logarithmes des intervalles sont uniformes. Le réseau génère ce que l'on appelle un champ de courbes W avec trois points et droites fixes, réels (triangle fondamental), qui n'est pas reproduit ici. Les droites partant de U (direction a) appartiennent eux aussi, comme des cas particuliers, aux courbes W.[297] Les points fixes sont représentés par U et par les points

---

[296] Lorsqu'un plan est représenté par sa propre projection, et dans le cas où il n'y a pas de dégradation, apparaissent trois points fixes et trois droites fixes qui sont leur propre projection. Ils forment le triangle fixe. En outre apparaît une série de courbes qui, dans leur figuration, sont transférées sur elles-mêmes et qui sont donc invariantes: les courbes W.

[297] Le réseau des droites striées est traversé par deux classes de courbes W: 1. Les droites reproduites partant de U. 2. Des courbes non reproduites ici. Elles sont transversales aux droites (a), et traversent diagonalement les carrés striés. Pour une explication plus approfondie voir Kötter (1996).

communs infiniment éloignés des deux groupes de droites parallèles (direction b et c). Le domaine organique montre de nombreuses formes susceptibles d'être décrites par les courbes générales W, par exemple la géométrie d'un cône de pin, d'une fleur de tournesol, d'une coquille de nautile et de bien d'autres encore.[298]

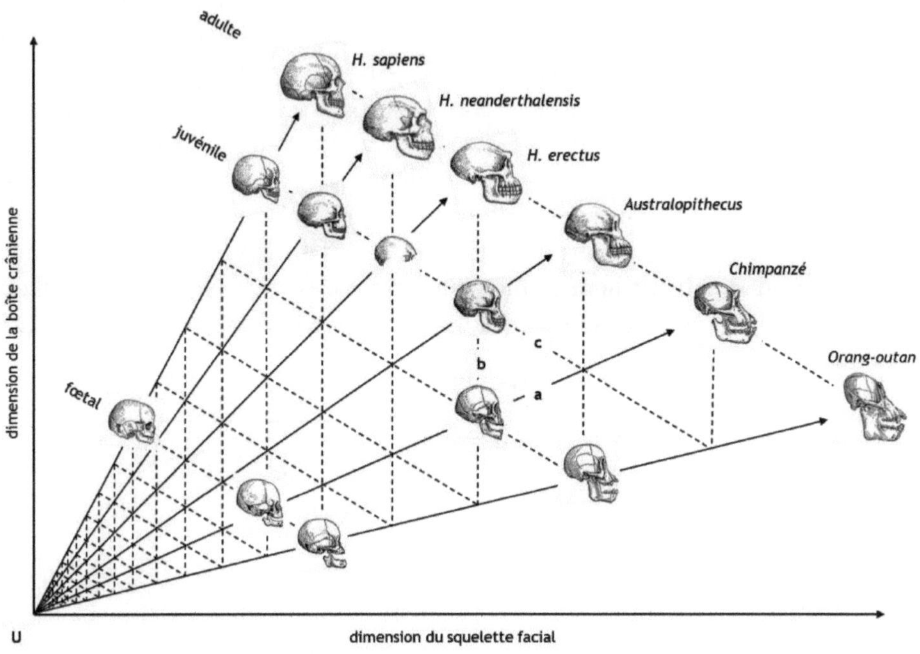

Figure 80: Formes crâniennes de l'homme actuel, de l'homme primitif et de singes.

Les crânes sont ordonnés suivant trois directions: a: développement individuel (ontogénèse); b: similitude des formes avec des mesures différentes, respectivement des âges différents; c: formes différentes (rapport entre boîte crânienne et squelette facial) avec des âges comparables.

---

[298] Edwards, 1982.

La Fig. 80 présente un ordonnancement des formes de crânes sous l'angle de la ressemblance. Il est intéressant de constater que cette représentation spatiale correspond à la fois à une représentation temporelle, car les distances relatives entre les formes adultes expriment aussi le moment de leur première apparition dans l'évolution. A partir de comparaisons d'ordre génétique, on fixe la séparation des lignées conduisant à l'orang-outan et à l'homme à 15,7 millions d'année, et le détachement de la lignée des chimpanzés à 6,4 millions d'années.[299] Les traces d'Australopithèques (fossiles, on ne peut procéder à des comparaisons de séquences d'ADN) apparaissent il y a 4,2 millions d'années, l'Homo erectus (fossile) il y a 1,8 million d'années.[300] Les premières traces sont mises en évidence il y a environ 0,2 million d'années.[301] Il est vrai que les dernières comparaisons entre les génomes de l'homme de Neandertal et l'homme actuel semblent indiquer une séparation des deux lignées bien plus précoces entre 0,5 et 0,8 million d'années.[302] Nous utiliserons ici une valeur moyenne, c'est-à-dire 0,65 million d'années.

	Première apparition (en millions d'années)	Rapport H/G	
H. sapiens	0,2	1,98	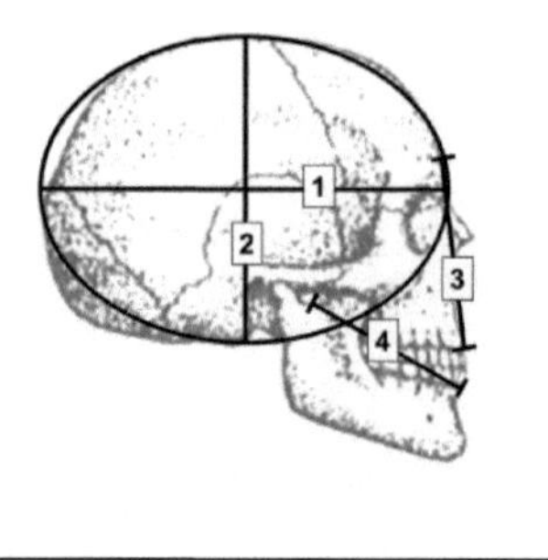
H. neanderthalensis	0,65	1,51	
H. erectus	1,8	1,32	
Australipithecus	4	1,25	
Chimpanzé	6,4	1	
Orang-outan	15,7	0,87	

Tableau 3: La première apparition d'hominidés au cours de l'évolution (voir explication dans le texte) et le rapport entre la boîte crânienne (H) et le squelette facial (G). Pour déterminer la valeur approchée de ce

---

[299] www.timetree.org.

[300] Données d'après Robson et Wood, 2008.

[301] Robson et Wood, 2008.

[302] Creen et al., 2010.

rapport, nous avons tracé une ellipse autour de la boîte crânienne (comme indiqué à droite) de différentes formes de crânes adultes; et pour le squelette facial, nous avons additionné les distances entre les sourcils et la base de l'insertion dentaire dans le maxillaire supérieur (3), et entre l'articulation maxillaire et la base de l'insertion dentaire du maxillaire inférieur. Les deux sommes donnèrent la valeur de ce rapport.

Lorsqu'on prend comme base la relation V entre boîte crânienne et squelette facial pour la mettre en relation avec le logarithme de la première apparition au cours de l'évolution, on obtient un très bon rapport linéaire sur un laps de temps de presque 16 millions d'années (avec un coefficient de corrélation de R = 0,98). Cela montre que la modification des formes crâniennes suit un avancement logarithmique du temps (Fig. 81).[303]

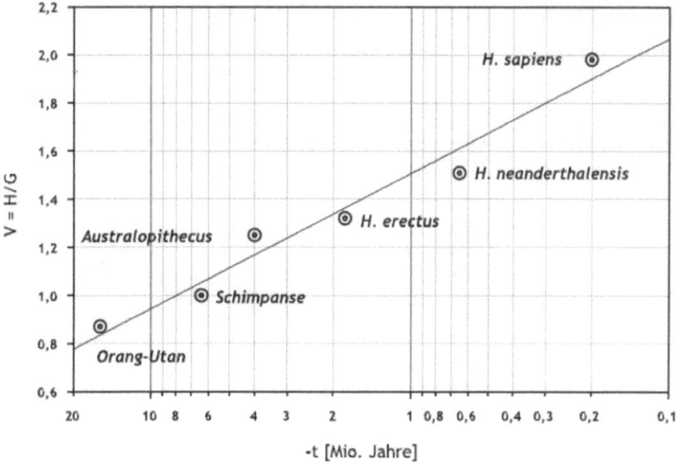

Figure 81: Rapport boîte crânienne/squelette facial chez les différents Hominidés, en relation avec le moment de leur première apparition dans l'évolution (voir texte).

---

[303] Ici ces rapports ne peuvent être exprimés que dans une première approximation. Pour une analyse plus poussée il faudrait, actuellement se baser sur les habituelles analyses géométriques-morphométriques des formes crâniennes.

La littérature montre une certaine incertitude quant à l'apparition des premiers Hominidés, comme par exemple celle de Homo erectus.[304] Sur la base des rapports logarithmiques présentés dans ce livre, on peut en prenant en compte la relation boîte crânienne/squelette facial de Homo erectus, admettre comme fondé le moment de son apparition il y a environ 1,8 million d'années. Le rapport linéaire entre V et log(-t) suggère aussi qu'il est possible que le néanderthalien, apparut réellement plus tôt que ce que les fossiles avaient jusque-là indiqué.

L'accélération du développement que l'on voit ici est typique de la phylogenèse: tout d'abord il y a peu de changements sur de longues périodes, puis apparaissent de nouvelles formes (des pas de développement) dans des intervalles toujours plus brefs. En revanche, dans l'ontogenèse, le ralentissement est inversé: dans la phase précoce de l'embryogenèse beaucoup de modifications se réalisent en un laps de temps très court, mais plus l'âge de l'organisme augmente, moins il y a de modifications.[305] Vu sous cet angle, l'ontogenèse et la phylogenèse suivent une dynamique temporelle inversée.

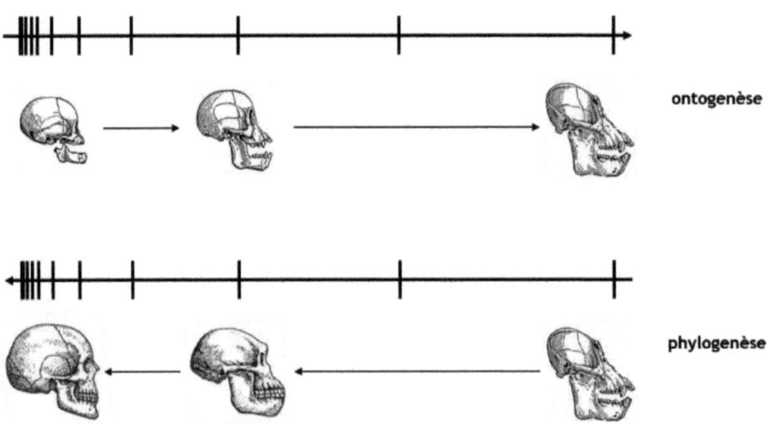

Figure 82: Dynamique temporelle inversée de l'ontogenèse et de la phylogenèse. Les traits transversaux représentent les intervalles temporels de différents stades de développement.

---

[304] Robson et Wood, 2008.

[305] Voir Kötter, 1993.

Dans la Fig. 82, les étapes de l'ontogenèse sont mesurées de gauche à droite, proportionnellement au logarithme du temps (log t), celles de la phylogenèse, mesurées de droite à gauche, sont proportionnelles à -log (-t). Des formes semblables morphologiquement viennent se placer les unes au-dessus des autres. Grâce à la fonction logarithmique (Fig. 83), la formulation mathématique permet de représenter géométriquement ce mouvement inversé.

Les deux courbes logarithmiques, de même que les formes morphologiquement semblables qu'elles supportent, se comportent exactement comme réfléchies par un miroir, donnant des images inversées par rapport au point central du système des coordonnées.

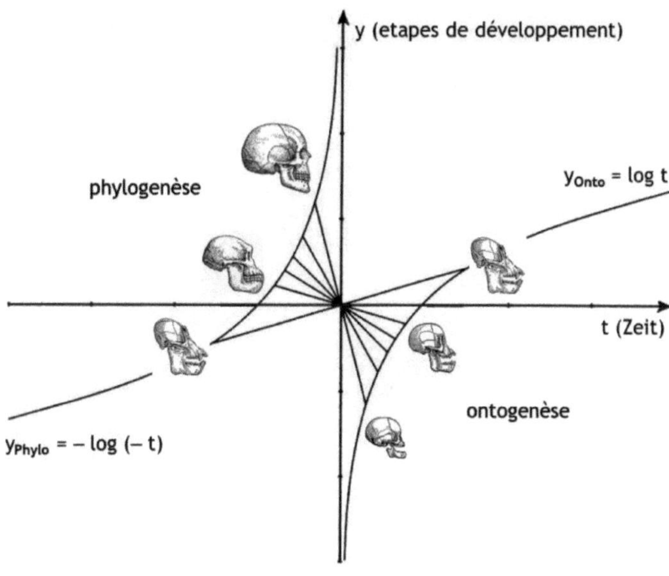

Figure 83: Rapport mathématique entre phylogenèse et ontogenèse. Les pas de développement sont représentés par la lettre y, et le temps par la lettre t.[306]

---

[306] Voir Kötter (1993). L'ensemble des rapports mathématiques, de même que les spirales logarithmiques y sont décrits en détail.

Pour représenter l'ontogenèse de toutes les étapes de la phylogenèse vers l'Homo sapiens (Tab. 3 et Fig. 81), il faut un champ bidimensionnel de courbes logarithmiques. Puisque toutes les formes se développent à partir d'un état germinal, un système comportant deux groupes de spirales logarithmiques est tout à fait approprié pour les représenter de manière adéquate (voir Note 309). Les dynamiques du développement ontogénique et phylogénique peuvent alors être résumées en une seule image (Fig. 84).

Les formes juvéniles et celle de la petite enfance peuvent être insérées dans ce champ de courbes (il est vrai, comme cela a été dit plus haut, que cela ne peut se faire qu'approximativement. Ce qui importe ici, c'est de montrer la relation dans son principe).

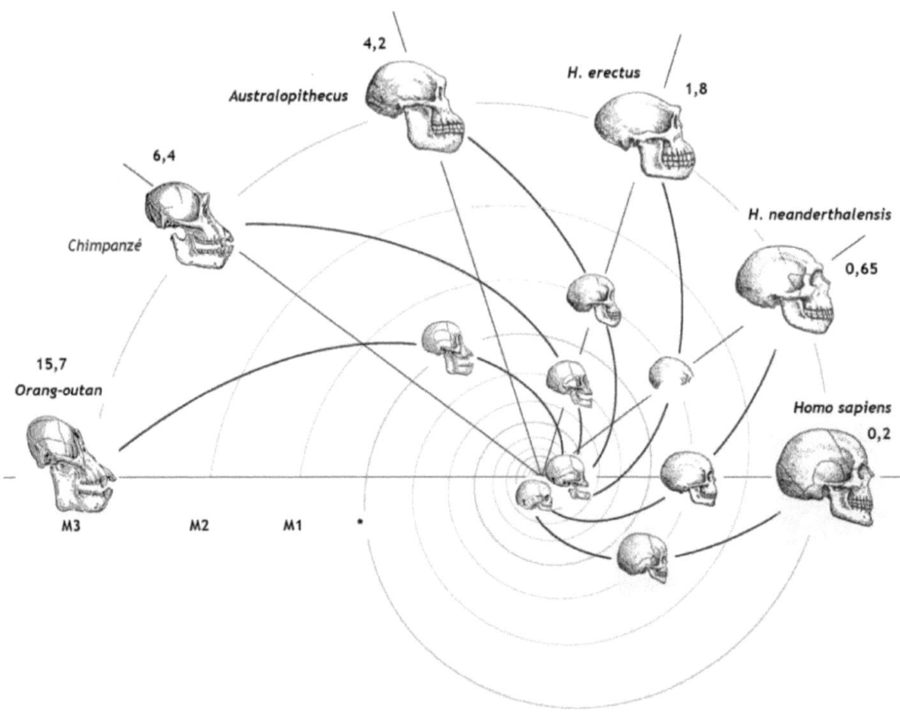

Figure 84: Dynamique temporelle inverse de l'ontogenèse et de la phylogenèse dans le champ de courbes logarithmiques. Les spirales logarithmiques qui s'envolent depuis la gauche représentent les lignes

évolutives pour différents stades de développement (symbolisés par la percée des molaires de M1 à 3). Spirale externe: M3 = Adultes; spirale intermédiaire: M2 = juvéniles; spirale interne: M1 = petite enfance; voir appendice «stades de développement de l'homme et des singes». Le moment de la naissance est marqué du signe *. Les spirales qui se déroulent correspondent aux changements de formes ontogéniques. Les points de croisement des deux groupes de courbes génèrent des droites avec des distances angulaires de même valeur sur lesquelles viennent s'inscrire des stades de développement présentant des formes semblables (même rapport H/G). Vers l'extérieur sont notés les temps de la première apparition dans l'évolution (en millions d'années) qui, approximativement, correspondent à une échelle de valeur logarithmique.

Il est remarquable que les courbes de la Fig. 84, de même que celles de la Fig. 80, appartiennent à un champ de courbes W. Il est vrai que deux points fixes y sont imaginaires, seul le centre des spirales est réel. Pour parvenir depuis le cas mathématique réel du champ de courbes de la Fig. 80 au cas imaginaire de la Fig. 84, il faut aussi, d'une certaine manière, et vu sous l'angle mathématique, «sortir de l'espace».[307] Le champ de courbes de la Fig. 80 représente donc les similitudes morphologiques de formes spatiales, celui de la Fig. 84 y ajoute les rapports temporels pour l'onto- et la phylogenèse.

---

[307] Pour les rapports de grandeur choisis, les spirales M1-M3 coupent les rayons selon une échelle multiplicative (progression géométrique). L'angle formé par les spirales et les rayons est chaque fois de 81°, ce qui correspond à la coquille spiralée du nautile représentée sur la couverture du livre. La relation entre la mathématique réelle et l'imaginaire peut être saisi par l'exemple suivant: une droite peut couper un cercle ou passer à côté de lui. Dans un premier cas les points d'intersection sont réels, dans le deuxième cas ils sont imaginaires, inexistants spatialement. (Voir aussi Steiner, 1921a). Ce rapport y est expliqué à partir des courbes de Cassini.

13. Expose general par Rudolf Steiner de l'evolution de l'homme et des animaux

Ce livre a entrepris d'essayer de montrer et de justifier une image cohérente de l'évolution en considérant spirituellement l'homme comme le premier-né de l'évolution. Pour être complet, il convient d'ajouter encore quelques citations choisies dans l'œuvre de Rudolf Steiner pour ainsi parachever ce qui a déjà été défendu dans cet ouvrage sur le devenir de l'homme et des animaux. Je suis intimement convaincu que ces idées recèlent une image neuve de l'évolution dont le destin sera de remplacer aussi bien l'approche darwiniste que le créationnisme.

Il est clair que dans ses conférences, Rudolf Steiner se servait tout à fait consciemment d'images, cependant son but n'était pas de les fournir achevées, mais de dévoiler les processus intrinsèques qui les génèrent, pour ainsi dire de pénétrer dans leur «structuration» intime. En tant qu'images, elles invitent le lecteur à considérer le processus de leur genèse, c'est pourquoi elles gardent un caractère changeant, fluctuant, qui permet à notre conscience, tout d'abord insatisfaisante de la seule approche analytique-rationaliste, de s'éveiller à ces processus vivants, intimes. Celui qui, dans sa propre faculté représentative, reproduit ces images, deviendra attentif aux forces «modelantes» qui les forgent et aux rapports qui pourront l'inspirer dans son vécu, et lui permettre de les contempler spirituellement, intuitivement (Chapitre 3.2). Si, en plus, il prend en compte les relations évoquées dans les chapitres 3 et 4 (c'est-à-dire le fait que l'aspect spirituel de l'univers apparaît sur la scène de la conscience cognitive), il verra clairement que dans le vécu des forces qui élaborent les images et dans le vécu des êtres qui y sont agissants, on ne «pense» pas seulement le spirituel, mais que l'on possède déjà, dans cette expérience, une vraie connaissance de l'esprit: *«Dans la lecture de connaissances suprasensibles, on vit différemment que dans celle des informations provenant du monde des sens. Lorsqu'on lit des informations provenant du monde sensible, ma foi on accueille ce qui provient d'elles, mais lorsqu'on lit, dans le vrai sens du terme, des informations provenant de faits suprasensibles, on se met au diapason du courant de l'existence spirituelle; en en accueillant les résultats on prend en même temps son propre chemin intérieur. Il est vrai que le lecteur ne remarquera pas aussitôt ce que l'on entend par là. Il se représente l'entrée dans le monde spirituel de manière trop analogue à un évènement propre au monde physique, ce qui fait qu'il trouve que la lecture de ce monde est beaucoup trop intellectuelle, mais en accueillant ces idées, il est déjà dans le monde de l'esprit et il suffit alors qu'il parvienne à voir clairement que l'expérience qu'il a vécue en élaborant ces idées, simplement, l'a déjà fait vivre inconsciemment dans ce monde.»*[308]

Pour commencer, considérons tout d'abord une image susceptible d'illustrer le rapport du monde spirituel avec le monde physique dans l'évolution des animaux et de l'homme:

«Admettons que vous auriez traitée artificiellement une «motte» d'eau pour qu'une partie gèle en son centre. Admettons que vous en auriez constitué un grand nombre, ainsi gelées en leur milieu; il apparaîtrait donc beaucoup de petits glaçons. A présent il se passerait quelque chose de très singulier: de quelques unes de ces mottes d'eau, les glaçons tomberaient à l'extérieur et resteraient isolés, seulement recouverts d'un peu d'eau, tandis que la substance mère, l'eau dans laquelle ils ont été formés, se retire. Dans les autres mottes d'eau, les glaçons restent et le gel continue son œuvre de sorte qu'une plus grande quantité d'eau se transforme en glace et que des glaçons plus grands se forment. Chez un certain nombre de ces formations, des glaçons plus gros tombent à l'extérieur en conservant un peu d'eau, pendant que la substance mère se retire. Le phénomène continue. Sans cesse de telles mottes d'eau s'élèvent à des échelons supérieurs, c'est-à-dire qu'à partir de l'eau elles extraient davantage de glace, et que sur terre se forment aussi des glaçons, étape par étape, pendant que, continuellement d'autres mottes transforment l'eau en glace jusqu'à obtenir finalement des glaçons ayant transformé toute l'eau en glace et dont la substance mère ne se sera pour ainsi dire conservée qu'entre les pores de la glace.

Cette image, vous la ferez naître dans votre âme afin d'appréhender le cours de l'évolution depuis le commencement de la terre jusqu'à notre temps. Imaginez l'homme au commencement de l'existence de notre terre en tant qu'être spirituel; il n'existerait que comme être spirituel. Il commencera tout d'abord à ne laisser tomber qu'une petite partie de cristaux, une part infime qui deviendra plus dense. Il existe certains êtres qui tels les cristaux de glace, restent arrêtés à une étape précoce pendant qu'ils se séparent de la substance-mère. Ce sont les animaux les plus imparfaits qui apparurent un jour d'antan parce qu'à partir de la substance-mère humaine, à partir de l'homme astral (du psychisme: remarque de C. H.), seulement une part s'est matérialisée, est sortie en se densifiant: les animaux les plus primitifs. Les autres hommes ont continué de s'élever à des échelons supérieurs. Puis, à nouveau, d'autres animaux, supérieurs, sont tombés de la substance-mère spirituelle. C'est ainsi qu'au cours du développement de la

---

[308] Steiner, 1910, p. 49 s.

terre, comme de la motte d'eau, la glace, des créatures toujours plus différenciées et plus parfaites se sont formées, des créatures physiques qui se sont élevées jusqu'à l'homme actuel qui, dans son expression physique extérieure, est le portrait des ébauches et des possibilités spirituelles existant originellement dans l'esprit, c'est-à-dire dans le corps astral humain [dans sa psyché] au commencement du monde. Telles les mottes de glace tombées dehors, et qui marquent les étapes du devenir de la grande motte de glace, ainsi tous les êtres qui sont plus imparfaits que l'homme, tout le règne animal et végétal, représentent des étapes retardées de l'évolution humaine sur terre. En tant qu'être spirituel, l'homme est le premier-né sur terre, et c'est pas à pas, en tant qu'être spirituel, si je puis m'exprimer ainsi, qu'il a extrait de lui, cristallisé la matérialité. A chaque étape, progressivement, les êtres inférieurs se sont matérialisés, de sorte que dans toute cette lignée de créatures terrestres imparfaites nous ne devons pas y voir des précurseurs de l'homme mais, à l'inverse, des descendants de l'homme spirituel, et qui n'ont pas pu l'accompagner. Ce sont les frères restés en arrière, des êtres qui se sont arrêtés aux étapes préliminaires et qui, parce qu'ils ont continué leur existence jusqu'à notre temps, sont entrés en décadence. ... Il est vrai qu'extérieurement, dans son apparence actuelle, l'homme est arrivé en dernier et semble être la plus jeune des créatures, mais spirituellement il est le premier-né, spirituellement il devance tous les autres êtres. Tous, les autres êtres se sont formés en s'extrayant de l'homme, tous ceux qui, en quelque sorte, ont dérivés à partir d'une étape humaine inférieure et qui représentent ce qui a été rejeté de l'évolution humaine.»[309]

Ensuite quelques citations pour attirer l'attention sur la signification de ce refoulement des animaux dans l'évolution humaine. «*... la nature des mammifères supérieurs a été repoussée, de sorte qu'il ne faut pas considérer les singes comme étant nos ascendants, c'est plutôt l'homme qui est premier-né sur terre. L'homme est présent [spirituellement], et tout ce qui existe en dehors de lui a été progressivement rejeté de lui. L'homme et les animaux se sont adaptés aux conditions extérieures et sont devenus tels que nous pouvons les connaître aujourd'hui.*»[310]

«*Toutes les convoitises et les passions qu'actuellement l'homme porte dans son corps astral, tout cela s'est exprimé physiquement dans l'organisme des animaux. Chacun de leurs groupes a développé un instinct particulier dans lequel il s'est figé... tout ce dont nous sommes porteurs, les différents animaux en sont l'image.*»[311]

---

[309] Steiner, 1908a, p. 278 s.s.

[310] Steiner, 1905b, p. 223.

[311] Steiner, 1909, p. 107.

«Nous portons notre regard sur les animaux et nous disons: tout ce que les animaux expriment comme cruauté, avidité, toutes les perversions qu'ils possèdent à côté de leur adresse, nous les aurions en nous si nous n'avions pu les extraire de nous-mêmes! - Nous devons la libération de notre corps astral au fait que toutes les qualités et les défauts les plus grossiers sont restés dans le règne animal terrestre, et nous pouvons dire: heureusement pour nous que nous n'ayons plus tout cela en nous: la cruauté du lion, la ruse du renard, que tout cela s'est retiré de nous pour mener en dehors de nous une existence autonome. ... Nous devons considérer les animaux avec le sentiment: vous, les animaux, vous êtes là, à l'extérieur. Lorsque vous souffrez, vos souffrances sont pour nous un bénéfice. Nous, les hommes, nous avons la possibilité de surmonter la souffrance, vous les animaux, vous devez la subir. Nous vous avons laissé la souffrance en partage et avons conservé la possibilité de la surmonter. Lorsqu'à partir de la théorie on aboutit à un sentiment cosmique, celui-ci se transforme en une grande compassion pour le monde animal.»[312]

Le socle expérimental sur lequel sont bâties de telles conceptions repose, à mon sens, sur une prise de conscience de la problématique de la connaissance. Lorsque l'homme pénètre en toute conscience dans le vécu du monde psychique, il découvre: *«Dans le monde physique, le lion est une expression plastique modelant certaines passions, le tigre, un modèle d'autres passions, le chat encore d'autres. Il est intéressant d'observer que chaque animal est l'expression d'une passion, d'une pulsion.»*[313] L'homme doit se rendre compte que ... *«chaque animal sauvage qu'il rencontre [sous forme d'expérience imaginative-astrale] doit être compris comme le reflet de ce qu'il recèle en lui-même. En vérité, les forces et les passions astrales humaines apparaissent [dans le domaine psychique] sous les formes les plus diverses dans le monde animal.»*[314]

Ce qui, pour l'animal, s'incorpore dans des formes individuelles, apparaît chez l'homme de manière psychospirituelle…

«Tous les maillons s'articulent selon des lois immuables, et la structure correspondante préserve en secret l'image originelle. L'image originelle, qui avait déjà été conçue dans l'être le plus imparfait, qui représente l'âme dans l'animal le plus imparfait, atteint en l'homme la structure la plus accomplie dans le détenteur de l'âme individuelle. C'est pourquoi l'homme n'a pas seulement, comme pour les animaux, reçu la structure en

---

[312] Steiner, 1910b, p. 52 s.s.

[313] Steiner, 1905a, p. 41.

[314] Steiner, 1905a, p. 40.

partage, il donne lui-même vie à cette image originelle dans ses pensées créatrices. Chez lui la pensée se reflète, non seulement dans l'aspect et la structure, mais aussi par ce qu'elle exprime.»[315]

… cette structure qui, en l'homme, est endiguée:

«Ce qui confère à l'animal la structuration sensorielle est exactement ce qui vit en l'homme, mais comme un élément mouvant suprasensible. Cela vit dans son penser. La faculté de penser qui est la nôtre sous forme suprasensible, est exactement la même chose que ce qui existe en dehors de nous, dans le règne animal et qui fait apparaître la multiplicité de ses espèces et de ses genres. Par le fait que l'homme s'arrache de l'hétérogénéité des structures animales et, pour ce qui concerne la pesanteur, se donne sa propre structure indépendante de celle des animaux pour y abriter son Moi, ainsi il s'approprie de manière visible ce qui, chez l'animal, reste invisible. Cela vit dans son penser. Dans le règne animal est déversé sous des structures multiples, ce qui est déversé en nous lorsque, dans nos pensées, nous appréhendons le monde dans sa globalité. …

Je connais évidemment toutes les objections que l'on peut faire. Je connais aussi l'argument: es-tu donc capable de regarder à l'intérieur des animaux? L'animal ne pourrait-il pas, tel l'homme, posséder une sorte de penser? Celui qui est capable de faire sienne la maxime de Gœthe affirmant que les phénomènes, observés de manière juste, sont les vrais maîtres à penser, sait que ce qui se manifeste à travers les phénomènes, est en même temps déterminant pour l'observation. Ce qui est déversé sensoriellement dans les multiples structures animales, cela vit aussi en l'homme de manière suprasensible: voilà un point de repère fondamental. En ayant libéré sa structure des forces structurantes animales, il fut en mesure de les transposer dans son domaine suprasensible. Les animaux sont allés plus loin que l'homme dans l'organisation sensorielle. L'homme possède une structure labile. L'animal a été élaboré en accord avec tout l'édifice terrestre. Pour l'homme il en va autrement, puisque tout est issu de sa propre organisation; cela le rend apte à exprimer spirituellement ce qui, dans l'organisation animale, se manifeste extérieurement. …

Par le fait que certaines forces ont été supprimées, qu'elles se sont à nouveau atrophiées, ça a provoqué chez l'être humain la capacité à devenir porteur du psychosensoriel, à l'accueillir en lui. Tout ce que j'ai évoqué jusqu'à maintenant ne constitue, pour l'essentiel, rien d'autre qu'une formation rétrograde, une «involution» par rapport à l'«évolution». Considérez ce qui, pour un animal particulier, constitue

---

[315] Steiner, 1908b, p. 190.

sa structure spécifique, et pour un autre animal la sienne: cette idée détermine de fond en comble toute l'organisation de l'animal. L'homme, par contre, endigue son organisation; elle n'aboutit pas à être déterminée de part en part, elle revient à un stade antérieur, et il peut ainsi s'octroyer la position d'équilibre que la nature ne lui a pas donné. Il peut se libérer de ce qu'elle impose aux autres êtres. Cela permet la naissance de l'organe de cognition.»[316]

Quant au rapport entre la conception goethéenne et darwinienne au sujet de la place de l'homme dans l'évolution:

«La différence entre l'homme et l'animal, Goethe la voit dans l'ensemble de l'élévation de la structure humaine et non dans les détails. Lorsqu'on s'élève de l'examen de l'être végétal aux différents aspects de l'animalité on voit, degré par degré, les forces créatrices prendre un caractère de plus en plus spirituel. Dans la structure organique de l'homme des puissances créatives sont actives qui produisent une métamorphose de la structure animale et qui atteint les plus hauts sommets. Ces forces sont présentes dans le devenir de l'organisme humain, et après s'être modelé un réceptacle à partir de l'apport de la nature, elles aboutissent à la formation de l'esprit humain.

Dans cette compréhension gœthéenne de l'organisme humain, je vois tout ce qui, en avance, est fondé dans l'affirmation de Darwin de la parenté entre l'homme et les animaux, mais tout ce qui est infondé me semble aussi rejeté. La conception matérialiste des découvertes de Darwin conduit à se faire des idées sur cette parenté homme-animal qui amènent à nier l'esprit là où, en l'homme, il apparaît sur terre dans sa forme la plus accomplie. L'approche gœthéenne, quant à elle, invite à voir dans la structuration animale une création spirituelle qui n'atteint pas encore le degré suprême où l'esprit en tant que tel puisse vivre. Ce qui en l'homme vit en tant qu'esprit, produit dans la forme animale une étape préliminaire qui sera transformée pour que l'être humain puisse atteindre la soi-conscience.

Vu sous cet angle, l'étude gœthéenne de la nature, en suivant le devenir naturel, échelon après échelon, depuis l'anorganique jusqu'à l'organique, conduira progressivement la science de la nature vers une science de l'esprit. ... Dans sa coloration matérialiste, le darwinisme propose une approche unilatérale..., qu'une conception gœthéenne aura pour tâche de guérir.»[317]

On en arrive finalement à la conception psycho-astrale du monde, d'un temps s'écoulant rétroactivement:

---

[316] Steiner, 1918, p. 273.

[317] Steiner, 1923-25, Chapitre VI, p. 114 s.s.

«Dans le monde astral, la cause vient après l'effet, alors que dans notre monde la cause précède l'effet. Dans le monde astral l'effet se manifeste en tant que cause, ce qui prouve que cause et effet sont identiques, qu'ils sont effectifs en sens inverse selon la sphère vitale dans laquelle on se trouve. Ainsi la clairvoyance résout de manière expérimentale le problème téléologique, impossible à résoudre par la métaphysique et ses idées abstraites.»[318]

14. Autres points de vue concernant le double courant du temps

14.1. *Herbert Witzenmann: Le double courant du temps dans l'auto-contemplation cognitive*

Le philosophe Herbert Witzenmann (1905-1988) a entrepris, sur la base épistémologique de Rudolf Steiner, une analyse détaillée de la cognition. C'est là, dans cette pensée ouverte à l'auto-observation car autoproduite, que les aspects fondamentaux de l'énigme de la vie peuvent être observés le plus immédiatement.

En règle générale «*seule une chose substantielle, établie et connue au préalable pourra être soumise à notre activité modificatrice, imitatrice et transformatrice. Mais* [dans le penser] *il s'agit d'une création réelle qui ne présuppose aucune espèce de figure qui serait différente de lui, qui serait l'objet de son activité, qui plutôt génère simultanément la forme et la force formatrice, le produit de la formation et son processus. C'est pourquoi ici la création devance la connaissance.*»[319] «*L'acte cognitif est donc un pur acte créatif, sans pour autant être arbitraire. En effet, ce que nous produisons cognitivement, se trouve dans une relation immuable reposant en elle-même. Nous saisissons des concepts leur relation cognitive logique (par exemple cause et effet, le tout et les parties) ancrée en elle-même, et nous ne pouvons la modifier.*» (ibid.)

Witzenmann porte une claire distinction entre l'acte cognitif et son contenu. L'acte repose sur notre activité créatrice, le contenu se détermine de lui-même: «*Tout le reste nous pouvons… le modifier, mais non le créer. Le penser, nous pouvons le créer, mais non le modifier.*»

Lorsque, dans le penser, la production des contenus devance leur observation (selon les expressions utilisées dans ce livre: la production volitive inconsciente devançant leur représentation consciente), et que

---

[318] Steiner, 1906, p. 61.

[319] Witzenmann, 1978, p. 80 s.

leurs contenus ne sont pas déterminés par leur créateur subjectif mais conformément à la logique alors: «*il faudra admettre que* [l'acte créateur] *soit déterminé par* [les lois], *donc, ce qui précède par ce qui suit,* [ce qui est produit] *par le résultat. ... La création des lois immuables, encore inconnues, se déroule nécessairement en direction du passé; une chose antérieure est déterminée par une chose postérieure qui, par sa participation pénètre dans le temps présent.*»[320] Pourtant «*la connaissance engendrée pénètre aussitôt dans le courant temporel dirigé vers le futur, car elle montre une relation logique à partir de laquelle (donc en direction du futur) seront déterminés les contenus cognitifs qui pourront s'y relier. ... Alors qu'en tant que tels les contenus cognitifs sont intemporels, que les actes cognitifs, appartiennent à ce qui est advenu, les faits cognitifs actualisés se déroulent les uns après les autres dans une perspective vers l'avenir.*»[321] On pourrait encore mentionner le contenu cognitif ou perceptif actuellement présent dans la conscience (en tant qu'extrait du processus cognitif, pour ainsi dire comme un résultat cognitif), et l'on obtiendrait à nouveau la structure quadripartite de la croix temporelle.

14.2. *Rainer Maria Rilke: Un périple sur le Nil. Une métaphore poétique pour le double courant du temps*

La description de Rilke qui va suivre et qui donne ses impressions lors d'un périple sur le Nil, peut être considérée comme une métaphore poétique illustrant le double courant du temps.

«Suite à l'écriture d'une belle parabole, il me fut un jour reproché l'attitude du poète face à l'évènement et à sa signification. L'action se situe sur une grande barque à voile qui nous conduisit de l'île de Philae à un large barrage. Tout d'abord nous remontâmes le courant, et les rameurs étaient à la peine. Ils étaient tous en face de moi, seize si je me souviens bien chaque fois quatre dans un rang, toujours deux à l'aviron de droite et deux à celui de gauche. Occasionnellement on surprenait le regard de l'un ou de l'autre, mais la plupart du temps leurs yeux regardaient dans le vide et restaient dans le vague, ou bien ils reflétaient justement la chaleur intérieure de ces gaillards, autour de laquelle leurs corps métalliques se tendaient, et qui apparaissaient clairement. Parfois, en levant les yeux, on en surprenait un malgré tout qui, l'air profondément pensif, vous couvait du regard, comme s'il se représentait des situations

---

[320] Witzenmann, 1978, p. 82.

[321] Witzenmann, 1978, p. 84.

où cette apparition travestie par un costume étranger serait à même d'être décryptée; mais il perdait presque aussitôt l'expression péniblement absorbée et, après un moment où tous les sentiments étaient fluctuants, il se concentrait aussi rapidement que possible en adoptant un regard animal vigilant, jusqu'à ce que le beau sérieux de son visage prenne l'habituelle mine niaise quémandant un bakchich et, dans cette idiote propension à remercier que les voyageurs ont sur la conscience, était accompagné du sentiment de vengeance qui va avec, lorsqu'il ne manquait que rarement de lancer à l'étranger un méchant coup d'œil de haine qui s'éclairait d'un sentiment de consentement qu'il avait dû trouver dans un ailleurs.

J'avais déjà observé à plusieurs reprises le vieux qui, plus loin, était accroupi à l'arrière du bateau. Ses mains et ses pieds reposaient côte à côte en une confiance absolue et, entre eux, la barre du gouvernail qui allait d'un côté à l'autre, guidée et retenue, prenait toute son importance. Le corps, habillé d'un vêtement en loques, était insignifiant, et son visage, sous le tissu du turban enroulé à la manière d'une longue vue, était si plat que ses yeux semblaient en dégoutter. Dieu sait ce qu'il cachait en lui, il semblait avoir le pouvoir de vous transformer en quelque chose de répugnant; j'aurais bien aimé le fixer avec attention, mais lorsque je me retournai, il était trop proche, et j'aurai attiré l'attention à l'examiner de si près. Il est vrai que le spectacle du large fleuve, le Magnifique, venant à notre rencontre, pour ainsi dire tel un espace issu d'un temps à venir dans lequel nous faisions intrusion, qui était si digne de notre attention, et si bienfaisant, que je laissai tomber le vieux pour m'exercer à toujours mieux regarder, et avec plus de joie, les mouvements des garçons qui, malgré toute l'impétuosité et l'effort, ramaient constamment en cadence. Les rameurs souquaient si fermement, qu'à l'extrémité des solides barres ils se soulevaient chaque fois complètement de leur siège, et pour reprendre l'élan, ils appuyaient une jambe contre le banc antérieur, afin de se projeter fortement en arrière, pendant qu'en bas, les huit pelles des avirons imposaient au courant leur volonté. Ce faisant, ils poussaient une clameur qui était une espèce de comptage leur permettant de garder le rythme, mais il arrivait toujours à nouveau que leur performance exigeât tellement d'effort qu'il ne leur restait alors plus de voix disponible, et qu'une telle pause devait être tout simplement acceptée; cependant il se trouva qu'une intervention non prévisible que tous nous ressentions comme tout à fait exceptionnelle leur vint en aide, non seulement rythmiquement, mais qui aussi, comme on pouvait le remarquer, métamorphosait leurs forces de sorte que, soulagés, ils pouvaient faire appel à ce regain d'énergie: comme un enfant qui, affamé, commence par se précipiter sur une pomme et qui, rayonnant de joie, découvre que dans sa main il possède encore une pleine part et même avec la peau.

A présent je ne puis plus passer sous silence la présence de l'homme qui était assis sur notre banc, adossé contre le bord droit. En fin de compte il me semble avoir pressenti le début de son chant, mais il se peut que je me sois trompé. Il commença brusquement à chanter avec des intervalles tout à fait irréguliers et pas du tout chaque fois que la fatigue se répandait alentour, bien au contraire, il arriva plus d'une fois que son chant rencontrât les autres chanteurs plein d'allant et carrément pétulants, mais même alors ce chant arrivait juste et s'accordait au chant des autres. Je ne sais pas jusqu'à quel point l'état d'esprit de l'équipe lui était transmis, car tout cela se passait derrière son dos, il regardait rarement en arrière et ne pouvait ainsi recevoir aucun signe déterminant. Ce qui semblait l'influencer était le mouvement pur qui, dans son sentiment, ne faisant qu'un avec le lointain et large horizon auquel il se fondait, à moitié résolu d'y prendre part, à moitié par mélancolie. ... Chez lui l'élan de notre embarcation et la force qui venait à notre rencontre s'équilibraient constamment; de temps à autre se rassemblait en lui un trop-plein, et alors il chantait. Le bateau surmontait la résistance, mais lui, le magicien, transformait ce qui ne pouvait être surmonté en une suite de sons qui flottaient longuement, qui ne relevaient ni d'ici, ni d'ailleurs, et que chacun revendiquait pour lui-même. Alors que son entourage entrait constamment en symbiose avec l'environnement proche, palpable, et le surmontait, sa voix se reliait au plus lointain de l'horizon, pour nous lier à lui jusqu'à ce qu'il nous entraîne.

Je ne sais comment cela arriva, mais brusquement je compris dans cet évènement la position du poète, sa place et son effet au sein du temps, et que l'on pouvait tranquillement lui contester toutes les fonctions sauf celle-là. Là il fallait la tolérer.»[322]

14.3. *Rudolf Steiner: Le double courant temporel dans la biographie humaine*

Pour ceux qui s'intéressent à une approche anthroposophique plus approfondie, voilà une description de Rudolf Steiner qui thématise la signification de la connaissance du double courant temporel dans la biographie humaine. Dans une conférence (tenue devant un public ayant déjà une formation anthroposophique préalable) il dit:

«Lorsque vous réfléchissez de manière juste ... vous voyez clairement que la vie extérieure, notre corps, ne sont rien d'autre dans la période actuelle que le résultat, la moyenne de deux courants venant de deux directions opposées et qui s'interpénètrent. ... Vous pourrez sans cesse vous dire, voilà un courant qui vient à notre rencontre et un autre qui vous porte. L'homme est à la confluence de ces deux courants.

---

[322] Rilke, 1911.

Vous en aurez une représentation en pensant la chose de la manière suivante: aujourd'hui vous voilà assis ici, portant en vous différents vécus; demain, à la même heure, vous aurez autour de vous une autre somme d'évènements. Imaginez que les évènements venant s'ajouter jusqu'à demain seraient déjà tous présents. Ce serait alors le même vécu que si vous regardiez un panorama, comme si vous alliez à la rencontre de ces évènements, comme s'ils venaient vers vous, spatialement. Représentez-vous donc que ce courant qui s'approche de vous depuis le futur, vous apporte ces évènements, alors vous recevrez dans ce courant les évènements compris entre aujourd'hui et demain. Le passé vous porte vers l'avenir, qui vient vers vous. Chaque tranche de temps de votre vie est à l'intersection de deux courants dont l'un coule du futur vers le temps présent, et l'autre, du temps présent vers le futur. Lors de la rencontre de ces deux courants se crée un endiguement. Tout ce qu'il a encore devant lui, l'homme devra le voir émerger dans une vision astrale, et c'est quelque chose d'incroyablement impressionnant.

Considérez que l'élève en ésotérisme doive porter son regard dans le monde astral pour lequel ses sens sont devenus réceptifs, de sorte que ce qu'il aura encore à vivre jusqu'à l'aboutissement de l'actuelle période [universelle] émerge tout autour de lui sous forme de visions astrales. C'est un spectacle d'une nature tout à fait prégnante pour chaque être humain. Nous devons donc dire que cette émergence panoramique astrale, cette vision astrale apparaissant sur le chemin de la formation ésotérique, constitue pour chaque homme une étape importante lui montrant tout ce qu'il aura encore à vivre. Le chemin lui sera ouvert. Aucun élève en ésotérisme ne le verra autrement que sous l'aspect d'une vision extérieure venant à sa rencontre et lui dévoilant toutes les expériences qu'il aura encore à faire dans un avenir proche.

Lorsque l'élève aura avancé jusqu'au seuil, alors il sera confronté à la question: voudras-tu vivre tout cela dans un laps de temps le plus court concevable? C'est de cela dont il s'agit pour celui qui veut atteindre l'initiation. Considérez que vous aurez alors devant vous en un seul instant, votre propre vie future dans un panorama extérieur. C'est à nouveau ce qui caractérise la vision astrale et qui fera dire à l'un: non là je n'irai pas, alors qu'un autre dira: il faut que j'y aille. Ce niveau de développement est dénommé le «seuil», cette décision qui sera prise, et ce qui nous apparaît ainsi, nous indiquant ce que nous-mêmes nous aurons encore à surmonter et à vivre, cela est désigné comme le «gardien du seuil». Le gardien n'est donc rien d'autre que notre vie future. Nous le sommes nous-mêmes. Notre propre vie future se trouve derrière le seuil.»[323]

---

[323] Steiner, 1905a, p. 37 s.s.

Ce livre a été conçu dans un sens conforme aux sciences de la nature et à une philosophie de la nature. Cette approche serait cependant lacunaire si elle n'était pas, en plus, complétée par un aspect spécifique. A plusieurs reprises ce livre a évoqué des idées en lien avec le christianisme, et c'est ce qui me conduit à évoquer la reproduction d'une mosaïque qui orne la coupole du baptistère de Florence. On y voit le Christ, régent de l'univers: ses jambes et ses pieds pénètrent dans les règnes terrestres, sa tête et ses mains s'étendent librement dans l'espace doré de la lumière, la main droite dans un geste de donation, la gauche dans un geste d'accueil, le vêtement flottant, le tout formant une croix (ontologique) universelle avec la tête elle-même derechef couronnée par une croix exprimant la pleine conscience (épistémologique).

Figure 85: Mosaïque datant du 13ème siècle dans la coupole du baptistère San Giovanni à Florence (Diamètre: 8 mètres).

16. En guise d'epilogue

Depuis ici

Le destin trace autour de moi ses cercles magiques,
Le corbeau se pose à la cime du chêne.
Les étoiles se rassemblent en signes qui
Forment une mystérieuse carte.

Le but conteste ce qui est actuel.
Les rêves préservent ce que je perds.
Le cercle ultime est-ce l'horizon?

Derrière moi, au loin, les forêts reverdissent,
Le seigle refleurit, et le pré
Se pare une nouvelle fois de fleurs blanches, bleues et jaunes.

Cependant je ne puis revenir là où j'étais -
En suivant à reculons mes propres traces,
Et ne puis demeurer ici, où aujourd'hui je suis.

Mon espace, c'est la frontière.
Mon temps - le sommet.
Mon chemin - le chemin du feu: depuis ici.

(Ales Rasanaù, «Signe du temps vertical»)

BIBLIOGRAPHIE

Aristoteles: De anima, II, 3, 414b

Aristoteles: Metaphysik IX, 8

Aristoteles: Physik II 3, 194b23-35

Aristoteles: Physik II 8, 199b21-30

Bacon, Francis (1620): Novum Organum, 1. und 2. Buch. Krohn, W. (Hrsg.), Hamburg, 1990

Bartoniczek, André (2009): Imaginative Geschichtserkenntnis. Rudolf Steiner und die Erweiterung der Geschichtswissenschaft. Stuttgart, 2009.

Basfeld, Martin (1998): Wärme: Ur-Materie und Ich-Leib. Beiträge zur Anthropologie und Kosmologie. Stuttgart, 1998.

Bauer, Joachim (2008): Das kooperative Gen. Hamburg, 2008.

Benton, Michael (2007): Paläontologie der Wirbeltiere. München, 2007.

Bockemühl, Cornelis Hrsg. (1999): Erdentwicklung aktuell erfahren. Geologie und Anthroposophie im Gespräch. Stuttgart, 1999.

Bockemühl, Jochen (1995): Ein Leitfaden zur Heilpflanzenerkenntnis. Dornach, 1995.

Bolk, Louis, et al. (1938): Handbuch der vergleichenden Anatomie der Wirbeltiere. Bd. V. Berlin, 1938.

Bosse, Dankmar (2002): Die gemeinsame Evolution von Erde und Mensch. Stuttgart, 2002.

Brenner, Andreas (2007): Leben. Eine philosophische Untersuchung. Bern, 2007.

Bromage TG und Dean MC (1985): Re-evaluation of the age at death of immature fossil hominids. Nature, 1985, Nr. 317, S. 525 ff.

Carroll, Sean B. (2008): Evo Devo, das neue Bild der Evolution. Berlin, 2008.

Craemer-Ruegenberg, Ingrid (1980): Die Naturphilosophie des Aristoteles. Freiburg, 1980.

Crompton et al. (2008): Locomotion and posture from the common hominoid ancestor to fully modern hominins, with special reference to the last common panin/hominin ancestor. J. Anat. Nr. 212, 2008, S. 501 ff.

Dahn, Randall D. et al. (2007): Sonic hedgehog function in chondrichthyan fins and the evolution of appendage patterning. Nature, 445, 2007, S. 311 ff.

Darwin, Charles (1859): Über die Entstehung der Arten durch natürliche Zuchtwahl oder die Erhaltung der begünstigten Rassen im Kampfe um's Dasein. Übersetzt von H.G. Bronn. 6. Auflage, Stuttgart 1876. (online unter http://de.wikisource.org/wiki/Entstehung_der_Arten_(1876)).

Darwin, Charles (1874): Die Abstammung des Menschen. Stuttgart, 1982

Darwin, Charles (1887): Mein Leben. Die vollständige Autobiographie. Frankfurt, 2008.

Davidson, E.H. und Erwin D.H. (2006): Gene regulatory networks and the evolution of animal body plans. Science Nr. 311, 2006, S. 796 ff.

Dawkins, Richard (1976): Das egoistische Gen. Berlin, 1978.

Dean, C.M. (2006): Tooth microstructure tracks the pace of human life-history evolution. Proc. Biol. Sci. 2006, Nr. 273, S. 2799 ff.

Dean, C.M., et al. (2001): Growth processes in teeth distinguish modern humans from Homo erectus and earlier hominins. Nature 2001, Nr. 414, S. 628 ff.

Dean, C.M., Lucas, V.S. (2009): Dental and skeletal growth in early fossil hominins. Annals of Human Biology, 2009, Nr. 36, S. 545 ff.

Demuth, Jeffery P. und Hahn, Matthew, W. (2009): The life and death of gene families. BioEssays 31, 2009, S. 29 ff.

Doczi, György (1981): Die Kraft der Grenzen. Harmonische Proportionen in Natur, Kunst und Architektur. München, 1987.

Domazet-Loso, Tomislav, Tautz, Diethard. (2008): An ancient evolutionary origin of genes associated with human genetic diseases. In: Molecular Biology and Evolution 25(12), 2008, S. 2699 ff.

Dürken, Bernhard (1936): Entwicklungsbiologie und Ganzheit. Ein Beitrag zur Neugestaltung des Weltbildes. Leipzig, 1936.

Edwards, Lawrence (1982): Geometrie des Lebendigen, Stuttgart, 1982.

Endres, Klaus-Peter (2002): Ein Mathematiker bedenkt die Evolution. Karl Snell (1806-1886). Hildesheim, 2002.

Eriugena, Johann Scotus (um 850): Über die Einteilung der Natur. 1. Buch. Felix Meiner Verlag, Hamburg, 1983.

Fichte, Johann Gottlieb (1812): System der Sittenlehre. In: Fichte, Immanuel Herrmann (Hrsg.): J.G. Fichtes nachgelassene Werke. Bonn, 1835.

Förster, Eckart (2011): Die 25 Jahre der Philosophie. Eine systematische Rekonstruktion. Frankfurt, 2011.

Frisch, Klaus (1992): Über den Ursprung des Lebens und die Entstehung der Zellen in der Frühzeit der Erdentwicklung. In: Die Drei, Nr. 62, 1992.

Fuchs, Thomas (2008): Leib und Lebenswelt. Neue philosophisch-psychiatrische Essays. Heidelberg, 2008.

Gibson, Daniel G. et al. (2010): Creation of a bacterial cell controlled by a chemically synthesized genome. Science Vol. 329, S. 52 ff., 2010.

Gilbert, Scott F. (2006): Developmental Biology. 8. Aufl. Sunderland, MA, 2006.

Goethe, Johann Wolfgang von (1790): Versuch, die Metamorphose der Pflanzen zu erklären. In: Goethes Werke, Hamburger Ausgabe, Bd. 13. Hamburg, 1966.

Goethe, Johann Wolfgang von (1790a): Versuch einer Allgemeinen Vergleichungslehre. In: Goethe, Johann Wolfgang von: Sämtliche Werke, Bd. 17. Zürich, 1979.

Goethe, Johann Wolfgang von (1790b): Autobiographisches. Tag- und Jahreshefte. In: Goethes Werke, Hamburger Ausgabe, Bd. 10. Hamburg, 1966.

Goethe, Johann Wolfgang von (1798): Die Metamorphose der Pflanzen. In: Goethes Werke, Hamburger Ausgabe, Bd. 13. Hamburg, 1966.

Goethe, Johann Wolfgang von (1808): Faust I, 7. Szene.

Goethe, Johann Wolfgang von (1814): West-östlicher Divan, Buch der Sprüche. In: Goethes Werke, Hamburger Ausgabe, Bd. 2. Hamburg, 1966.

Goethe, Johann Wolfgang von (1817): Glückliches Ereignis. In: Goethes Werke, Hamburger Ausgabe, Bd. 10. Hamburg, 1966.

Goethe, Johann Wolfgang von (1817a): Zur Morphologie. In: Goethes Werke, Hamburger Ausgabe, Bd. 13. Hamburg, 1966.

Goethe, Johann Wolfgang von (1818): Epirrhema. In: Goethes Werke, Hamburger Ausgabe, Bd. 1. Hamburg, 1966.

Goethe, Johann Wolfgang von (1820): Bedenken und Ergebung. In: Goethes Werke, Hamburger Ausgabe, Bd. 13. Hamburg, 1966.

Goethe, Johann Wolfgang von (1826): In: Goethes Werke, Hamburger Ausgabe, Bd. 1. Hamburg, 1966.

Goethe, Johann Wolfgang von (1827): Brief an Gustav Friedrich Constantin Parthey vom 28.8.1827. In: Goethe-Wörterbuch. Berlin-Brandenburgische Akademie der Wissenschaften (Hrsg.) Bd. 1-4. Stuttgart, Kohlhammer 1978.

Gould, Stephen Jay (1977): Ontogeny and phylogeny. Cambridge, 1977.

Gould, Stephen Jay (1993): Eight little piggies. London, 1993.

Gould, Stephen Jay (2002): The Structure of evolutionary theory. Cambridge, 2002.

Green, Richard E., et al. (2010): A draft sequence of the neandertal genome. Science Nr. 328, 2010.

Grohmann, Gerbert (1961): Kurzgefasster Abriss von der Lehre der Dreigliederung des Menschen. Erziehungskunst 7, 1961.

Hedges, S. Blair (2001): Molecular evidence for the early history of living vertebrates. In: Ahlberg, Per (Hrsg.): Major Events in Early Vertebrate Evolution: Palaeontology, Phylogeny, Genetics and Development. London, 2001.

Hedges, S. Blair und Kumar, Sudhir (Hrsg.) (2009): The timetree of life. New York, 2009.

Heisenberg, Werner (1976): Das Naturbild der heutigen Physik. Hamburg, 1976.

Herder, Johann Gottfried (1784): Ideen zur Philosophie der Geschichte der Menschheit. In: J.G. Herder: Der Mensch ist der erste Freigelassene der Schöpfung. Dühnfort, Erika und Oltmann, Olaf (Hrsg.). Stuttgart, 1989.

Herlyn, Holger (2010): Institut für Anthropologie der Universität Mainz. www.wissenschaft-im-dialog.de/kinderbereich/startseite.html.

Heusser, Peter (2011): Anthroposophische Medizin und Wissenschaft. Beiträge zu einer integrativen medizinischen Anthropologie. Stuttgart, 2011.

Hill K., et al. (2001): Mortality rates among wild chimpanzees. J. Hum. Evol. 2001 Nr. 40, S. 437 ff.

Ho, Simon YW et al. (2011): Time-dependent rates of molecular evolution. Molecular Ecology 20, S. 3087 ff.

Holdrege, Craig (1999): Der vergessene Kontext. Entwurf einer ganzheitlichen Genetik. Stuttgart, 1999.

Hueck, Christoph (1993): Molekularbiologie und Leben. Die Vereinbarkeit molekularbiologischer Ergebnisse mit einer wesensgemäßen Auffassung des Lebendigen. Der Merkurstab, Heft 6, 1993.

Hueck, Christoph (2009): Anthroposophische Aufschlüsse der molekularen Biologie – die gemeinsame Zeitstruktur von Bewusstsein und Genetik. In: Jahrbuch für Goetheanismus. Öschelbronn, 2009.

Husemann, Armin (2010): Der hörende Mensch und die Wirklichkeit der Musik. Stuttgart, 2010.

Husemann, Armin (2003): Der musikalische Bau des Menschen. Entwurf einer plastisch-musikalischen Menschenkunde. Stuttgart, 2003.

Jenny, Hans (1954): Der Typus. Dornach, 1954.

Jonas, Hans (1973): Das Prinzip Leben. Ansätze zu einer philosophischen Biologie. Frankfurt M., 1994.

Julius, Frits H. (1970): Das Tier zwischen Mensch und Kosmos. Neue Wege zu einer Charakteristik der Tiere. Stuttgart, 1970

Kant, Immanuel (1790): Kritik der Urteilskraft. Werke in zwölf Bänden, Band 10. Weischedel, Wilhelm (Hrsg.). Frankfurt, 1977.

Kant, Immanuel (1790a): Anmerkung Kants zur ersten Einleitung zur Kritik der Urteilskraft. Im Internet unter www.korpora.org/kant/aa20/220.html

Kegel, Bernhard (2009): Epigenetik. Wie Erfahrungen vererbt werden. Köln, 2009.

Kielmeyer, Carl Friedrich (1793): Über die Verhältnisse der Organisationskräfte untereinander in der Reihe der verschiedenen Organisationen, die Gesetze und Folgen dieser Verhältnisse. Tübingen, 1793.

Kipp, Friedrich A. (1948): Höherentwicklung und Menschwerdung. Stuttgart, 1948.

Kipp, Friedrich A. (1980): Die Evolution des Menschen im Hinblick auf seine lange Jugendzeit. Stuttgart, 1991.

Köchy, Kristian (1997): Ganzheit und Wissenschaft. Das historische Fallbeispiel der romantischen Naturforschung. Würzburg, 1997.

Köchy, Kristian (2003): Perspektiven des Organischen. Biophilosophie zwischen Natur- und Wissenschaftsphilosophie. Paderborn, 2003.

Kötter, Dieter (1993): Von der inneren Uhr der Evolution, in: Kniebe, Georg (Hrsg.) Was ist Zeit? 1. Auflage Stuttgart, 1993.

Kötter, Dieter (1996): Elementare Geometrie der W-Kurven. In: Ostheimer und Ziegler (Hrsg.): Skalen und Wegkurven. Dornach, 1996.

Kolisko, Eugen (1921): Zur Dreigliederung des menschlichen Organismus. In: Kolisko, Eugen: Auf der Suche nach neuen Wahrheiten. Goetheanistische Studien. Stuttgart, 1989.

Kolisko, Eugen (1930): Die zwölf Gruppen des Tierreichs. In: Kolisko, Eugen: Auf der Suche nach neuen Wahrheiten. Goetheanistische Studien. Stuttgart, 1989.

Koutroufinis, Spyridon A. (2014): Life and Process. Towards a new biophilosophy. Berlin, 2014.

Kranich, Ernst-Michael (1989): Von der Gewissheit zur Wissenschaft der Evolution. Stuttgart, 1989.

Kranich, Ernst-Michael (1999): Anthropologische Grundlagen der Waldorfpädagogik. Stuttgart 1999.

Kranich, Ernst-Michael (1996): Pflanzen als Bilder der Seelenwelt. Skizze einer physiognomischen Naturerkenntnis. Stuttgart, 1996.

Kuhn, Dorothea (1988): Goethe und die Chemie. In: Typus und Metamorphose. Goethe-Studien. Marbach, 1988.

Kummer, Christian (1987): Evolution als Höherentwicklung des Bewusstseins. Über die intentionalen Voraussetzungen der materiellen Selbstorganisation. Freiburg, 1987.

Kunze, Hennig (1982): Die Gestaltenstehung bei Pflanze und Tier. In: Schad, Wolfgang (Hrsg.): Goetheanistische Naturwissenschaft, Bd. 1 Allgemeine Biologie. Stuttgart, 1982.

Kutschera, Ulrich (Hrsg.) (2007): Kreationismus in Deutschland. Fakten und Analysen. Münster, 2007.

Lacruz, R.S. und Ramirez Rozzi, F.V. (2010) Molar crown development in Australopithecus afarensis. J. Hum. Evol., Nr. 58, S. 201 ff.

Liu X. et al. (2012): Extension of cortical synaptic development distinguishes humans from chimpanzees and macaques. Genome Res. 2012.

Maas, Sarah A., Fallon, John F. (2005): Single base pair change in the long-range Sonic hedgehog limb-specific enhancer is a genetic basis for preaxial polydactyly. Dev. Dyn. Nr. 232, 2005, S. 345 ff.

Majorek, Marek B. (Hrsg.) (2011): Rudolf Steiners Geisteswissenschaft und die Naturwissenschaft. Basel, 2011.

Maturana, Humberto R., Varela, Francisco J. (1984): Der Baum der Erkenntnis. Die biologischen Wurzeln menschlichen Erkennens. Frankfurt, 2011.

Mayr, Ernst (1997): Das ist Biologie. Die Wissenschaft des Lebens. Heidelberg, 2000.

Mayr, Ernst (2002): Die Autonomie der Biologie. Naturwissenschaftliche Rundschau, 2002, Heft I, S. 23 ff.

Meyer, Axel (2008): Aus www.faznet.de Rubrik Darwin, 18.12.2008.

Monod, Jacques (1982): Zufall und Notwendigkeit. Philosophische Fragen der modernen Biologie. München, 1982.

Nagel, Thomas (2013): Geist und Kosmos. Warum die materialistische neodarwinistische Konzeption der Natur so gut wie sicher falsch ist. Berlin, 2013.

Newton, Isaac (1687): Mathematische Prinzipien der Naturlehre. Wolfers, J. Ph. (Hrsg.). Darmstadt, 1963.

Niemitz, Carsten (2010): The evolution of the upright posture and gait – a review and a new synthesis. Naturwissenschaften Nr. 97, 2010, S. 241 ff.

Owen, Richard (1849): On the nature of limbs. Amundson, Ron (Hrsg.) Chicago, 2007.

Paley, William (1802): Natural theology, or evidences of the existence and attributes of the deity, collected from the appearances of nature. New York, 2006.

Pöppel, Ernst (1984): Erlebte Zeit und Zeit überhaupt. In Horvat, Manfred (Hrsg.): Daws Phänomen Zeit. Wien, 1984.

Pöppel, Ernst (1989): Gegenwart, psychologisch gesehen. In Wendorff (Hrsg.): Im Netz der Zeit. Stuttgart, 1989.

Poppelbaum, Hermann (1928): Mensch und Tier. Fünf Einblicke in ihren Wesensunterschied. Stuttgart, 1981.

Poppelbaum, Hermann (1982): Tier-Wesenskunde. Dornach, 1982.

Portmann, Adolf (1965): Die Tiergestalt. Basel, 1965.

Ramirez Rozzi und Bermudez de Castro (2004): Surprisingly rapid growth in Neanderthals. Nature, Nr. 428, S. 936 ff.

Rilke, Rainer Maria (1911): Reise nach Ägypten. Briefe, Gedichte, Notizen. Horst Nalewski (Hrsg.). Frankfurt und Leipzig, 2000.

Robson S.L., Wood, B. (2008): Hominin life history: reconstruction and evolution. J. Anat. 2008, Nr. 212, S. 394 ff.

Rohen, Johannes W. (1981): Funktionelle Histologie. Stuttgart, 2000.

Rohen, Johannes W. (2000): Morphologie des menschlichen Organismus. Stuttgart, 2002.

Rohen, Johannes W. (2002): Funktionelle Embryologie. Die Entwicklung der Funktionssysteme des menschlichen Organismus. Stuttgart, 2004.

Rosslenbroich, Bernd (2002): Geschichte und Problem des Höherentwicklungsbegriffs. In: Tycho de Brahe Jahrbuch. Öschelbronn, 2002.

Rosslenbroich, Bernd (2007): Autonomiezunahme als Modus der Makroevolution. Nümbrecht, 2007.

Rozumek, Martin (2003): Stoffe sind festgehaltene Prozesse. In: Elemente der Naturwissenschaft, Heft 78. Dornach, 2003.

Schad, Wolfgang (1966): Biologisches Denken. In: Goetheanistische Naturwissenschaft. Bd. 1. Schad, Wolfgang (Hrsg.). Stuttgart, 1982.

Schad, Wolfgang (1971): Säugetiere und Mensch. Stuttgart, 1971.

Schad, Wolfgang (1982): Die Vorgeburtlichkeit des Menschen. Der Entwicklungsgedanke in der Embryologie. Stuttgart, 1982.

Schad, Wolfgang (1985): Gestaltmotive der fossilen Menschenformen. In: Goetheanistische Naturwissenschaft. Bd. 4. Schad, Wolfgang (Hrsg.). Stuttgart, 1985.

Schad, Wolfgang (1985a): Die Ohrorganisation. In: Goetheanistische Naturwissenschaft. Bd. 4. Schad, Wolfgang (Hrsg.). Stuttgart, 1985.

Schad, Wolfgang (1992): Der Heterochronie-Modus in der Evolution der Wirbeltierklassen und Hominiden. Dissertation Witten-Herdecke, 1992.

Schad, Wolfgang (1992a): Afrika – das Geburtsland der Menschheit. In: Die Drei, Heft 2, 1992.

Schad, Wolfgang (1993): Heterochronical patterns of evolution in the transitional stages of vertebrate classes. Acta Biotheoretica Nr. 41, S. 383 ff. Leiden, 1993.

Schad, Wolfgang (2000): Vom Verstehen der Zeit. In: Kniebe, Georg (Hrsg.): Was ist Zeit? Stuttgart, 2000.

Schad, Wolfgang (2003): Evolutionsgesetze und der Zeitbegriff in der Geologie. In: Tycho de Brahe-Jahrbuch für Goetheanismus. Niefern-Öschelbronn 2003.

Schad, Wolfgang (2007): Wie kommt es zur Kopfbildung des Menschen? In: Der Merkurstab Nr. 4, 2007.

Schad, Wolfgang (2009): Die Evolution der Menschheit – menschenkundlich, naturwissenschaftlich und christologisch betrachtet. In: Die Drei, Heft 10, 2009, S. 27 ff.

Schad, Wolfgang (2009): Goethe und die Evolution. In: Jahrbuch für Goetheanismus 2009. Niefern-Öschelbronn 2009.

Schelling, Friedrich Wilhelm Joseph (1797): Ideen zu einer Philosophie der Natur. In: Schröter (Hrsg.): Werke, Bd. I. München 1927.

Schelling, Friedrich Wilhelm Joseph (1861): In: Schelling, Karl Friedrich August von (Hrsg.): F. W. J. von Schellings sämtliche Werke, I. Abteilung: 10 Bände (I–X), II. Abteilung: 4 Bände (XI–XIV). Stuttgart, Augsburg, 1856-1861.

Schindewolf, Otto Heinrich (1972): Phylogenie und Anthropologie aus paläontologischer Sicht. In Gadamer, Hans-Georg, Vogler, Paul (Hrsg.): Neue Anthroplogie. Band 1: Biologische Anthropologie. Stuttgart, 1972.

Schmalenbach, Bernhard (2008): Eine heilpädagogische Psychologie der Hand: Entwicklungspsychologische und heilpädagogische Aspekte unter besonderer Berücksichtigung des Autismus und des Down-Syndroms. Bern, 2008.

Schmidt, Dorian (2010): Lebenskräfte, Bildekräfte. Methodische Grundlagen zur Erforschung des Lebendigen. Stuttgart, 2010.

Schönborn, Christoph (2007): Ziel oder Zufall? Schöpfung und Evolution aus der Sicht eines vernünftigen Glaubens. Freiburg, 2007.

Schultz, Adolph H. (1940): Growth and development of the Chimpanzee. Contributions to embryology, No. 170.

Schultz, Adolph H. (1942): Growth and development of the Orang-Utan. Contributions to embryology, No. 182.

Shubin, Neil H., et al. (2006): The pectoral fin of Tiktaalik roseae and the origin of the tetrapod limb. Nature 2006, Nr. 440, S. 764 ff.

Shubin, Neil H. (2008): Der Fisch in uns. Eine Reise durch die 3,5 Milliarden Jahre alte Geschichte unseres Körpers. Frankfurt, 2008.

Smith, T.M., et al. (2007): Rapid dental development in a Middle Paleolithic Belgian Neanderthal. Proc. Natl. Acad. Sci., 2007, Nr. 104, S. 20220 ff.

Smith, T.M., et al. (2010): Dental evidence for ontogenetic differences between modern humans and Neanderthals. Proc. Natl. Acad. Sci., Nr. 107, 2010, S. 20923 ff.

Snell, Karl (1847): Aus dem Gebiete der Naturphilosophie. Über das Wesen und die Eigenthümlichkeit der nächtlichen Thiere. In: Minerva, 1947. Zit. nach: Endres, Klaus-Peter: Ein Mathematiker bedenkt die Evolution – Karl Snell (1806-1886). Hildesheim, 2002.

Snell, Karl (1858): Die Streitfrage des Materialismus. Ein vermittelndes Wort. Zit. nach Endres, Klaus-Peter: Ein Mathematiker bedenkt die Evolution – Karl Snell (1806-1886). Hildesheim, 2002, S. 145 f.

Snell, Karl (1877): Vorlesungen über die Abstammung des Menschen. In: Snell, Karl: Schöpfung des Menschen. Kipp, Friedrich (Hrsg.). Stuttgart, 1981.

Somel, M. et al. (2009): Transcriptional neoteny in the human brain. Proc. Natl. Acad. Sci., Nr. 106, 2009, S. 5743 ff.

Spaemann, Robert; Löw, Reinhard (1981): Die Frage Wozu? Geschichte und Wiederentdeckung des teleologischen Denkens. München, 1985.

Stanley, Steven M. (1989): Krisen der Evolution. Artensterben in der Erdgeschichte. Heidelberg, 1989.

Steiner, Rudolf (1882): Einzig mögliche Kritik atomistischer Begriffe. In: Beiträge zur Rudolf Steiner Gesamtausgabe, Nr. 63. Dornach, 1978.

Steiner, Rudolf (1884-1897): Einleitungen zu Goethes naturwissenschaftlichen Schriften. Dornach, 1962.

Steiner, Rudolf (1892): Wahrheit und Wissenschaft. Vorspiel einer Philosophie der Freiheit. GA 3. Dornach, 1980.

Steiner, Rudolf (1886): Grundlinien einer Erkenntnistheorie der goetheschen Weltanschauung. GA 2. Dornach, 1979.

Steiner, Rudolf (1894): Die Philosophie der Freiheit. Grundzüge einer modernen Weltanschauung. Seelische Beobachtungsresultate nach naturwissenschaftlicher Methode. GA 4. Dornach, 1978.

Steiner, Rudolf (1897): Goethes Weltanschauung. GA 6. Dornach, 1990.

Steiner, Rudolf (1901): Die Mystik im Aufgange des neuzeitlichen Geisteslebens und ihr Verhältnis zur modernen Weltanschauung. GA 7. Dornach, 1960.

Steiner, Rudolf (1904): Theosophie. Einführung in übersinnliche Welterkenntnis und Menschenbestimmung. GA 9. Dornach, 1978.

Steiner, Rudolf (1905): Die Stufen der höheren Erkenntnis. GA 12. Dornach, 1979.

Steiner, Rudolf (1905a): Vortrag vom 17.5.1905. In: Mathematik und Wirklichkeit. GA 324a. Dornach, 1995.

Steiner, Rudolf (1905b): Vortrag vom 9. 2. 1905. In: Ursprung und Ziel des Menschen. GA 53. Dornach, 1981.

Steiner, Rudolf (1908): Philosophie und Anthroposophie. In: Philosophie und Anthroposophie. GA 35. Dornach, 1984.

Steiner, Rudolf (1908a): Vortrag vom 9.4.1908. In: Die Erkenntnis der Seele und des Geistes. GA 56. Dornach, 1985.

Steiner, Rudolf (1908b): Vortrag vom 23.1.1908. In: Die Erkenntnis der Seele und des Geistes. GA 56. Dornach, 1985.

Steiner, Rudolf (1908c): Vortrag vom 21.10.1908. In: Geisteswissenschaftliche Menschenkunde. GA 107. Dornach, 1988.

Steiner, Rudolf (1909): Vortrag vom 17.5.1909. In: Aus der Bilderschrift der Apokalypse des Johannes, GA 104a. Dornach, 1991.

Steiner, Rudolf (1910): Die Geheimwissenschaft im Umriss. GA 13. Dornach, 1962.

Steiner, Rudolf (1910a): Vortrag vom 4.11.1910. In: Anthroposophie, Psychosophie, Pneumatosophie. GA 115. Dornach, 2001.

Steiner, Rudolf (1910b): Vortrag vom 17.5.1910. In: Die Offenbarungen des Karma. GA 120. Dornach, 1992.

Steiner, Rudolf (1911): Die psychologischen Grundlagen und die erkenntnistheoretische Stellung der Anthroposophie. Vortrag auf dem 4. Internationalen Philosophenkongress in Bologna. In: Philosophie und Anthroposophie. GA 35. Dornach, 1984.

Steiner, Rudolf (1911a): Vortrag vom 30.12.1911. In: Die Welt der Sinne und die Welt des Geistes. GA 134. Dornach, 1990.

Steiner, Rudolf (1912): Vortrag vom 12.4.1912. In: Die geistigen Wesenheiten in den Himmelskörpern und Naturreichen. GA 136. Dornach, 1984.

Steiner, Rudolf (1913): Die Schwelle der geistigen Welt, GA 17. Dornach, 1987.

Steiner, Rudolf (1914): Vortrag vom 9.4.1914. In: Inneres Wesen des Menschen. GA 153. Dornach, 1978.

Steiner, Rudolf (1916): Vom Menschenrätsel. GA 20. Dornach, 1984.

Steiner, Rudolf (1916a): Vortrag vom 27.6.1916. In: Weltwesen und Ichheit. GA 169. Dornach, 1963.

Steiner, Rudolf (1917): Von Seelenrätseln. GA 21. Dornach, 1976.

Steiner, Rudolf (1918): Vortrag vom 15.4.1918. In: Das Ewige in der Menschenseele. GA 67. Dornach, 1962.

Steiner, Rudolf (1919): Vortrag vom 22.8.1919. In: Allgemeine Menschenkunde als Grundlage der Pädagogik, GA 293. Dornach, 1992.

Steiner, Rudolf (1919a) Vortrag vom 23.8.1919. In: Allgemeine Menschenkunde als Grundlage der Pädagogik. GA 293. Dornach, 1992.

Steiner, Rudolf (1919b): Vortrag vom 27.8.1919. In: Allgemeine Menschenkunde als Grundlage der Pädagogik. GA 293. Dornach, 1992.

Steiner, Rudolf (1919c): Erziehungskunst. Methodisch-Didaktisches. GA 294. Dornach 1990.

Steiner, Rudolf (1920): Vortrag vom 3.4.1920. In: Geisteswissenschaft und Medizin. GA 312. Dornach, 1976.

Steiner, Rudolf (1920a): Vortrag vom …. In: Entsprechungen zwischen Mikrokosmos und Makrokosmos. Der Mensch, eine Hieroglyphe des Weltenalls. GA 201, Dornach, 1987.

Steiner, Rudolf (1921): Vortrag vom 23.4.1921. In: Perspektiven der Menschheitsentwicklung. GA 204. Dornach, 1979.

Steiner, Rudolf (1921a): Vortrag vom 9.1.1923. In: Das Verhältnis der verschiedenen naturwissenschaftlichen Gebiete zur Astronomie. GA 323. Dornach, 1983.

Steiner, Rudolf (1921-1924): Vortrag vom … In: Erziehung zum Leben. Selbsterziehung und pädagogische Praxis. GA 297a. Dornach, 1988.

Steiner, Rudolf (1922): Geistige Wirkenskräfte im Zusammenleben von alter und junger Generation. Vorträge vom 7.10. und 12.10.1922. GA 217. Dornach, 1988.

Steiner, Rudolf (1922a): Vortrag vom 1.1.1922. In: Die gesunde Entwicklung des Menschenwesens. GA 303. Dornach, 1969.

Steiner, Rudolf (1923): Vortrag vom 25.3.1923: Goethe und Goetheanum. In: Der Baugedanke des Goetheanum. GA 289. Dornach, 1958.

Steiner, Rudolf (1923a): Konferenz vom 25.4.1923. In: Konferenzen mit den Lehrern der Freien Waldorfschule Stuttgart. Zweiter Band. GA 300/2. Dornach, 1975

Steiner, Rudolf (1923b): Ist Anthroposophie Phantastik? In: Der Goetheanumgedanke inmitten der Kulturkrisis der Gegenwart. Gesammelte Aufsätze 1923-1925. GA 36. Dornach, 1961.

Steiner, Rudolf (1923-25): Mein Lebensgang. GA 28. Dornach, 1982.

Steiner, Rudolf (1924): Anthroposophische Leitsätze. GA 26. Dornach, 1989.

Steiner, Rudolf und Wegmann, Ita (1925): Grundlegendes für eine Erweiterung der Heilkunst nach geisteswissenschaftlichen Erkenntnissen. GA 27. Dornach, 1991.

Straus, E. (1980): Die aufrechte Haltung. In: Medizinisch-psychologische Anthropologie. Bräutigam, W. (Hrsg.). Darmstadt, 1980.

Strube, Jürgen (2010): Die Beobachtung des Denkens. Rudolf Steiners ‚Philosophie der Freiheit' als Weg zur Bildekräfte-Erkenntnis. Dornach, 2010.

Subramanian, Sankar und Lambert, David (2011): Time dependency of molecular evolutionary rates? Yes and no. Genome Biol. Evol. 3, S. 1324ff.

Suchantke, Andreas (1983): Was spricht sich in den Prachtkleidern der Vögel aus? In: Goetheanistische Naturwissenschaft, Bd. 3 Zoologie. Stuttgart, 1983.

Suchantke, Andreas (2002): Metamorphose, Kunstgriff der Evolution. Stuttgart, 2002.

Swalla, B.J. (2006): Building divergent body plans with similar genetic pathways. Heredity Nr. 97, 2006, S. 235 ff.

Teichmann, Frank: Die Entstehung des Entwicklungsgedankens in der Goethezeit. In: Arnold, W.H. (Hrsg.): Entwicklung. Interdisziplinäre Aspekte zur Evolutionsfrage. Stuttgart 1985.

Vandercruysse, Rudi (2010): Sonnenaufgang. Von der Geschichte zum Wesen der Philosophie. Dornach, 2010.

Verhulst, Jos (1999): Der Erstgeborene. Mensch und höhere Tiere in der Evolution. Stuttgart, 1999.

Vogel, Lothar (1992): Der dreigliedrige Mensch. Dornach, 1992.

Weber, Andreas (2003): Natur als Bedeutung. Versuch einer semiotischen Theorie des Lebendigen. Würzburg, 2003.

Weber, Andreas (2007): Alles fühlt. Mensch, Natur und die Revolution der Lebenswissenschaften. Berlin, 2008.

Weizsäcker, Carl Friedrich von (1971): Die Einheit der Natur. München, 1982.

Weizsäcker, Viktor von (1942): Gestalt und Zeit. Göttingen, 1960.

Weizsäcker, Viktor von (1940): Der Gestaltkreis. Theorie der Einheit von Wahrnehmung und Bewegen. Stuttgart, 1947.

Wirz, Johannes (2009): Leben im Werden. Die Drei. Heft 1, 2009.

Witzenmann, Herbert (1978): Intuition und Beobachtung, Band 2. Stuttgart, 1978.

Witzenmann, Herbert (1983): Strukturphänomenologie. Vorbewusstes Gestaltbilden im erkennenden Wirklichkeitenthüllen. Ein neues wissenschaftstheoretisches Konzept. Dornach, 1983.

Notes sur l'auteur: Dr. rer. nat. Christoph J. Hueck (*1961) a fait des études da biologie et de chimie, a obtenu un doctorat en génétique bactérielle; pendant de longues années il a été chargé de recherches fondamentales et appliquée en Allemagne et aux Etats-Unis. Il a été professeur Waldorf, formateur en pédagogie Waldorf, fondements de l'Anthroposophie et méditation anthroposophique. Il a publié des études sur la biologie, sur l'Anthroposophie et la pédagogie Waldorf. Adresse: Dr. Christoph Hueck, Kasernenhof 14, 72074 Tübingen, c.hueck@yahoo.de